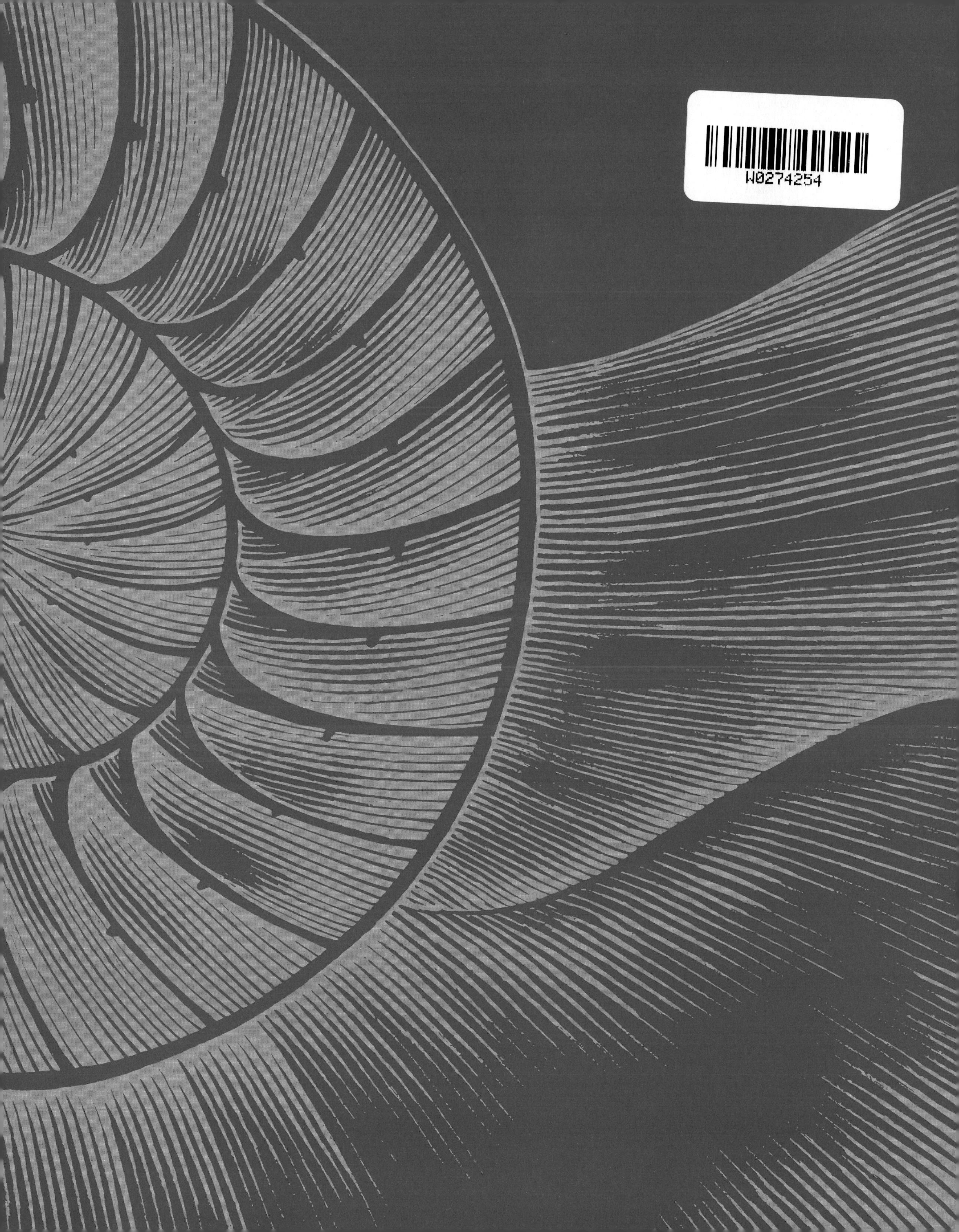

La SCIENZA *della* TERRA

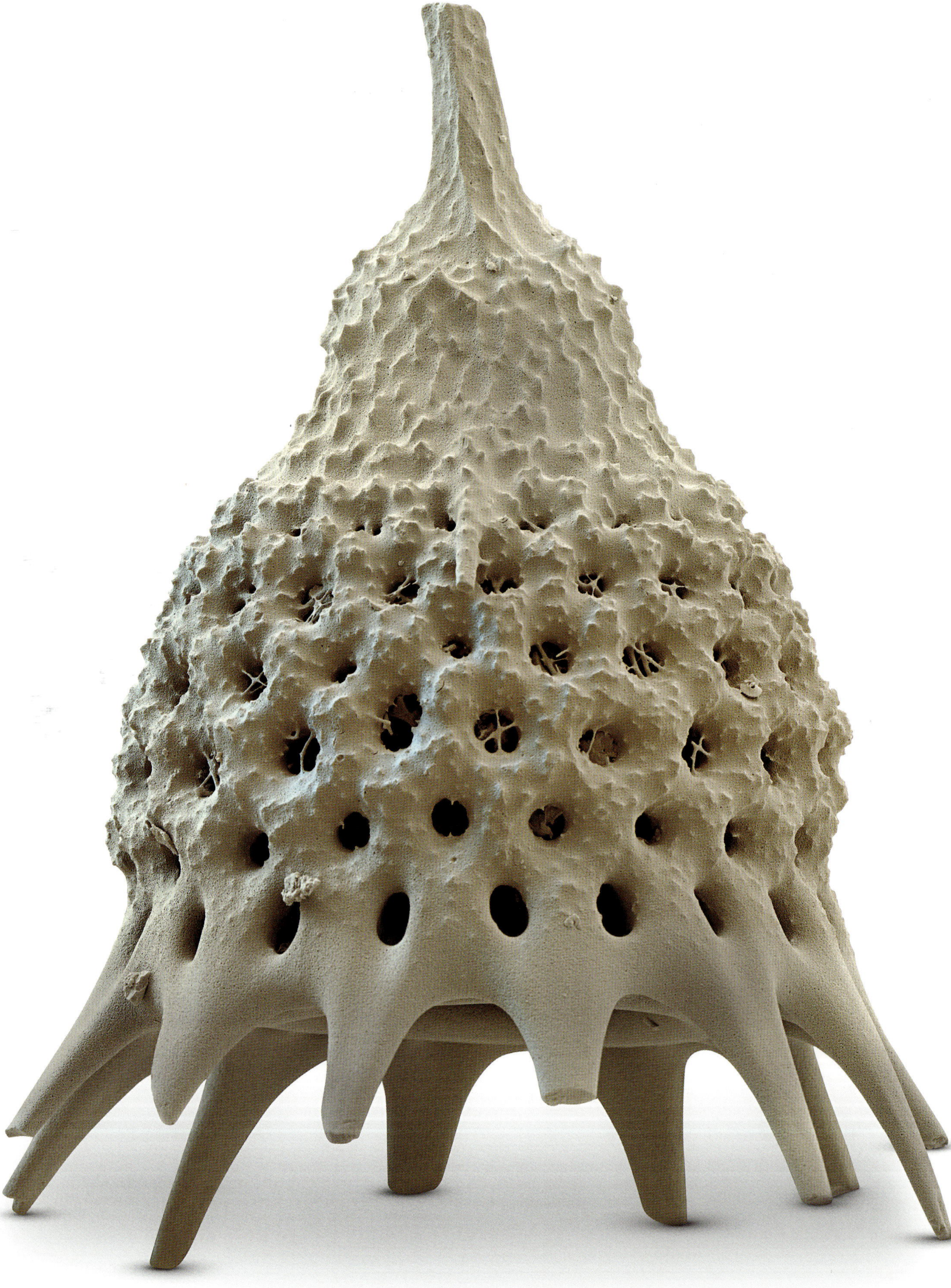

La SCIENZA *della* TERRA

STORIA ILLUSTRATA DEL NOSTRO PIANETA

GRIBAUDO

Penguin Random House

DK LONDON

Senior Editors Peter Frances, Rob Houston
Editors Polly Boyd, Jemima Dunne, Sarah MacLeod, Cathy Meeus, Steve Setford
Senior Production Controller Meskerem Berhane
Managing Editor Angeles Gavira Guerrero
Associate Publishing Director Liz Wheeler
Publishing Director Jonathan Metcalf
Senior Art Editors Sharon Spencer, Duncan Turner
Illustrator Phil Gamble
Senior Jacket Designer Akiko Kato
Jacket Design Development Manager Sophia MTT
Managing Art Editor Michael Duffy
Art Director Karen Self
Design Director Phil Ormerod

DK DELHI

Senior Editor Dharini Ganesh
Project Editor Priyanjali Narain
Senior Picture Researchers Deepak Negi, Surya Sankash Sarangi
Senior Jacket Designer Suhita Dharamjit
Senior Jacket Coordinator Priyanka Sharma
Picture Research Manager Taiyaba Khatoon
Senior Managing Editor Rohan Sinha
Editorial Head Glenda R Fernandes
Senior Art Editor Mahua Mandal
Project Art Editor Anjali Sachar
Art Editors Nobina Chakravorty, Debjyoti Mukherjee
DTP Designer Vikram Singh
Production Editor/Senior DTP Designer Vishal Bhatia
Managing Art Editor Sudakshina Basu
Pre-production Manager Balwant Singh
Production Manager Pankaj Sharma
Design Head Malavika Talukder

Prima pubblicazione in Gran Bretagna
nel 2022 by Dorling Kindersley Limited
DK, One Embassy Gardens, 8 Viaduct Gardens, London SW11 7BW

La scienza della Terra
Titolo originale: The Science of the Earth
Traduzione: Roberto Sorgo

PER L'EDIZIONE ITALIANA

in collaborazione con
Gribaudo - IF - Idee editoriali Feltrinelli Srl
Socio unico Giangiacomo Feltrinelli Editore Srl
via Andegari 6 - 20121Milano
www.gribaudo.it / info@gribaudo.it

Prima edizione 2023 [10(D)]

Stampato negli Emirati Arabi Uniti

For the curious
www.dk.com

Collaboratori

Philip Eales ha studiato fisica e telerilevamento allo University College di Londra. Oltre a scrivere di scienze della Terra e dello spazio, gestisce un'azienda di grafica computerizzata che si occupa in particolare di visualizzare dati e fenomeni astronomici e geografici.

Gregory Funston è un paleontologo canadese che ha studiato all'università dell'Alberta e adesso è borsista post-dottorato all'università di Edimburgo. Per gli studi su dinosauri e mammiferi ha visitato giacimenti di fossili in varie parti del mondo.

Derek Harvey è un naturalista con particolare interesse per la biologia evoluzionistica. Ha studiato zoologia all'università di Liverpool e ha insegnato a un'intera generazione di biologi, guidando spedizioni di studenti in Costarica, Madagascar e Oceania.

Anthea Lacchia è scrittrice e giornalista residente in Irlanda. Si occupa principalmente di scienze naturali e ha conseguito un dottorato con lo studio delle ammoniti fossili, parenti estinte di calamari e seppie.

Dorrik Stow è geologo, oceanografo e autore di oltre 300 articoli e libri. È docente emerito all'università Heriot-Watt di Edimburgo, docente all'università di scienze della Terra a Wuhan, in Cina, ed è socio emerito della fondazione Leverhulme.

Occhiello Geode con cristalli di calcite e ametista
Frontespizio Immagine colorata al microscopio elettronico a scansione del radiolario fossile *Anthocyrtidium ligularia*
Sopra Riolite e depositi geotermali nel campo di lava di Laugahraun in Islanda
Sommario Mosche, tarli e formiche operaie preservati nell'ambra, dalla Repubblica Dominicana

Consulenti

David Holmes è un geografo che ha studiato all'università di Leeds, laureandosi in geografia fisica e conseguendo poi la laurea specialistica in scienze ambientali. È membro della Royal Geographical Society di Londra ed è autore di vari e ben noti testi scolastici di geografia.

Cally Oldershaw è stata curatrice delle gemme al Museo britannico di storia naturale e presidente dell'Associazione gemmologica della Gran Bretagna. È consulente didattica e conferenziere in materia di scienze della Terra ed è autrice di numerosi libri e articoli.

Douglas Palmer si occupa di scienze della Terra ed è autore e collaboratore di numerosi libri, in particolare di paleontologia, materia che ha insegnato al Trinity College di Dublino. Lavora anche al Museo Sedgwick dell'università di Cambridge.

Kim Dennis-Bryan è una zoologa che ha iniziato l'attività studiando pesci fossili al Museo di storia naturale di Londra, diventando poi docente della Open University, specializzata in scienze naturali. È autrice e collaboratrice di numerosi libri scientifici, fra cui per DK *Animal*, *Ocean* e *Prehistoric Life*.

FSC www.fsc.org MISTO Carta | A sostegno della gestione forestale responsabile FSC® C018179

Questo libro è stato realizzato con carta certificata dal Forest Stewardship Council®: un piccolo passo nell'impegno di DK per un futuro sostenibile. Per ulteriori informazioni: www.dk.com/our-green-pledge.

Sommario

il pianeta Terra

componenti della Terra

Terra dinamica

oceani e atmosfera

pianeta vivente

prefazione

Inizialmente allo stato fuso, poi ghiacciato, un tempo sommerso dall'acqua e privo di terraferma, pianeta senza cielo e senza nubi: è difficile immaginare la nostra Terra senza l'alternarsi di sole e pioggia, la nostra bellissima sfera rotante del tutto priva di vita. E questo non per le manchevolezze delle nostre conoscenze scientifiche sulla storia del pianeta, ma per la complessità dei fattori coinvolti e soprattutto per la nostra percezione del tempo cronologico, arduo da misurare.

La sfera infuocata su cui abitiamo si formò 4,6 miliardi di anni fa. La vita comparve almeno 3,77, forse perfino 4,41 miliardi di anni fa. Tutte le forme di vita discendono dall'Ultimo antenato comune universale (in sigla inglese LUCA), un organismo da cui si sono evolute le specie oggi viventi: ebbene sì, piante, animali e funghi sono tutti imparentati con quell'unica forma di vita unicellulare che avrà avuto un aspetto non dissimile da un piccolo batterio di oggi. Non esistono fossili di LUCA, ma si ritiene che sia comparso 4,28 miliardi di anni fa nelle acque calde delle sorgenti idrotermali sul fondo marino. È un'idea complessa, accompagnata da numeri enormi! Allora, da dove partiamo per raccogliere informazioni sull'intricato passato della Terra e capire così l'esistenza del mondo attuale?

Ed è proprio quanto ci offre questo libro straordinario e bellissimo. Suddividendo con pazienza le idee complesse e riconducendole ai fondamenti di fisica, chimica e biologia, possiamo comprendere i fenomeni che nel passato diedero origine al nostro mondo e oggi continuano a plasmarlo. Dai cristalli alle trombe d'aria, dai fossili ai vulcani, ogni pagina presenta entusiasmanti descrizioni del funzionamento della Terra. È la storia più emozionante mai narrata poiché, senza tutti i suoi capitoli densi di sviluppi imprevisti, noi oggi non saremmo qui. Ed è stato davvero un bel viaggio.

CHRIS PACKHAM
NATURALISTA, CONDUTTORE RADIOTELEVISIVO,
SCRITTORE, FOTOGRAFO, AMBIENTALISTA

RILIEVI DI ARENARIA NELLA PENISOLA DI VARANGER IN NORVEGIA

il pianeta Terra

La Terra ebbe origine circa 4,6 miliardi di anni fa sotto forma di corpo celeste roccioso in orbita attorno al Sole neonato. Grazie alla sua posizione nel sistema solare, è l'unico pianeta ad avere in superficie acqua allo stato liquido. Inoltre, la trasmissione di calore dall'interno del globo causa una costante attività geologica, con un moto continuo e un riciclo incessante degli strati esterni.

origini interstellari

Tutti gli elementi presenti sulla Terra si formarono molto tempo fa nella fornace di una stella, con tre eccezioni (idrogeno, elio e litio), che emersero alla nascita dell'universo. Il calore e la pressione nel nucleo di una stella sono abbastanza elevati da causare la fusione di elementi leggeri con la formazione di altri più pesanti, fino al ferro che ha peso atomico 56. Quelli più pesanti del ferro, come il piombo, si formano a causa di forze ancora più potenti, che si scatenano quando una stella morente esplode, dando origine a una supernova. L'esplosione dissemina nello spazio interstellare tutti questi elementi, che danno inizio a una nuova generazione di stelle.

La polvere appare rossa per la luce di milioni di stelle di nuova formazione

Nascita di stelle
Quando le galassie entrano in collisione, si scatenano ondate di formazione stellare. Le galassie Antenne sono in collisione da ca. 100 milioni di anni, causando l'accumulo di nubi di gas e polve

VIA LATTEA

La nostra galassia, la Via Lattea, è una spirale barrata contenente 100-400 miliardi di stelle. I due bracci spirali principali si estendono dalle estremità di un rigonfiamento centrale con una densa popolazione di stelle vecchie. Con la rotazione della galassia, gas e polvere interstellari si comprimono, dando origine a zone di formazione stellare. Il sistema solare si trova su un'estensione minore detta braccio di Orione, a poco più di metà strada fra il nucleo galattico e il braccio esterno.

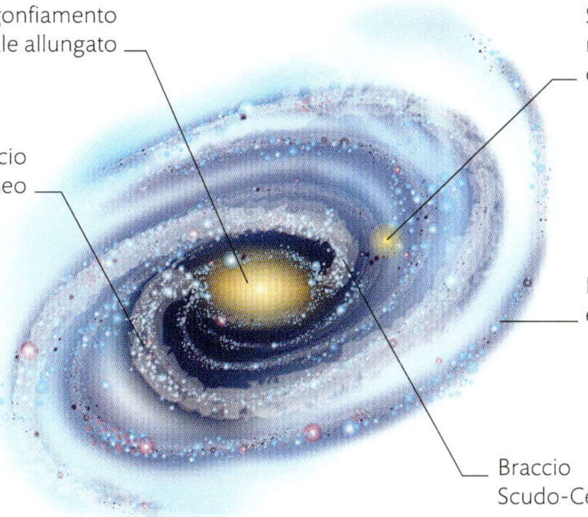

STRUTTURA DELLA VIA LATTEA

Nubi molecolari
La materia espulsa dalle stelle si accumula, formando nubi di gas e polvere. Poiché sono composte perlopiù da molecole di idrogeno, vengono definite nubi molecolari. Ne è un esempio la nebulosa Buco della Serratura (sopra, a sinistra). Le nubi molecolari si contraggono per effetto della loro stessa gravità o di un evento scatenante esterno, formando globuli densi, come "il Bruco" (sopra, a destra), che danno vita a nuove stelle.

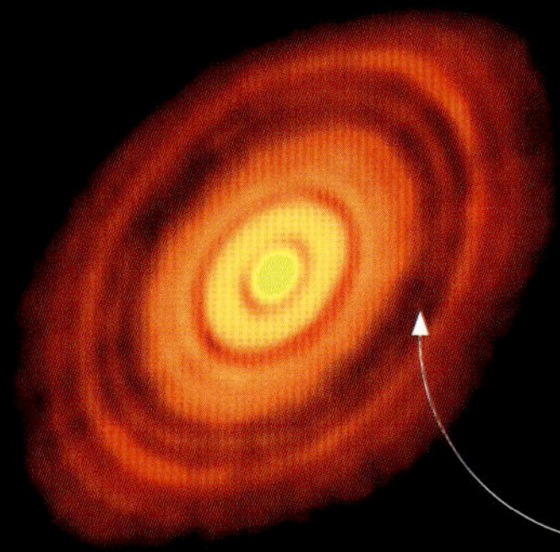

Disco protoplanetario
In questa immagine prodotta da un radiotelescopio, attorno alla stella giovane HL Tauri si vede turbinare un disco protoplanetario costituito da polvere. La stella dista dalla Terra 450 anni luce e si trova nella costellazione del Toro. I cerchi luminosi e scuri all'interno del disco indicano le zone in cui la polvere si sta aggregando a formare pianeti.

Le parti scure indicano le zone all'interno del disco in cui forse si stanno formando pianeti

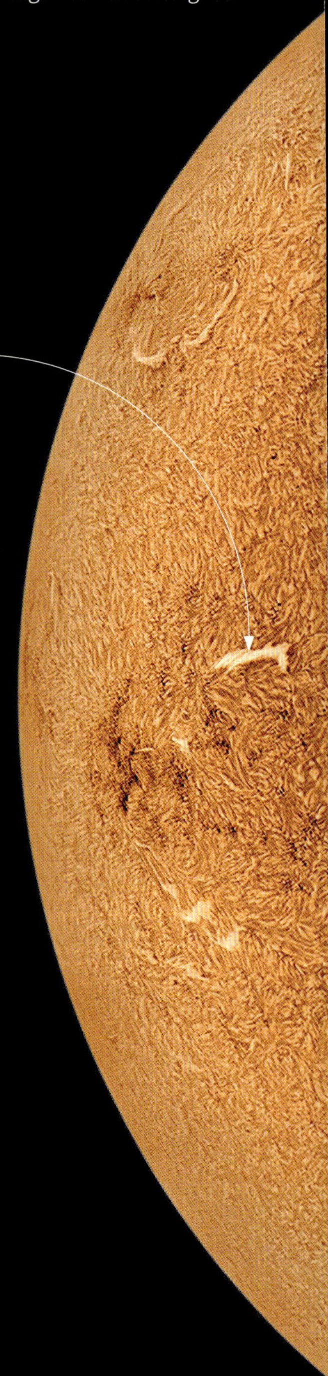

Sole
Il Sole, che costituisce il 99% della massa del sistema solare, è una stella nana gialla che si trova circa a metà della sua vita. Ha un diametro di 1,4 milioni di km ed è la principale fonte di luce e calore per la vita sulla Terra. La sua energia deriva dalla fusione nucleare in atto nel nucleo, dove la temperatura raggiunge i 15 milioni di gradi.

Sulla superficie del Sole si estendono protuberanze e filamenti, getti di plasma incandescente simili a fiammate

formazione del sistema solare

Circa 4,6 miliardi di anni fa una gigantesca nube di gas e polvere interstellari collassò su se stessa, forse per effetto delle onde d'urto provenienti dall'esplosione di una stella vicina. La nube cominciò a ruotare e a riscaldarsi, formando un disco piatto e turbinante di gas e polvere. Quando nel nucleo il calore e la pressione furono sufficientemente elevati, si ebbe la fusione degli atomi di idrogeno, con la formazione di atomi di elio e l'emissione di un'enorme quantità di energia. Al centro del disco rotante nasceva così una nuova stella, il Sole. La gravità fece aggregare la restante materia presente nel disco, dando origine ad asteroidi, comete, pianeti e satelliti.

FORMAZIONE DEI PIANETI

La materia presente nel disco attorno al Sole neonato comprendeva polvere, gas e, nelle parti esterne fredde, frammenti di ghiaccio. Questa materia entrò in collisione e talvolta si aggregò con il processo detto accrescimento. I frammenti di polvere si unirono a formare sassi, che poi insieme diedero origine a rocce, e infine ai cosiddetti planetesimi, precursori dei pianeti. Questi corpi celesti si ingrandirono e la gravità fece loro assumere una forma sferica, trasformandoli in pianeti o satelliti.

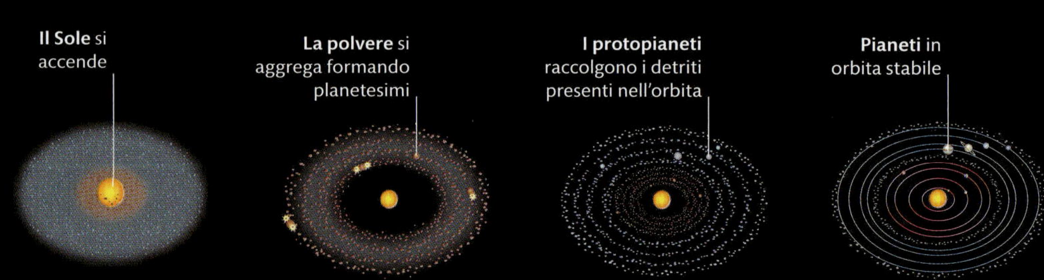

1. DISCO PROTOPLANETARIO
2. ACCRESCIMENTO FREDDO
3. PROTOPIANETI
4. SISTEMA SOLARE ODIERNO

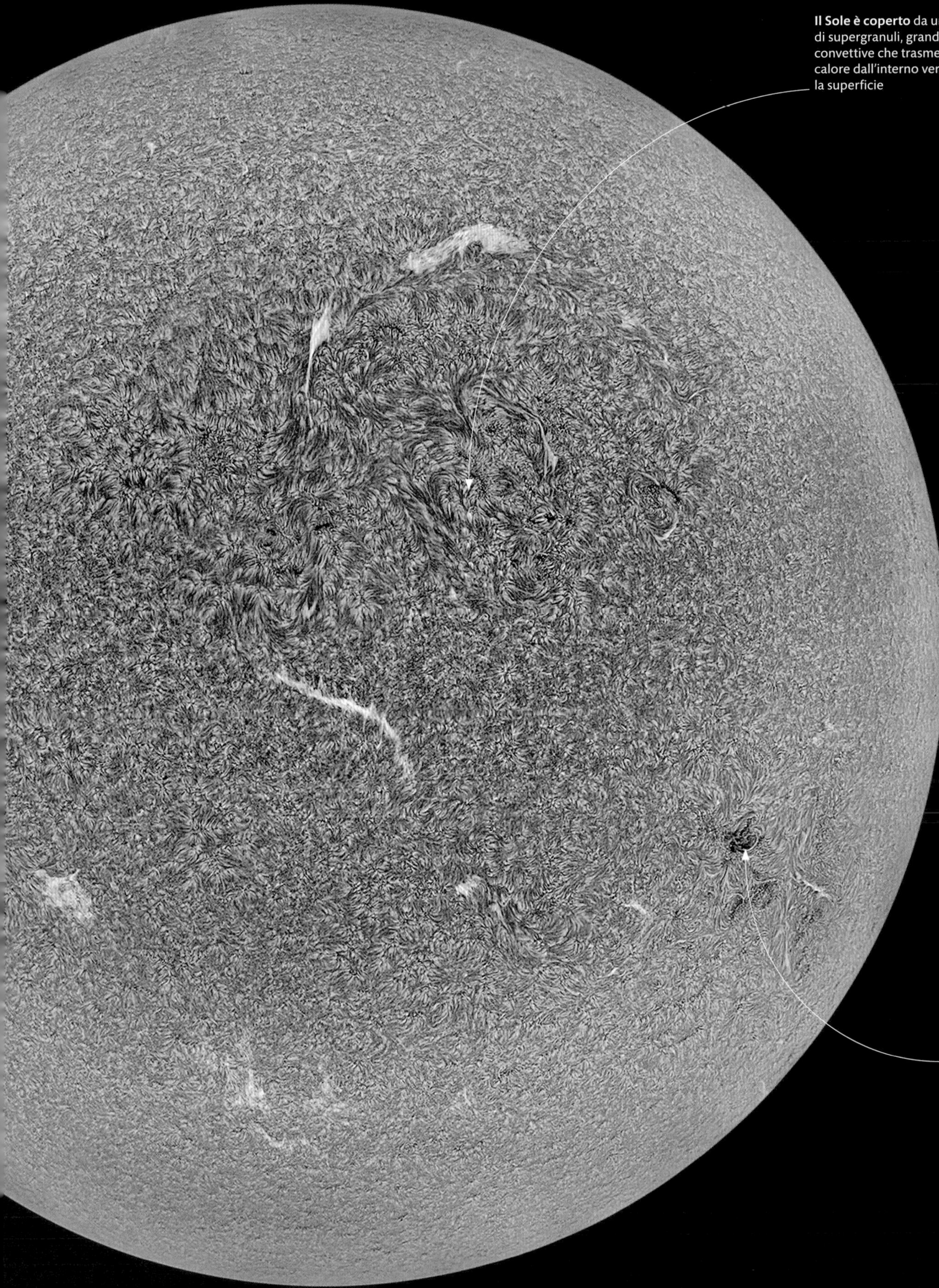

Il Sole è coperto da un mosaico di supergranuli, grandi celle convettive che trasmettono calore dall'interno verso la superficie

Le macchie solari si formano nei punti in cui le variazioni del campo magnetico rendono la superficie relativamente più fredda

La condrite ha un diametro inferiore ai 2 mm

Micrometeorite
Questa immagine ottenuta con il microscopio elettronico a scansione raffigura un minuscolo meteorite trovato su una spiaggia della costa orientale degli Stati Uniti. L'esemplare appartiene alla categoria delle condriti, costituite dalla stessa materia primordiale che in origine formò i pianeti rocciosi.

meteoriti

Ogni anno la Terra raccoglie circa 70.000 tonnellate di materia extraterrestre. Sebbene la maggior parte si componga di microscopiche particelle di polvere, un numero significativo di corpi più grandi cade sulla superficie dando origine ai meteoriti. Oggi provengono soprattutto dalla fascia degli asteroidi, fra Marte e Giove, dove le collisioni fra i pianetini possono mandare frammenti di roccia verso la Terra. Alcuni meteoriti contengono carbonio e perfino molecole organiche complesse, che forse svolsero un ruolo nell'origine della vita. Quando il sistema solare era giovane, la Terra, come tutti i pianeti, fu bombardata da corpi celesti. La Luna conserva le cicatrici di questo bombardamento, mentre il riciclo continuo della crosta terrestre a causa della tettonica a zolle ha cancellato dalla superficie del nostro pianeta tutti i crateri da impatto, tranne i più recenti.

I frammenti di roccia indicano che questo meteorite si formò al confine tra il nucleo metallico e il mantello di silicati dell'asteroide

CRATERI DA IMPATTO

Se un asteroide o un meteoroide è grande e veloce, quando cade al suolo ed esplode forma un cratere circolare. L'energia cinetica della roccia che precipita si trasforma in calore, che può far evaporare il meteorite e anche alcune rocce della superficie. Può rimanere una parte del meteorite sotto forma di roccia fusa o frammenti spezzati (breccia), mentre i detriti scagliati in aria si depositano formando un alone di materia espulsa. Gli strati di roccia sotto il cratere possono subire fratture, sollevamenti o rovesciamenti.

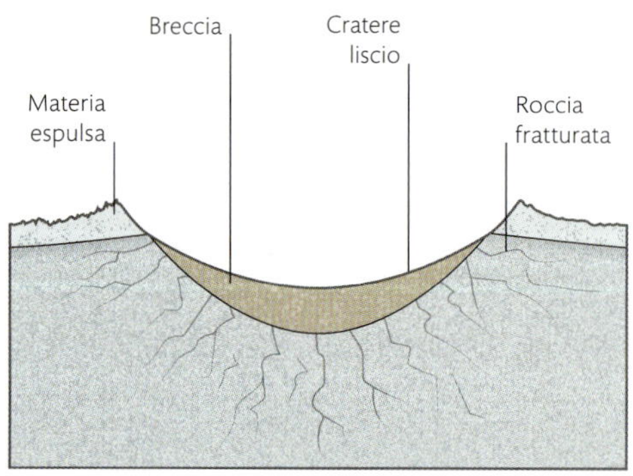

Cristalli di olivina (silicato di ferro e magnesio) racchiusi in nichel-ferro metallico

Residuo del nucleo
Queste sezioni lucidate di sideroliti (meteoriti di silicati e ferro-nichel) trovate a Sejmčan, in Russia, rivelano cristalli di ferro e nichel formatisi nel nucleo fuso di un planetesimo o di un asteroide differenziato, ossia segmentato in nucleo, mantello e crosta. Alcuni meteoriti sono aeroliti rocciosi, alcuni dei quali mostrano segni di fusione nel corpo celeste di origine. Altri hanno una composizione chimica simile a quella del Sole e sono probabilmente residui della nebulosa solare da cui si formarono i pianeti.

I cristalli di nichel e ferro si formarono nel nucleo incandescente dell'asteroide

La caratteristica tessitura dei cristalli di nichel-ferro, che appare quando una sezione trasversale della siderolite viene lucidata e corrosa con un acido debole, è detta struttura di Widmanstätten

Erosione e riemersione in superficie hanno cancellato quasi tutti i crateri da impatto della Terra, lasciando solamente i più recenti. Le rocce vecchie e stabili e la scarsità di vegetazione rendono l'Australia centrale un luogo favorevole in cui trovarne. Il cratere da impatto di Tnorala, noto anche come Gosse's Bluff, è uno dei pochi residui del bombardamento della Terra da parte di comete e asteroidi e si trova 200 km a ovest di Alice Springs, nel Territorio del Nord australiano.

in evidenza Tnorala

Tnorala si formò all'inizio del Cretaceo, 142 milioni di anni fa, quando un asteroide o una cometa di 600 m di diametro, a una velocità di 40 km/s, si schiantò sulle pianure dell'Australia centrale, provocando nella crosta terrestre un incavo largo 22 km. Oggi l'erosione ha rimosso quasi tutte le tracce del bordo esterno di questo cratere da impatto, ma il sollevamento centrale rimane, sotto forma di anello circolare di colline di arenaria con un diametro di circa 5 km. Sebbene l'erosione l'abbia appiattito, il bordo è un cerchio esterno di roccia più scura, che si vede nelle immagini satellitari. La superficie di Tnorala oggi si trova 2 km più in basso rispetto all'epoca dell'impatto. La collisione ha lasciato tracce, fra cui rocce deformate e frammentate, granuli di quarzo con segni di impatto e di fusione e, quale prova più convincente, fratture a cuneo nella roccia provocate da onde d'urto irradiatesi dal punto di impatto.

Tnorala è un luogo sacro per gli aborigeni Aranda occidentali, che nelle loro tradizioni ne attribuiscono l'origine a un oggetto caduto dal cielo. Secondo la narrazione, alcune donne celesti, danzando lungo la Via Lattea, lasciarono cadere un neonato in una cesta, che atterrando causò il sollevamento delle rocce.

Nelle rocce assoggettate all'onda d'urto ad alta pressione rimane una configurazione di solchi sottili a "coda di cavallo"

Anello di arenaria
Composto da un cerchio di colline di arenaria, Tnorala si innalza per 180 m sulla pianura circostante. È uno dei crateri più studiati dell'Australia. La sua origine da un impatto fu ipotizzata negli anni '60, in base soprattutto all'abbondanza di fratture a cuneo nella zona.

Pianeta doppio

Gli astronauti della missione Apollo 17 sono stati gli ultimi a vedere la Terra dalla Luna. Nel dicembre 1972 scattarono questa foto del nostro pianeta sopra la superficie lunare. La Luna è tanto grande in rapporto alla Terra che i planetologi le considerano un pianeta doppio. Però sono corpi celesti molto diversi: uno manifesta attività geologica e brulica di forme di vita, l'altro è un residuo sterile del sistema solare primordiale.

Roccia lunare
I campioni di roccia raccolti sulla Luna dagli astronauti del programma Apollo della NASA fra il 1969 e il 1972 rivelano che la superficie lunare ha una composizione simile a quella del mantello terrestre. Questi campioni, con un'età anche di 4,4 miliardi di anni, contribuiscono a datare la storia primordiale della Terra e l'origine della Luna.

Le vescicole (cavità) della roccia sono state formate da bolle di gas nella lava fusa

Questo campione di roccia con un'età di 3,5 miliardi di anni, raccolto dagli astronauti della missione Apollo 15, è simile alle rocce basaltiche presenti attorno alle Hawaii

Luna

Si ritiene che la Terra, meno di 100 milioni di anni dopo la sua formazione, sia stata colpita da un pianeta più piccolo, all'incirca delle dimensioni di Marte. L'impatto catastrofico avrebbe causato la fusione dell'altro pianeta e di una parte significativa della crosta terrestre, scaraventando nello spazio i detriti incandescenti, che poi si sarebbero aggregati e solidificati formando l'unico satellite naturale della Terra. La giovane Luna fu bombardata da comete e asteroidi, che lasciarono crateri sull'intera superficie. Alcuni dei più grandi bacini da impatto furono inondati di lava, formando i "mari" scuri che si osservano dalla Terra, mentre il lato opposto è più montuoso. La Luna è il satellite del sistema solare più grande in rapporto alle dimensioni del pianeta a cui è legato e, di conseguenza, ha avuto un forte influsso sull'evoluzione della Terra e delle sue forme di vita. Oltre ad alimentare le maree, ne ha stabilizzato la rotazione, l'inclinazione dell'asse e il clima. Potrebbe anche avere potenziato il campo magnetico protettivo del nostro pianeta. Nel cielo notturno la Luna è ben visibile, e fin da principio è stata un obiettivo dell'esplorazione spaziale.

ORBITA DELLA LUNA

L'attrazione gravitazionale della Luna è la causa principale delle maree sulla Terra, ma il nostro satellite attrae anche le rocce del pianeta, e viceversa. Questo scambio di energia gravitazionale ha rallentato il periodo di rotazione della Terra, dalle 5 ore di quando la Luna era giovane fino alle 24 ore attuali. Inoltre, ha accresciuto il diametro dell'orbita lunare, da 128.000 a 383.000 km, e ne ha sincronizzato la rotazione con la rivoluzione attorno alla Terra, perciò noi vediamo sempre la stessa faccia del nostro satellite.

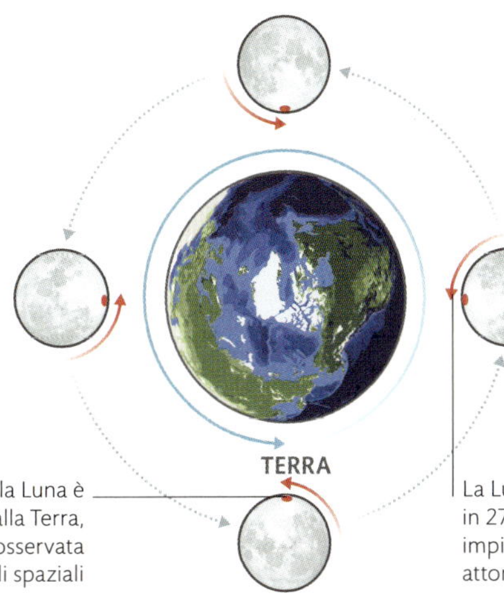

la nostra posizione nel sistema solare

Quando la Terra acquistò massa sufficiente, si compresse per la sua stessa gravità. L'energia gravitazionale si trasformò in energia termica che, con il calore proveniente dal decadimento radioattivo, provocò la fusione della parte più interna. Gli elementi pesanti precipitarono verso il nucleo e quelli leggeri rimasero in superficie, un processo detto differenziazione planetaria. Si formarono una crosta solida e un grande nucleo di ferro in parte liquido, in grado di generare un campo magnetico tanto potente da impedire che l'atmosfera venisse dispersa dal vento solare, flusso di particelle dotate di carica elettrica. Pertanto la Terra ha una struttura e una posizione tali da favorire lo sviluppo della vita.

Eruzioni vulcaniche e frequenti impatti di meteoriti mantennero allo stato fuso la superficie finché, con il raffreddamento del pianeta, si formò la crosta

Terra infernale
La superficie della Terra primordiale, tra la pioggia di detriti protoplanetari dall'alto e il calore proveniente dagli strati sottostanti, sarebbe apparsa un luogo infernale.

ORBITE NEL SISTEMA SOLARE

Il sistema solare è una famiglia di corpi celesti soggetti all'attrazione gravitazionale del Sole. Vi sono pianeti rocciosi (Mercurio, Venere, Terra, Marte), la fascia degli asteroidi, pianeti giganti gassosi e ghiacciati (Giove, Saturno, Urano, Nettuno), la fascia di Kuiper con corpi ghiacciati fra cui il pianeta nano Plutone, e più oltre la nube di Oort con le comete. Per confrontare le distanze nel sistema solare si usa l'unità astronomica (UA), distanza media fra Terra e Sole. Il nostro pianeta è l'unico del sistema solare all'interno della zona abitabile (qui indicata in verde): non è né troppo caldo né troppo freddo, perciò sulla superficie vi è stabilmente acqua allo stato liquido.

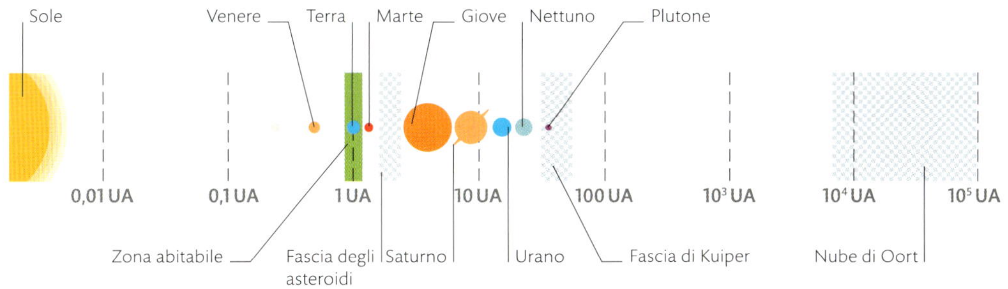

Cratere colmo di ghiaccio
Marte avrebbe acqua sufficiente a inondare la superficie con una profondità di almeno 30 m, però sul pianeta non può esistere acqua allo stato liquido a causa della ridotta pressione atmosferica e della temperatura bassissima. Marte si trova al di là della zona abitabile del sistema solare, perciò l'acqua è sotto forma di ghiaccio e si trova in genere sotto la superficie, ma talvolta anche sul fondo dei crateri situati presso i poli, come il Korolev.

Dopo avere perso le foglie d'inverno, il faggio presenta gemme coperte da squame sovrapposte, cosicché in primavera le foglie sono pronte a svilupparsi

Nel faggio il polline dei fiori maschili viene disperso dal vento quando le condizioni sono ideali, ossia con tempo fresco e secco

I rami lunghi e legnosi presentano foglie disposte su un'ampia area

Adattamento stagionale
La vita si è adattata alle variazioni stagionali della luce solare. Alcuni alberi hanno sviluppato robusti aghi sempreverdi, in grado di sopravvivere al gelo dell'inverno. Altre piante, come questo faggio, hanno foglie larghe e sottili che d'estate incrementano al massimo l'esposizione alla luce. Nei mesi estivi questi alberi crescono vigorosamente, mentre d'inverno sono in quiescenza.

INCLINAZIONE DEL PIANETA

La collisione fra pianeti che diede origine alla Luna (v. pp. 20-21) inclinò l'asse di rotazione della Terra rispetto al piano dell'orbita attorno al Sole. Questo effetto avrebbe reso instabile la Terra, ma l'attrazione gravitazionale della Luna ne regolarizzò il moto.

L'inclinazione è variata solo di pochi gradi in un milione di anni, consentendo così lo sviluppo di un clima relativamente stabile, con variazioni annue prevedibili della luce solare negli emisferi boreale e australe. Tali variazioni provocano le stagioni.

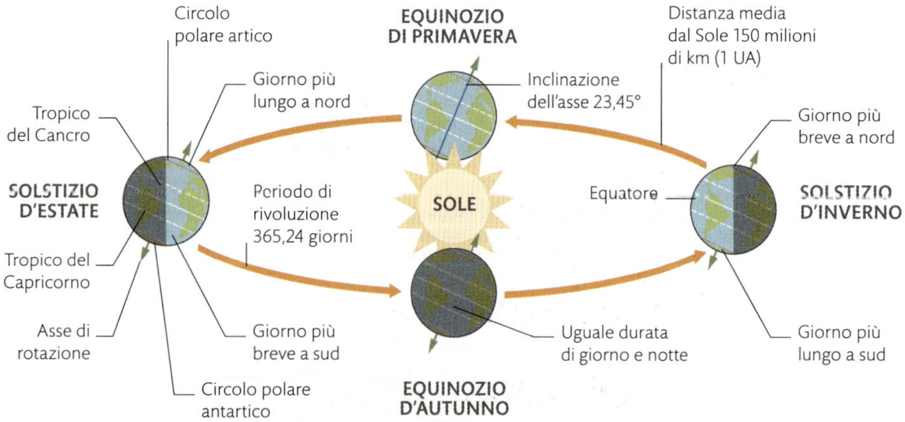

giorni e stagioni

La Terra compie una rotazione sul proprio asse ogni 23 ore e 56 minuti. Mentre ruota compie anche la rivoluzione attorno al Sole, perciò a tornare nello stesso punto del cielo la nostra stella impiega un po' di più, il che ci dà la durata del giorno, da noi suddivisa in 24 ore. All'equatore si hanno 12 ore di luce e 12 di buio, mentre spostandosi verso nord o verso sud l'inclinazione dell'asse terrestre rende i giorni più lunghi d'estate e le notti più lunghe d'inverno. Questa variazione quotidiana e annuale dell'energia proveniente dal Sole causa le stagioni.

Sole di mezzanotte
Spostandosi a nord del circolo polare artico o a sud del circolo polare antartico (66,5° nord o sud), si osservano almeno un giorno d'estate in cui il Sole non tramonta mai e almeno un giorno d'inverno in cui non sorge mai. Questa immagine a esposizione multipla raffigura il Sole sopra il circolo polare artico che attorno alla mezzanotte cala verso l'orizzonte ma non tramonta del tutto, e subito dopo torna a salire. I poli nord e sud hanno 6 mesi di luce, seguiti da 6 mesi di buio.

Pendolo di Foucault a Parigi
Questa riproduzione dell'apparecchiatura originaria di Foucault è installata nel Panthéon di Parigi. Con un sistema ideato in origine da Vincenzo Viviani, Foucault usò un cavo di 67 m di lunghezza per sospendere dalla cupola dell'edificio un peso di piombo di 28 kg.

Spirale atmosferica
Questa immagine satellitare di un'area di bassa pressione sopra l'Australia offre un esempio dell'effetto Coriolis. A causa della rotazione terrestre, tempeste e cicloni ruotano in senso antiorario nell'emisfero boreale e in senso orario (come qui) nell'emisfero australe.

storia delle scienze della Terra

rotazione terrestre

Sebbene gli astronomi in India nel V secolo a.C. e nel mondo islamico nel X secolo ritenessero che la Terra compisse una rotazione quotidiana, nell'Europa del XVI secolo l'opinione era che fosse il cielo a ruotare attorno alla Terra. Nel 1543, con il suo modello eliocentrico Niccolò Copernico ipotizzò una Terra rotante, ma un secolo dopo gli oppositori continuavano a respingere l'ipotesi per mancanza di prove della rotazione terrestre.

Il tentativo di dimostrare la rotazione comportava esperimenti per verificare se un oggetto in movimento deviasse di lato per quello che oggi è definito effetto Coriolis. Solo alla fine del XVIII secolo si ebbe conferma di un fenomeno misurabile, quando si osservò una deviazione di qualche centimetro nella caduta dei gravi da torri di altezza superiore ai 150 m.

Una prova ben più evidente della rotazione terrestre fu fornita nel 1851 dal fisico francese Jean Bernard Léon Foucault, il quale costruì un lungo pendolo in grado di ruotare liberamente grazie a una speciale montatura. In assenza di rotazione della Terra, il pendolo dovrebbe oscillare su un piano fisso, conformemente al principio di conservazione del momento angolare. In caso contrario, il momento angolare verrebbe conservato con una rotazione del piano di oscillazione (precessione) rispetto alla superficie terrestre. Per un pendolo situato al Polo Nord o Sud, il piano di oscillazione compirebbe una rotazione completa di 360° in 24 ore. A latitudini inferiori l'effetto è minore, perciò la precessione è più lenta, riducendosi a zero all'equatore. Alla latitudine di Parigi, dove Foucault condusse l'esperimento, il pendolo impiegò almeno 32 ore per portare a termine una rotazione, con una precessione in senso orario di circa 11° ogni ora. Le dimostrazioni di questo esperimento in varie località d'Europa e d'America suscitarono enorme interesse.

Seppure modesti alle dimensioni umane, gli effetti della rotazione sono assai significativi su scala planetaria, dando origine alla circolazione dell'atmosfera e dei mari terrestri.

> “ Siete invitati a venire a vedere la rotazione della Terra, domani, dalle tre alle cinque, nella sala della meridiana all'Osservatorio di Parigi. ”
>
> LÉON FOUCAULT, BIGLIETTO D'INVITO, 3 FEBBRAIO 1851

DATAZIONE RADIOMETRICA

L'età di certe sostanze terrestri, fra cui l'antico zircone (sotto), si può calcolare con la datazione radiometrica, sfruttando il decadimento lento ma regolare di isotopi radioattivi, come quello dell'uranio-235 in piombo. In tal modo si ottiene una misura del tempo geologico. Il rapporto fra uranio-235 e piombo in una roccia ne indica pertanto l'età. Gli isotopi di altri elementi svelano le condizioni di formazione di certe rocce. Per esempio, il rapporto fra ossigeno-18 e ossigeno-16 indica la presenza di acqua allo stato liquido, quello fra carbonio-12 e carbonio-13 la presenza di forme di vita.

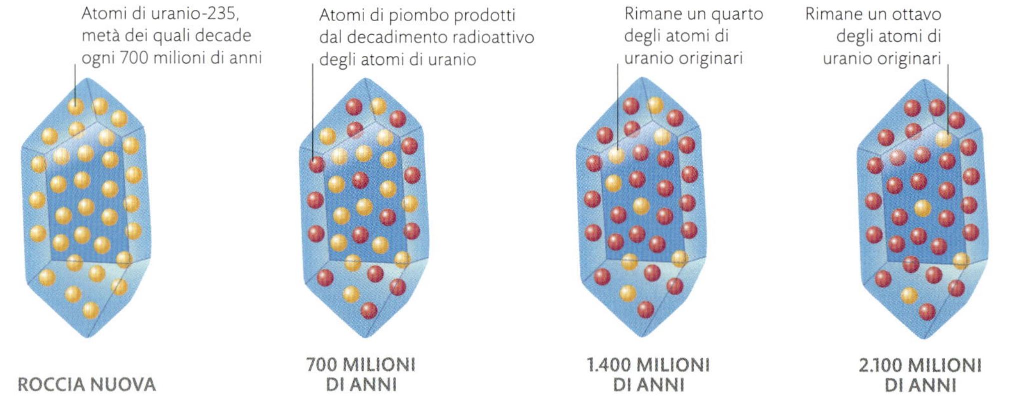

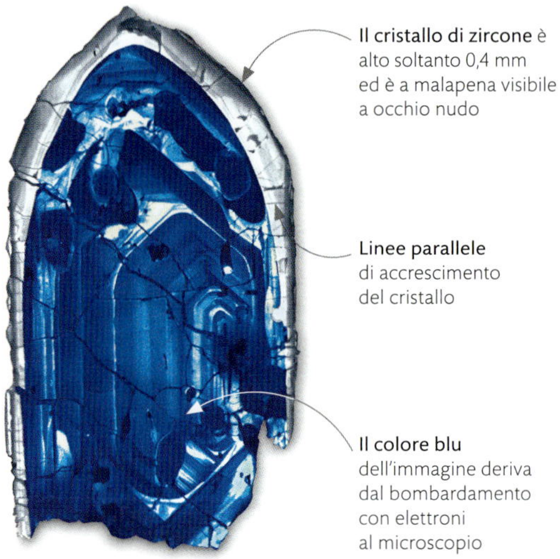

Acqua extraterrestre

Una parte dell'acqua della Terra sarà arrivata da comete precipitate sul pianeta neonato. Queste sono composte all'incirca per metà da ghiaccio e per metà da polvere. Quando, arrivando nella parte interna del sistema solare, si riscaldano, perdono parte del ghiaccio, costituito per l'80% da acqua, tramite spettacolari eruzioni simili a geyser. La sonda spaziale Rosetta lo ha documentato nel 2014 avvicinandosi alla cometa 67P/Čurjumov-Gerasimenko.

Tracce dei primi mari

Le sostanze più antiche finora rinvenute sulla Terra sono cristalli del minerale zircone, formatisi 4,4 miliardi di anni fa. Contengono isotopi di ossigeno che indicano la presenza di acqua allo stato liquido in quell'epoca. Lo zircone è duro come il diamante e di lunga durata, perciò consente di calcolare i tempi geologici.

origine dei **mari**

Quando la Terra si stratificò con il processo di differenziazione (cfr. p. 22), l'intensa attività vulcanica espulse dall'interno le sostanze volatili, dando così origine a un'atmosfera di azoto, anidride carbonica e vapore acqueo. La superficie si raffreddò rapidamente, andando a costituire una crosta solida e facendo condensare il vapore acqueo, che si accumulò formando i primi mari. Antichi cristalli di zircone, trovati nella catena collinare delle Jack Hills, in Australia Occidentale, indicano che almeno 4,4 miliardi di anni fa era presente acqua in superficie, appena 160 milioni di anni dopo la formazione della Terra. Alcuni meteoriti contengono un 15-20% di acqua, e si ritiene che la Terra primordiale avesse una composizione analoga, offrendo acqua sufficiente per i primi mari.

Cuore antico
Le rocce più antiche si trovano nel centro stabile di alcuni continenti: sono i residui dei cratoni primordiali. Questa roccia metamorfica proveniente da un'isola del fiume Acasta, in Canada, ha circa 4 miliardi di anni.

Durante la lunga storia di questa roccia si sono formate bande per metamorfosi in presenza di calore e pressione elevati

nascita dei continenti

Con il processo di differenziazione (v. p. 22) l'interno della Terra si suddivise in strati. Sotto un mantello ricco di silicati e una crosta leggera si formò un nucleo metallico. La crosta primordiale era uniforme, ma iniziò a differenziarsi lentamente in due tipi: oceanica e continentale. La crosta, fusa con lo strato superiore del mantello, galleggiava sulla materia calda e mobile. Il calore proveniente dal basso causò un moto degli strati esterni, che si fratturarono in zolle o placche tettoniche, alcune delle quali furono trascinate giù nel mantello, mentre nei punti in cui le zolle si separavano si formava nuova crosta. Questo ripetuto riciclo della crosta provocò in alcuni luoghi una concentrazione di elementi leggeri, dando origine alla crosta continentale di grande spessore e bassa densità che oggi copre circa il 40% della superficie terrestre.

Cascata di lava
La lava si riversa nell'oceano Pacifico, facendo evaporare l'acqua del delta di Kamokuna, sull'isola Hawaii. Gli ampi fianchi dell'isola crescono lentamente man mano che la lava del vulcano Kilauea scende in mare. Il processo, che qui prosegue ancora oggi, faceva parte dell'antica formazione dei continenti.

FORMAZIONE DEI PRIMI CONTINENTI

Circa 4 miliardi di anni fa le zolle terrestri iniziarono a muoversi, e parte della crosta fu trascinata nel mantello. Questa si fuse emettendo acqua, causando la fusione anche del mantello e producendo magma ricco di elementi leggeri, che risalì formando isole vulcaniche. Il moto delle zolle raggruppò le isole in cratoni, masse di roccia leggera. La degradazione meteorica e la sedimentazione concentrarono ulteriormente le sostanze leggere nei cratoni, i quali, unendosi per il moto delle zolle, formarono masse più grandi di crosta continentale.

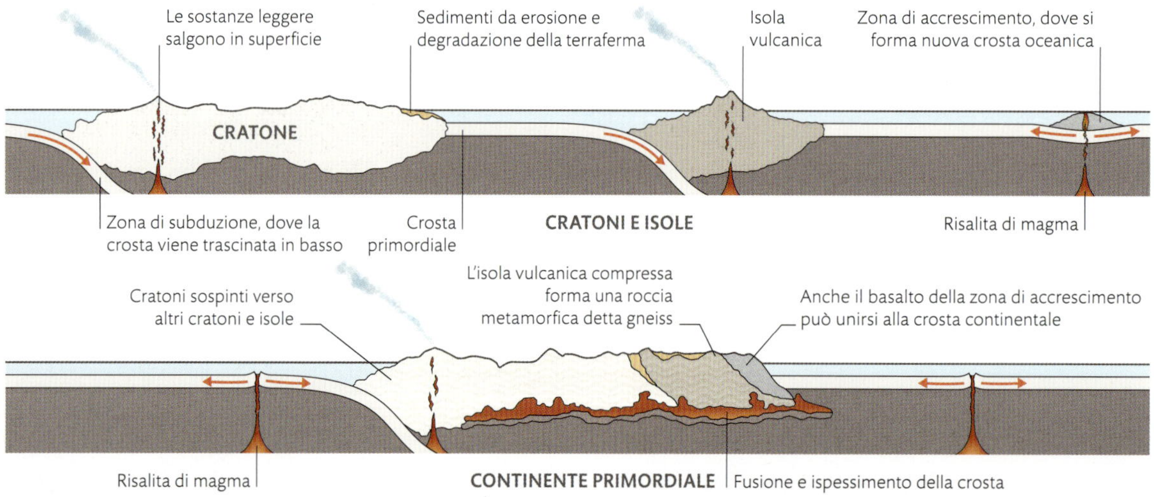

epoche della Terra

Se la storia della Terra venisse compressa in un unico giorno, i dinosauri comparirebbero per circa un'ora a partire dalle 22.40, mentre i nostri antenati umani arriverebbero appena due minuti prima della mezzanotte. Anziché in ore, minuti e secondi, il tempo geologico è suddiviso in eoni, ere e periodi. Queste suddivisioni indicano non intervalli di tempo uguali, bensì ciò che si può interpretare in base allo studio delle rocce. Il primo eone è l'Adeano (dal termine greco che significa "inferi"); purtroppo, di quest'epoca non esistono quasi più rocce. Le rocce dell'Archeano (eone antico) contengono scarse tracce di batteri, mentre altre più recenti, del Proterozoico (vita anteriore) e del Fanerozoico (vita visibile), cominciano a presentare sempre più testimonianze dello sviluppo di continenti e mari, dei rispettivi ambienti e dell'evoluzione degli organismi viventi.

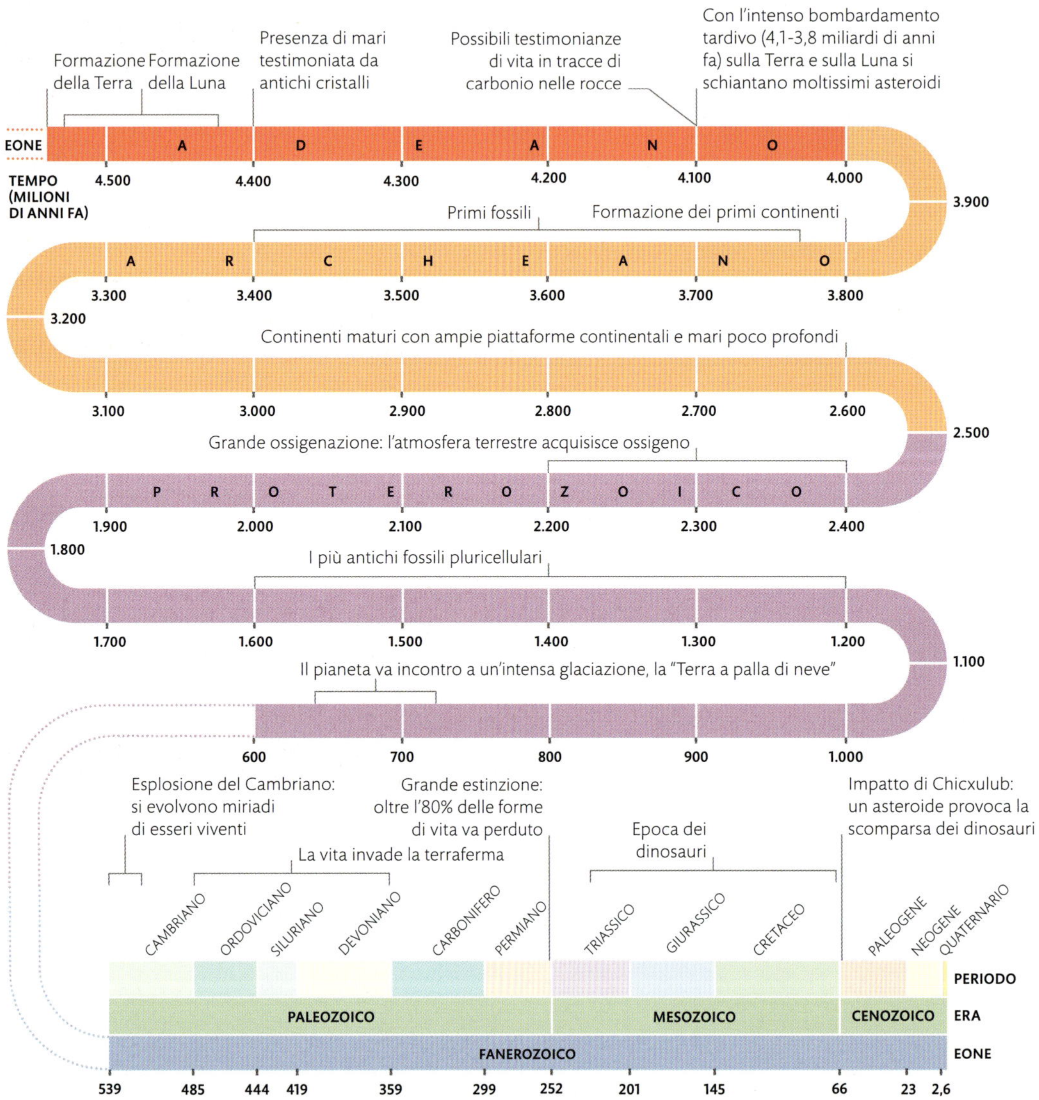

Storia del nostro pianeta
La cronologia geologica presenta gli avvenimenti principali della storia terrestre a partire dalla formazione del pianeta 4,6 miliardi di anni fa. Nella figura l'eone più recente, Fanerozoico, è suddiviso in ere, a loro volta ripartite in periodi. La cronologia è contrassegnata dalla comparsa e dall'estinzione di nuove forme di vita.

Studio delle rocce
In alcuni luoghi gli strati rocciosi si possono leggere come le pagine di un libro di storia. Gli strati di scisti e argille nelle colline di bentonite dello Utah sono l'esito del deposito di fango, limo, sabbia fine e cenere vulcanica in paludi e laghi durante il Giurassico. Studiando strati rocciosi come questi, possiamo apprendere come fosse la vita sulla Terra 145 milioni di anni fa.

componenti della Terra

La sottile crosta esterna della Terra è costituita da una grande varietà di rocce sviluppatesi in miliardi di anni di attività geologica. Le rocce (così come tutti i corpi solidi dell'universo) sono formate da minerali. La crosta è ricoperta e in parte nascosta da uno strato ancora più sottile di suolo e vegetazione, nonché da acqua liquida e ghiacciata.

Cristalli di marcasite
Il minerale marcasite è una variante polimorfica della pirite, ossia possiede la stessa formula chimica ma una struttura cristallina un po' differente. Diversamente dalla pirite, se esposta all'aria annerisce e si disgrega rapidamente.

I cristalli rombici di marcasite sono diversi da quelli della pirite e appartengono a un sistema cristallino differente

Cristalli di pirite
La pirite si trova sulla Terra in quasi tutti gli ambienti. I cristalli possono avere forma di cubo, di ottaedro o di piritoedro a 12 facce. Questo cristallo cubico proviene dalla provincia del Guangxi, in Cina. Il nome pirite deriva dal termine greco che significa "fuoco", poiché il minerale, se percosso con un martello, emette scintille.

struttura cristallina

I minerali sono solidi inorganici presenti in natura e costituiti da elementi chimici i cui atomi normalmente presentano una disposizione interna regolare. Se i minerali sono liberi di crescere in uno spazio aperto, sviluppano particolari forme geometriche, i cristalli, spesso visibili a occhio nudo, che sono un riflesso della struttura interna del minerale, ossia della disposizione tridimensionale degli atomi o degli ioni (gli ioni sono atomi o molecole provvisti di carica elettrica). Si può descrivere la struttura di un cristallo mediante il concetto di assi di simmetria, linee immaginarie tracciate dal punto mediano di facce opposte e passanti per il centro del cristallo. Si conoscono sette sistemi cristallini, ciascuno con forma e simmetria caratteristiche. In molti casi non vi è una struttura perfetta, poiché in natura i cristalli si formano entro spazi ristretti.

I cubi sono le forme cristalline più simmetriche, con tre assi di simmetria perpendicolari della stessa lunghezza e simmetria quadrupla (il cristallo appare uguale da quattro punti di vista durante una rotazione completa)

Per il colore giallo e la lucentezza metallica, la pirite talvolta viene scambiata per oro, da cui il soprannome di "oro degli stolti"

GEMINATI CRISTALLINI

Due o più cristalli dello stesso minerale talvolta crescono simmetricamente e sono detti geminati. Ne esistono due tipi principali: di contatto e di compenetrazione. Il primo tipo presenta un confine ben definito tra i cristalli, che sembrano immagini speculari. Nel secondo tipo, i singoli cristalli sembrano crescere l'uno dentro l'altro. I minerali più abbondanti del mondo, i feldspati, sono spesso geminati. Quarzo e spinello formano geminati di contatto, mentre feldspato ortoclasio, pirite e fluorite danno geminati di compenetrazione. Il tipo di geminazione aiuta a identificare il minerale.

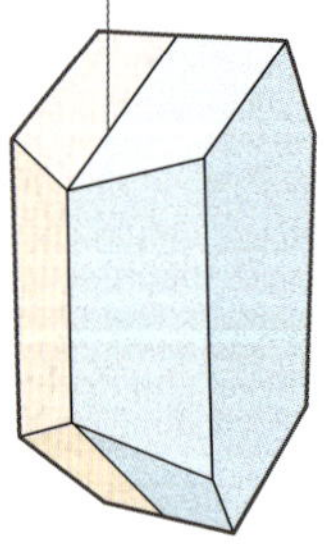

GEMINATI DI CONTATTO

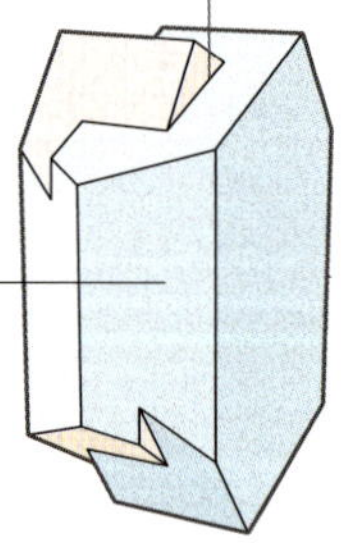

GEMINATI DI COMPENETRAZIONE

Di solito le striature presenti sulle facce cubiche della pirite sono causate dallo sviluppo contemporaneo di due forme cristalline diverse

Forme e facce
Il termine "forma" indica una serie di facce cristalline identiche con piani simmetrici. Esistono forme "chiuse" e "aperte". Nelle prime, come cubi e ottaedri, le facce sono identiche, mentre le forme aperte hanno facce di configurazione e dimensioni differenti. Per esempio, un campione che abbia facce prevalentemente parallele (v. a destra) per chiudere lo spazio deve terminare con una faccia diversa (qui una piramide). Se il cristallo è composto da facce di vario tipo, l'abito prende il nome da quelle predominanti (qui è prismatico).

PRISMATICO
Quarzo

CUBICO
Alite (salgemma)

OTTAEDRICO
Cuprite

Aspetto
Alcuni abiti prendono il nome dall'aspetto complessivo, anziché da forma e facce del cristallo. Così avviene per gli aggregati, cristalli che crescono in gruppo anziché separatamente, di solito perché hanno uno sviluppo imperfetto. In certi aggregati i cristalli sono microscopici. Poiché sono molto variabili per dimensioni e abito, si usano numerosi termini descrittivi.

MASSIVO
Dumortierite

FIBROSO
Tremolite

RADIALE
Pirofillite

LAMELLARE
Cianite

ACICULARE
Mesolite

DENDRITICO
Rame

CONCENTRICO
Rodocrosite

abito cristallino

Il termine "abito" indica le caratteristiche esteriori dei cristalli, comprese le facce e le forme predominanti. La definizione può riferirsi a un unico cristallo ben formato o a un insieme di cristalli cresciuti assieme, detti aggregati. In natura i cristalli perfettamente formati sono rari, poiché il loro sviluppo è limitato dalle dimensioni e dalla forma delle cavità in cui crescono, nonché dalla gravità. È possibile che un minerale, a seconda delle condizioni in cui si forma, abbia vari abiti.

BOTRIOIDALE
Malachite

TABULARE
Torbernite

Acquamarina
Varietà azzurra di berillo, l'acquamarina si forma in profondità nella Terra e spesso è associata a intrusioni di granito (v. pp. 134-135). I cristalli formano prismi esagonali, con le facce parallele a un asse centrale. Questo campione proviene dall'altopiano di Jos in Nigeria.

Il colore bianco argenteo è tipico del bismuto di recente formazione; con il tempo il minerale può assumere una lucentezza iridescente

La brillantezza vivida conferisce al diamante un aspetto sfavillante

ADAMANTINA
Diamante

La superficie del minerale è scabra e non riflettente

OPACA
Ematite

La superficie non riflettente somiglia a fango secco, terriccio o argilla

TERROSA
Bentonite

Le microscopiche irregolarità della superficie conferiscono al minerale un aspetto oleoso

GRASSA
Crisocolla

Le fibre parallele del minerale emettono un lieve luccichio

SERICEA
Ulexite

I prismi cristallini luccicano come vetro

VITREA
Quarzo

riflessi di luce

Un minerale è spesso descritto o identificato in base alla lucentezza, ossia alle qualità riflettenti e all'interazione con la luce. A grandi linee i minerali si suddividono in metallici, submetallici o non metallici. I primi sono riflettenti, come il metallo lucidato. I submetallici sono più opachi e meno riflettenti, mentre i non metallici sono di solito di colore più chiaro e spesso hanno un certo grado di trasparenza o traslucidità, con vari tipi di lucentezza, alcuni dei quali sono raffigurati qui accanto.

Lucentezza metallica
Il bismuto, con le superfici brillanti e assai riflettenti, ha lucentezza metallica. Come per tutti i minerali simili, si produce l'effetto "metallo lucidato" quando la luce che investe la superficie eccita gli elettroni, che vibrano emettendo una luce diffusa.

RIFRAZIONE E RIFLESSIONE TOTALE

La trasparenza dipende da ciò che avviene ai raggi di luce quando attraversano il cristallo. Se il raggio incidente (luce in arrivo) è perpendicolare alla superficie di separazione cristallo-aria, la luce attraversa il cristallo in linea retta (1). Più spesso, il raggio presenta un angolo diverso, e la luce viene in parte rifratta e in parte riflessa, rallenta e cambia direzione (2). All'aumentare dell'angolo di incidenza cresce anche la proporzione di luce riflessa. È detto angolo limite (3) l'angolo di incidenza al di sopra del quale avviene la riflessione totale. Se l'angolo di incidenza è maggiore dell'angolo limite, viene riflessa tutta la luce (4).

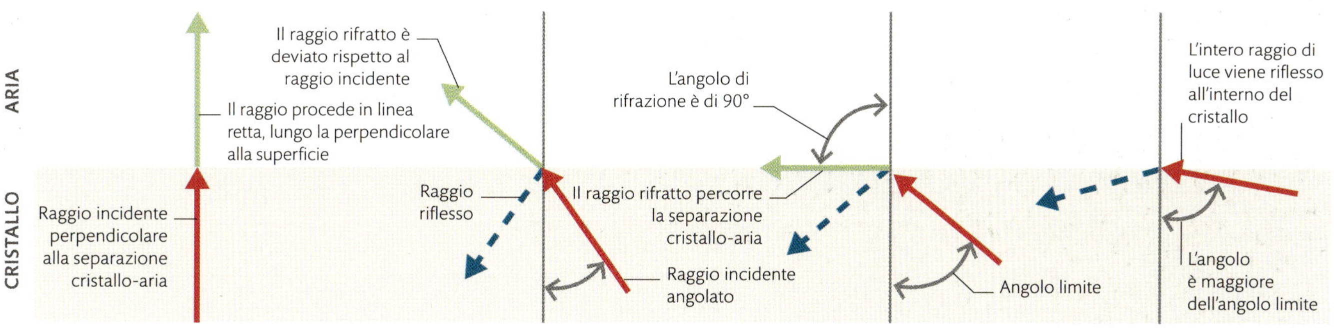

1. NÉ RIFRAZIONE NÉ RIFLESSIONE
2. RIFRAZIONE E RIFLESSIONE
3. ANGOLO LIMITE
4. RIFLESSIONE TOTALE

Talco
Il talco, il minerale più tenero, sulla scala di Mohs ha valore 1 e si può scalfire facilmente con l'unghia. Nei cosmetici, compreso il talco in polvere, si usa macinato.

Diamante grezzo
Questo diamante di 424 carati è stato trovato nel 2019 in Sudafrica. Il diamante è la sostanza più dura presente in natura: può scalfire qualsiasi altro minerale, ma può essere scalfito solo da un altro diamante. Questa pietra preziosa è costituita da carbonio puro e si forma a oltre 150 km di profondità sotto la superficie terrestre, in presenza di calore intenso ed elevata pressione. I diamanti che vediamo in superficie sono stati trasportati in alto da eruzioni vulcaniche.

dal più duro al più tenero

Verificare la durezza è un metodo assai utile per identificare un minerale ignoto. Più che la robustezza, indica la resistenza del minerale a scalfitture o abrasioni; alcuni minerali durissimi sono fragili e si spezzano facilmente. Una scalfittura indica il luogo in cui dalla superficie sono stati asportati degli atomi, perciò la durezza è influenzata dall'intensità dei legami fra gli atomi stessi. Per esempio, la grafite è relativamente tenera, con legami deboli fra gli atomi, mentre il diamante, il minerale più duro, ha legami atomici forti. Si può assegnare un valore di durezza secondo vari metodi, tra cui la scala di Mohs e la scala di Knoop.

VALUTAZIONE DELLA DUREZZA

Il metodo più usato per la valutazione della durezza dei minerali è la scala di Mohs, che presenta 10 minerali standard di durezza crescente, da 1 (tenero come il talco) a 10 (duro come il diamante). Per valutare la durezza, si può scalfire un minerale con un altro già noto (se è più duro lo scalfisce, altrimenti no) o con un oggetto di durezza nota. Per esempio, un'unghia, una moneta di rame e una punta d'acciaio scalfiscono minerali con valori inferiori rispettivamente a 2,5, 3,5 e 6,5. Con il metodo Knoop, mediante un punzone si applica un peso alla superficie del campione. Il valore di durezza è dato dal rapporto fra il peso applicato e l'impronta lasciata dal punzone.

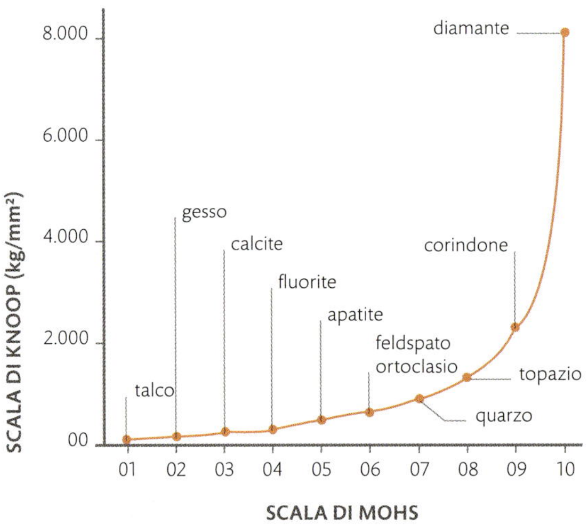

Forma irregolare
con margini arrotondati

elementi nativi

Molti minerali sono costituiti da un insieme di elementi chimici che formano composti. Ma alcuni elementi, detti nativi, in natura sono presenti in forma relativamente pura. I più comuni si suddividono in tre gruppi: metalli (oro, argento, platino, rame, ferro), semimetalli (arsenico, bismuto) e non metalli (zolfo, carbonio). Altri si presentano più di rado allo stato nativo. Gli elementi nativi si trovano in rocce di vario tipo e spesso hanno un alto valore economico. I minerali di oro, platino, osmio e iridio sono le fonti principali degli elementi omonimi.

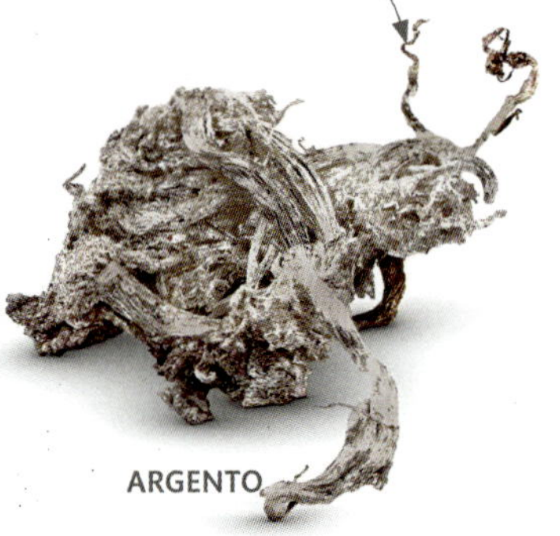

ARGENTO

PLATINO

GRAFITE

ZOLFO

FORME NATURALI DEL CARBONIO

Il carbonio è uno degli elementi chimici più abbondanti sulla Terra e si presenta in varie forme. Diamante e grafite sono cristallini: il primo si sviluppa con alta temperatura e alta pressione, la seconda con alta temperatura. Il carbonio amorfo (tra cui fuliggine e carbone) non è cristallino e deriva da una combustione incompleta. Il carbonio è uno dei rari elementi a produrre polimeri, lunghe catene di atomi unite da forti legami.

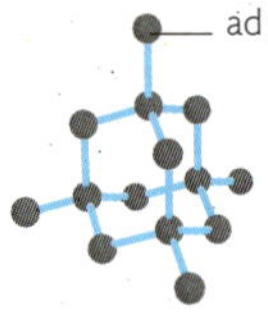

DIAMANTE

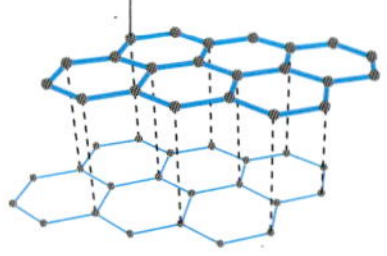

GRAFITE

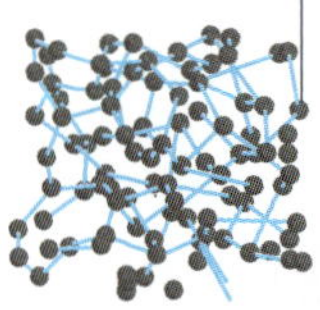

CARBONIO AMORFO

Rame nativo
Il rame, probabilmente il primo metallo lavorato dagli esseri umani, è lucente, di colore rossastro-dorato, ma a contatto con l'ossigeno si scurisce, diventando marrone opaco e formando spesso una patina verde o nera. Usato tradizionalmente nella produzione di monete, assieme ad argento e oro, è un buon conduttore di calore e di elettricità e si impiega nella fabbricazione di numerose apparecchiature elettriche.

Sulla superficie sono visibili chiazze verdi dovute all'ossidazione
L'aspetto distorto e ramificato è tipico del rame

Composto metallico

Molti metalli si combinano con non metalli o semimetalli, formando una grande varietà di minerali. Per esempio, la tetraedrite (qui raffigurata) è un composto di rame con il non metallo zolfo e con il semimetallo antimonio. I semimetalli hanno proprietà intermedie fra quelle di metalli e non metalli.

QUANTITÀ DI METALLI NELLA CROSTA TERRESTRE

Il diagramma indica che i metalli presenti in maggiore quantità nella crosta terrestre sono elementi comuni delle rocce che si combinano con l'ossigeno, formando silicati come quarzo e feldspato; tra questi, ferro, alluminio, magnesio, titanio e manganese. I metalli più rari sono elementi poco presenti nella crosta poiché risiedono più in profondità, come il platino e l'oro.

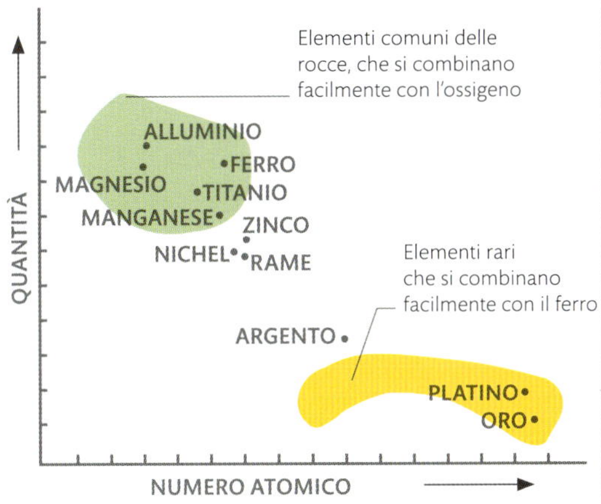

Metallo nativo
In natura alcuni metalli si trovano in forma pura, ossia non in combinazione con altri elementi chimici. Fra questi metalli nativi (v. pp. 44-45) vi sono oro, platino, argento, mercurio e rame. L'oro si trova in rocce ignee o in depositi fluviali sotto forma di scaglie o pepite. Questo campione è stato trovato nel Queensland, in Australia.

Superficie liscia ma irregolare, colore giallo-oro lucente e vivido

Frattura irregolare dei cristalli

metalli terrestri

Nella crosta terrestre sono presenti metalli in varie forme. In genere sono solidi, lucenti od opachi, sono cristallini e costituiscono il gruppo principale di elementi chimici della tavola periodica. Non tutti però sono presenti nella tavola, poiché alcuni formano composti o miscele con altri metalli o non metalli; per esempio, l'acciaio non è presente perché è costituito da ferro, nichel e cromo. Quelli metalliferi sono rocce contenenti metalli in quantità sufficienti a renderne conveniente l'estrazione. I metalli sono buoni conduttori di elettricità e di calore e sono malleabili e resilienti, perciò sono ricercati per numerosi impieghi.

AGATA SCENICA

AGATA D'UVA

CORNIOLA

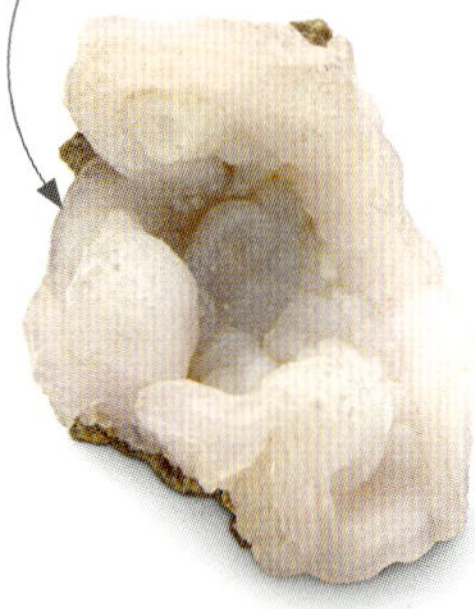

CALCEDONIO ROSA

Quarzo microcristallino
In alcune varietà di quarzo, definite microcristalline (o criptocristalline), i cristalli sono troppo piccoli per essere visibili a occhio nudo e sono individuabili solo con un ingrandimento. Il quarzo microcristallino normalmente si forma a basse temperature in ambiente vulcanico.

AMETISTA

CITRINO

CRISTALLO DI ROCCA

QUARZO ROSA

Quarzo macrocristallino
Sono definite macrocristalline le varietà di quarzo con cristalli visibili a occhio nudo. I cristalli sono prismi esagonali e piramidi, spesso perfettamente formati, ma quelli meno sviluppati danno origine a forme imperfette. Aggregati o incrostazioni di quarzo macrocristallino spesso rivestono cavità nelle rocce (v. pp. 56-57).

varietà di quarzo

Presente in molti tipi di rocce, dopo il feldspato il quarzo è il secondo minerale più diffuso nella crosta terrestre continentale (v. pp. 50-51). Ne esistono numerose varietà e, sebbene il quarzo puro sia incolore, assume varie colorazioni determinate dalle sostanze chimiche presenti nella roccia. È piuttosto duro a causa dei forti legami chimici, ed è l'unico silicato costituito interamente dai soli silicio e ossigeno. Assieme ai feldspati e alla mica, è uno dei principali componenti del granito. Ne esistono due forme: microcristallina e macrocristallina.

Quarzo affumicato
Quando il quarzo, come quello affumicato qui accanto, ha spazio per crescere forma bellissimi prismi esagonali che terminano con piramidi a 6 facce. La tonalità può andare dal beige al nerastro e si produce quando il minerale sottoterra è esposto a radiazioni.

CRISOPRASIO

DIASPRO ROSSO

DIASPRO VERDE

ONICE

GRUPPI DI SILICATI

Tutti i silicati (compresi i feldspati) hanno in comune un'unità di base: il tetraedro di silice, in cui un atomo di silicio è circondato da 4 atomi di ossigeno. I tetraedri, che si possono visualizzare sotto forma di poliedri a facce triangolari o con un modello ad asta e sfera, sono presenti singolarmente oppure aggregati. I vari silicati vengono suddivisi in gruppi a seconda del modo in cui sono legati fra loro i tetraedri e altri elementi.

TETRAEDRO DI SILICE

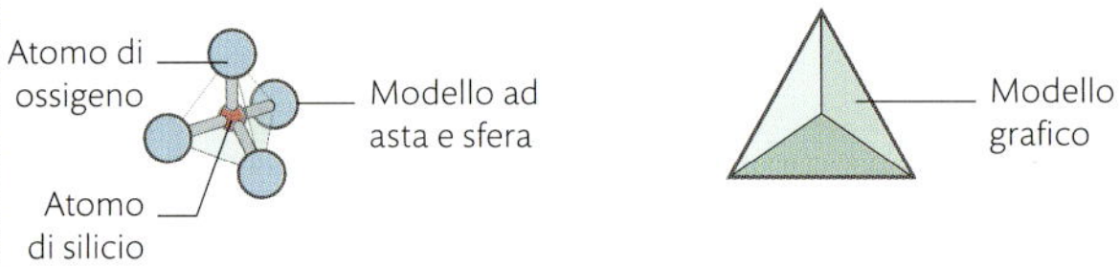

ANELLI, CATENE, RETICOLI

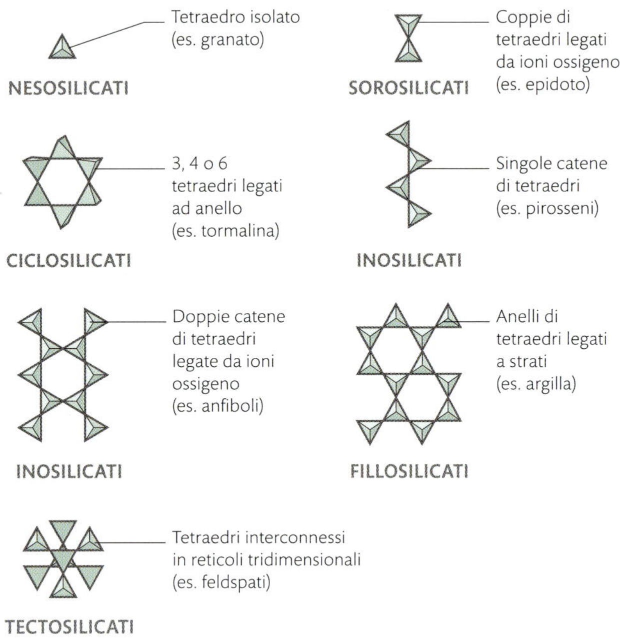

ALBITE

AMAZZONITE

feldspati

I feldspati, i minerali più abbondanti, costituiscono circa due terzi della crosta terrestre. Appartengono ai silicati, la classe di minerali più vasta e importante. Le numerose forme si possono suddividere in due gruppi: feldspati potassici e plagioclasi (contenenti sodio e calcio). I feldspati potassici si trovano spesso in rocce ignee come il granito, ma anche in gneiss e arenaria. I plagioclasi sono comuni in rocce ignee come il gabbro, ma si trovano anche in meteoriti e rocce lunari.

Labradorite
La labradorite, feldspato plagioclasio, si riconosce facilmente per la lucentezza iridescente. La fonte di questa labradorescenza è la sua struttura interna, caratterizzata da geminazione lamellare, ossia strati alternati di due o più feldspati di diversa composizione chimica. Quando la luce penetra nel minerale, si riflette sulle differenti superfici geminate, producendo lampi di colore.

ORTOCLASIO

ANORTITE

BYTOWNITE

OLIGOCLASIO

Malachite
La malachite, minerale secondario di colore verde vivido, deriva dall'alterazione di minerali di rame e si forma dall'interazione fra il rame e acqua in cui è disciolta anidride carbonica, oppure fra il calcare e un liquido contenente rame. Spesso emergono masse tonde di cristalli disposti a bande concentriche.

minerali alterati

I minerali sono composti chimici che possono produrre reazioni con altri composti formandone di nuovi, i cosiddetti minerali secondari. Il minerale è definito alterato quando alcuni processi ne modificano la composizione chimica o le proprietà dei cristalli, per esempio mediante il contatto con sostanze chimiche disciolte nell'acqua, quando dalla superficie filtra acqua ricca di ossigeno, oppure sottoterra è presente acqua riscaldata da un bacino magmatico.

Calcopirite
La calcopirite, solfuro di ferro e rame, è la principale fonte di rame del mondo. A contatto con l'aria, la superficie si ossida diventando iridescente, con viola, giallo, azzurro e verde. Reagendo con alcune soluzioni acquose, la calcopirite può alterarsi dando origine ad altri minerali come la malachite.

DIAGENESI

I minerali si possono alterare quando si depositano sedimenti che, una volta sepolti, si consolidano diventando rocce. Il processo, che avviene vicino alla superficie terrestre, è detto diagenesi e può comportare anche un legame progressivo fra i granuli di sedimento, ossia una cementazione. Per esempio, fra i granuli di sabbia può crescere quarzo che li cementifica.

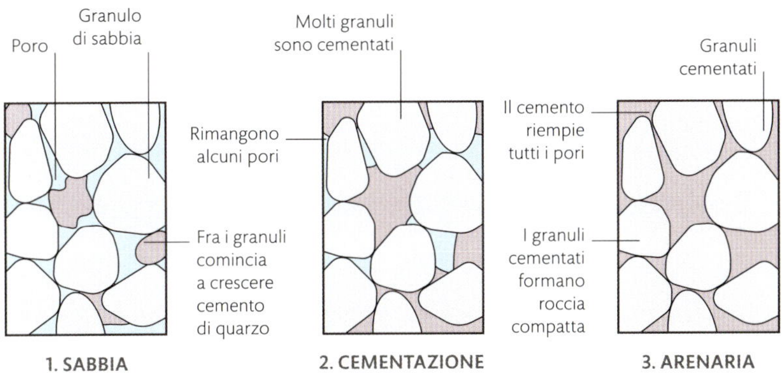

associazioni di minerali

Di frequente i minerali si presentano a gruppi detti associazioni, e alcuni si trovano spesso assieme ad altri. Per esempio, la malachite è di frequente in associazione con pirite e calcopirite, e così l'oro bianco con il quarzo. Alcuni minerali si formano assieme in un ambiente specifico. Quelli metalliferi, per esempio, possono svilupparsi in rocce che circondano il magma in raffreddamento nella crosta terrestre (v. riquadro). Altre associazioni sono legate alla composizione chimica dei liquidi da cui i minerali precipitano, come quelli che rivestono le cavità cristalline dette geodi (v. pp. 56-57). Conoscere l'ambiente di formazione e le associazioni aiuta a identificare i minerali.

Pirite con sfalerite e quarzo
Questo campione è costituito da quarzo incolore con pirite color ottone e sfalerite metallica di colore grigio scuro.

Prehnite con apofillite
I minerali prehnite e apofillite si trovano di frequente insieme e rivestono cavità di rocce ignee, come il basalto, e talvolta crescono sul granito. I due minerali si riscontrano insieme anche in vene nelle rocce (v. riquadro). I cristalli isolati di prehnite sono rari; più spesso si trovano in aggregati botrioidali o arrotondati.

VENE IDROTERMALI

Le associazioni di minerali si trovano spesso nella crosta terrestre in vene idrotermali, depositi che si formano con la precipitazione di minerali da liquidi caldi che penetrano nelle spaccature delle rocce. I liquidi derivano da intrusioni magmatiche in raffreddamento o da acqua freatica riscaldata. I depositi spesso contengono minerali di alto valore economico: stagno e tungsteno si formano nei pressi dell'intrusione, rame, zinco e piombo più lontano.

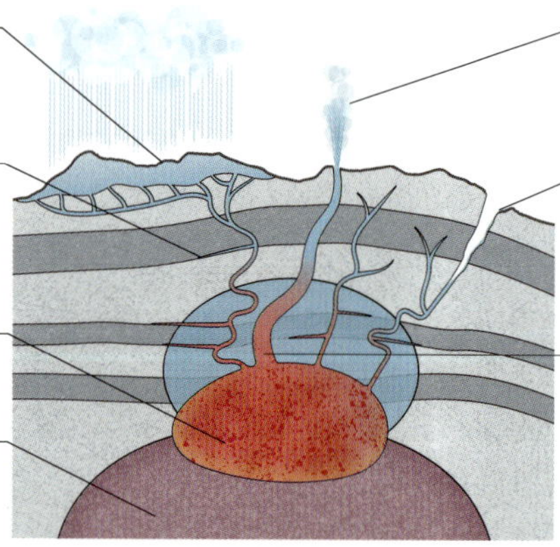

L'apofillite forma gruppi di cristalli tabulari a blocchi
I rari cristalli di prehnite di colore rosa-arancione hanno lucentezza vitrea

Sopra il rivestimento al centro della cavità crescono cristalli di quarzo trasparenti

Cristalli in crescita dentro una delle camere

Fossile di ammonite
Talvolta si formano cristalli all'interno di resti di animali fossilizzati. Per esempio, le ammoniti fossili (parenti estinte di calamari e seppie) contengono cavità (camere) in cui un tempo viveva l'organismo. Quando i liquidi mineralizzanti interagiscono con le camere, si possono sviluppare cristalli.

FORMAZIONE DEI GEODI

I geodi si formano in cavità fra rocce o sedimenti, che possono essere spazi vuoti lasciati da bolle di gas nel magma, crepe nelle rocce dovute ad attività tettonica, camere all'interno di fossili. Quando nella cavità entrano i liquidi che filtrano da minuscole fratture o pori della roccia o del sedimento, i minerali presenti nel liquido precipitano, formando strati di cristalli che rivestono la cavità, poi continuano a crescere.

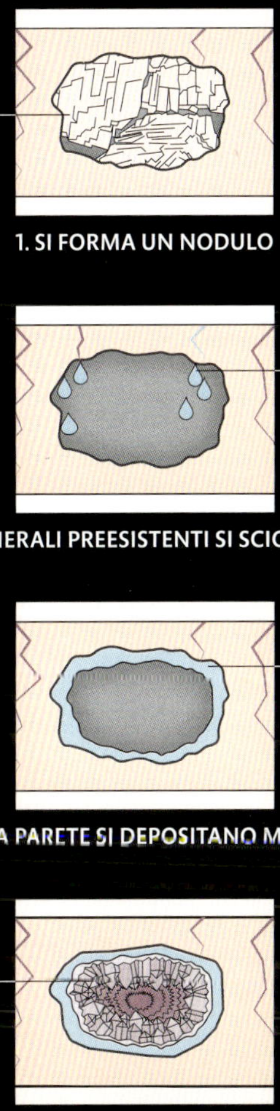

cavità cristalline

Geode di quarzo
Questo geode, scoperto in Boemia settentrionale nella Repubblica Ceca, contiene varietà di quarzo, tra cui calcedonio, agata zonata e quarzo cristallino trasparente. Fra gli altri minerali che crescono nei geodi vi sono ametista e diaspro (pure varietà di quarzo), calcite, dolomite e celestina. Il rivestimento può essere formato da strati concentrici in successione, che conferiscono al geode un aspetto zonato.

Un geode è una struttura rocciosa cava, generalmente arrotondata, che dall'esterno sembra un nodulo indistinto, ma una volta aperta rivela una cavità rivestita di minerali, di solito costituiti da bellissimi cristalli proiettati verso l'interno. Diversamente da quelli che crescono in ambienti ristretti, i cristalli del geode spesso hanno spazio sufficiente per sviluppare facce ben formate, e di conseguenza sono molto ricercati. I geodi hanno un diametro che va da pochi centimetri a diversi metri.

DUREZZA

In gioielleria la durezza della gemma è un fattore fondamentale, poiché le pietre tagliate devono resistere all'abrasione causata dall'uso. La scala di Mohs (v. p. 42) classifica i minerali in base alla possibilità di scalfirli, dal valore 1 (tenerissimo) a 10 (durissimo). L'ideale è che le gemme siano dure almeno quanto il quarzo (7 sulla scala di Mohs). Il diamante è di gran lunga la gemma più dura.

DIAMANTE
10 (scala di Mohs)

GRANATO
7-7,5 (scala di Mohs)

ACQUAMARINA
7,5 (scala di Mohs)

COLORE

La preziosità del diamante è determinata dalla trasparenza e dall'assenza di colore. In molti altri casi però sono proprio i colori a rendere preziose le gemme e a incrementarne il valore. Se il berillo è incolore ha un valore moderato, mentre lo smeraldo (varietà verde di berillo, v. qui accanto) è una delle gemme più ricercate al mondo.

AMETISTA

PERIDOTO

RUBINO

ZAFFIRO

TOPAZIO

TORMALINA

Tessitura robusta, interconnessa, granulare, con lucentezza da grassa a vitrea

GIADA DI GIADEITE
7 (scala di Mohs)

Tormalina nodulare celeste, con venature scure, senza cristalli visibili

TURCHESE
5,5-6 (scala di Mohs)

Frammento di cristallo multicolore azzurro e viola; seppure tenera per essere una gemma, la fluorite è apprezzata per i colori eccezionali

FLUORITE
4 (scala di Mohs)

Smeraldo
Assieme a diamante, zaffiro e rubino, lo smeraldo è una delle gemme più preziose al mondo. Si trovano smeraldi in vari Paesi, ma i tre produttori principali sono Colombia, Brasile e Zambia. Lo smeraldo è detto anche berillo verde, a indicare il minerale silicato da cui deriva.

Cristallo esagonale di smeraldo con il tipico colore verde intenso

gemme

I tre attributi fondamentali che consentono di classificare un minerale fra le gemme sono durevolezza, bellezza e rarità. La bellezza delle gemme è incrementata dalla lucidatura e dal taglio delle facce secondo angoli specifici che ne esaltano la brillantezza e il colore. I commercianti le valutano in base alla trasparenza, al taglio, al colore e al peso (misurato in carati). Solo 130 minerali (ossia meno del 4% del totale) sono considerati gemme. Inoltre, sono classificati come tali alcuni minerali non cristallini di origine organica, tra cui perla, corallo e ambra (v. pp. 60-61).

FORMAZIONE DELLA PERLA

Quando i molluschi percepiscono la presenza di corpi estranei, come particelle di sabbia, fra la conchiglia e il mantello (organo che secerne la conchiglia), formano un rivestimento difensivo attorno all'oggetto. L'epitelio del mantello (strato di tessuto che circonda il corpo del mollusco) comincia a coprirlo con strati concentrici di aragonite e conchiolina, che costituiscono la madreperla. Con il tempo gli strati inglobano l'oggetto, formando la perla.

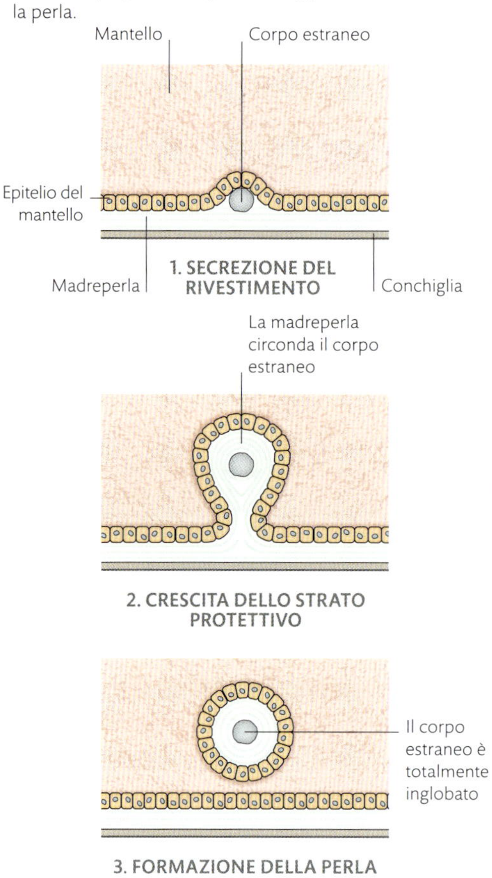

Minerali da organismi viventi
In natura i minerali organici sono abbondanti. I bivalvi (mitili, vongole, ostriche) e i gasteropodi (chiocciole, buccini, strombi) si costruiscono la casa secernendo carbonato di calcio (minerale gessoso) e formando conchiglie. Anche gli scheletri dei coralli sono costituiti da carbonato di calcio, secreto da polipi. I resti di alberi sepolti e riscaldati possono dare origine a sostanze organiche come lignite, antracite e giaietto.

Gli strati di carbonato di calcio secreti dai gasteropodi formano una conchiglia a spirale

CONCHIGLIA DI GASTEROPODE

Le macchie scure inglobate nell'ambra potrebbero essere frammenti di piante

minerali organici

Alcuni minerali si formano da processi biologici di organismi viventi. Sebbene non siano minerali in senso stretto, poiché non hanno origine inorganica, possono essere definiti minerali organici. Il processo di produzione da parte degli organismi viventi è detto biomineralizzazione e riguarda fra l'altro conchiglie, perle, coralli, carbone e ambra. Talvolta i minerali si formano in presenza di microrganismi; per esempio, le stromatoliti (tra i fossili più antichi che si conoscano) sono costituite da sedimenti depositati da cianobatteri vivi.

La madreperla che riveste l'interno della conchiglia ha lucentezza iridescente

CONCHIGLIA DI OSTRICA CON PERLA

Lo scheletro rigido rosa di carbonato di calcio è secreto dai polipi, animali che formano colonie ramificate

SCHELETRO DI CORALLO

Varietà nera e lucida di carbone con lucentezza submetallica

ANTRACITE

Colore da marrone scuro a nero e tessitura legnosa formata da strati di alberi decomposti

GIAIETTO

Ambra

La resina è una sostanza densa e appiccicosa che trasuda dagli alberi con la corteccia danneggiata e chiude buchi e lacerazioni, impedendo l'ingresso a insetti e agenti patogeni. La resina indurita delle antiche foreste, sepolta in depositi sedimentari, ha dato origine all'ambra, resina fossile, sotto forma di noduli, bastoncelli e goccioline.

Forma irregolare, con aree arrotondate e globulari e goccioline solidificate

Di colore arancione e marrone, quest'ambra traslucida ha una tipica lucentezza resinosa

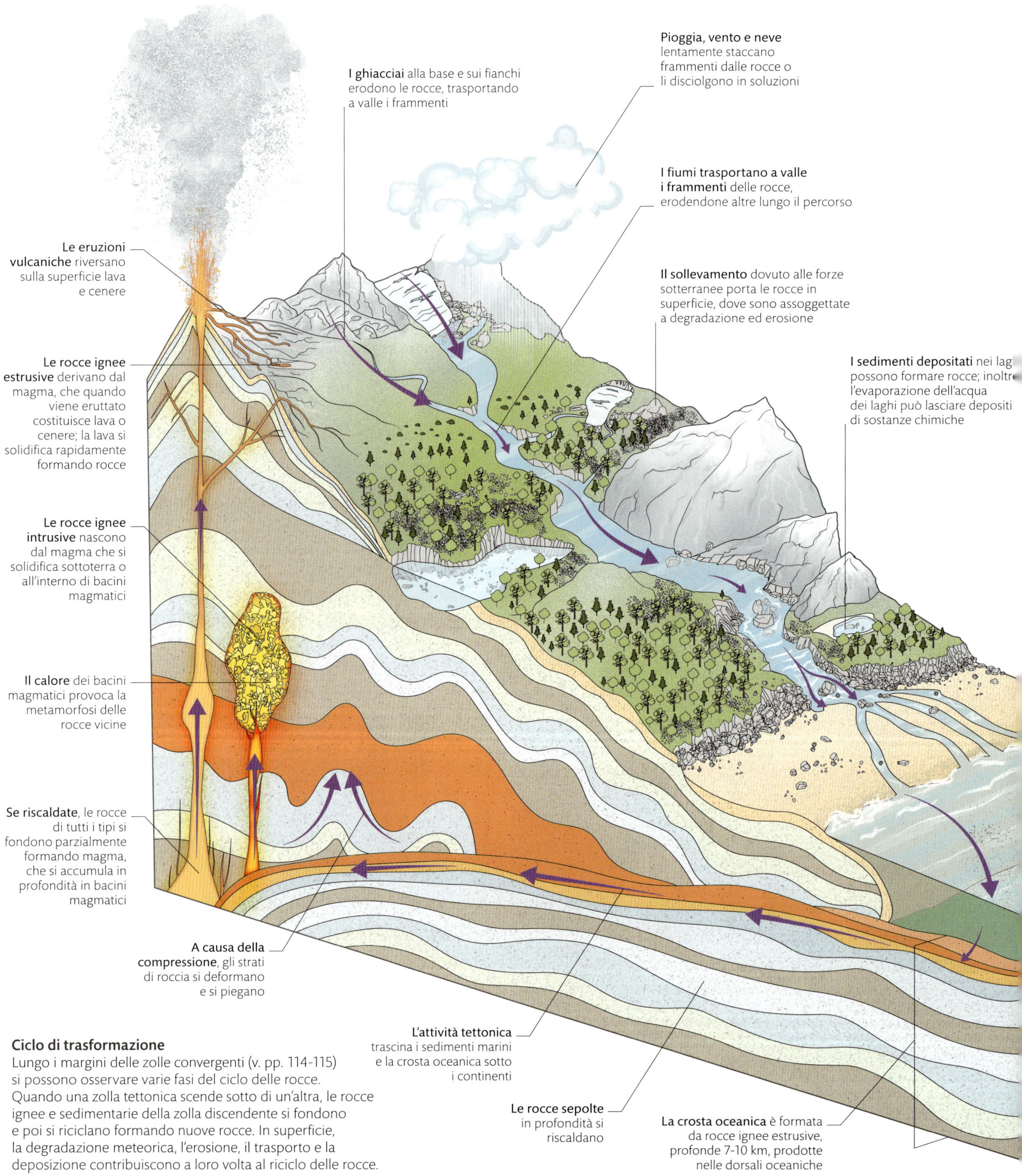

Ciclo di trasformazione

Lungo i margini delle zolle convergenti (v. pp. 114-115) si possono osservare varie fasi del ciclo delle rocce. Quando una zolla tettonica scende sotto di un'altra, le rocce ignee e sedimentarie della zolla discendente si fondono e poi si riciclano formando nuove rocce. In superficie, la degradazione meteorica, l'erosione, il trasporto e la deposizione contribuiscono a loro volta al riciclo delle rocce.

Da ignee a sedimentarie
Il fiume Jökulsá á Brú, nel canyon di Stuðlagil in Islanda, scorre tra colonne di rocce ignee derivanti da magma raffreddatosi lentamente. I frammenti erosi e trasportati dal fiume si depositeranno a valle o nel mare, dove potranno dare origine a rocce sedimentarie.

Le onde erodono le rocce della costa e trasportano i frammenti lungo il litorale o in mare

I frammenti di roccia trasportati a valle dai fiumi si depositano lungo la costa o in mare; le particelle più grandi sono le prime a uscire dalla sospensione

Sul fondo marino si depositano sedimenti fini

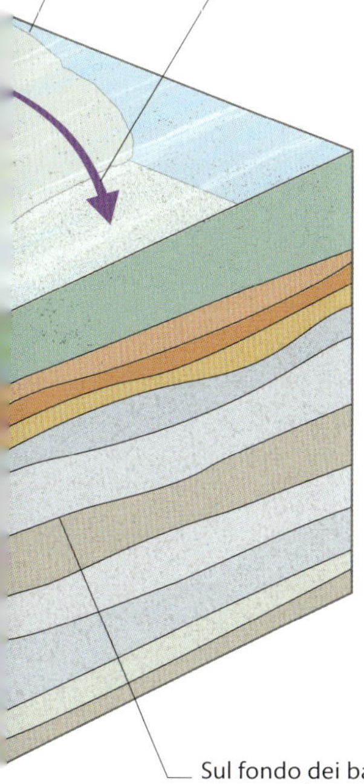

Sul fondo dei bacini oceanici si accumulano strati di sedimenti, che in seguito si compattano e si cementano formando nuove rocce

ciclo delle rocce

In lunghissimi periodi di tempo, i tre tipi fondamentali di rocce (ignee, sedimentarie, metamorfiche) cambiano continuamente con il cosiddetto ciclo delle rocce, o ciclo litogenetico, governato dagli effetti congiunti del calore sotterraneo, dei moti della crosta terrestre e di erosione e deposizione in superficie. Le rocce ignee o magmatiche si formano quando la roccia fusa si raffredda e si solidifica sottoterra, o in superficie dopo essere stata eruttata sotto forma di lava. Le rocce sedimentarie nascono quando, con degradazione ed erosione, si staccano o si disciolgono frammenti di roccia, che poi vengono trasportati, depositati e infine cementati assieme. La materia prima delle rocce sedimentarie può derivare anche da animali o piante tramite processi chimici. Le rocce metamorfiche si generano quando le rocce ignee o sedimentarie sono sottoposte a elevate temperature e pressioni, che ne alterano la struttura o il contenuto di minerali.

Sulla lava basaltica a cuscino crescono muschi e licheni
Forme arrotondate di lava che negli oceani antichi si raffreddò, dando origine a roccia basaltica
Roccia basaltica, con scanalature e creste

rocce ignee degli oceani

Il sottile involucro esterno della Terra è la crosta, di cui esistono due tipi: oceanica e continentale (v. pp. 66-67). La crosta oceanica copre circa il 70% della superficie terrestre e si compone di vari strati di rocce prevalentemente ignee, che si uniscono a formare una massa con uno spessore tipico di 7-10 km. Si forma nelle dorsali oceaniche, strutture vulcaniche elevate che emergono sul fondo marino, al margine tra due zolle tettoniche divergenti (v. pp. 110-111). Quando le zolle si separano, il magma caldo risale e si raccoglie nei bacini magmatici, dove in parte si raffredda, formando rocce ignee come il gabbro. Il resto fuoriesce sotto forma di lava da fenditure del fondo marino e si solidifica, formando basalto.

Lave a cuscino
Le rocce ignee, che si formano quando la lava basaltica fusa fuoriesce nell'acqua fredda del fondo oceanico, sono dette lave a cuscino. La lava si raffredda molto rapidamente e forma un rivestimento, che con ulteriori eruzioni e per la pressione si espande e si gonfia formando cumuli arrotondati, di solito con un diametro fino a 1 m. Le lave basaltiche a cuscino qui raffigurate si trovano in Islanda.

Gabbro
La roccia ignea gabbro ha la stessa composizione chimica del basalto, ma dato che sotto la superficie terrestre il magma si raffredda e si solidifica più lentamente, vi è tempo per la formazione di cristalli più grandi.

OFIOLITI

La crosta oceanica è uniforme per struttura e spessore e presenta una sequenza stratificata di sedimenti che si sovrappongono a vari tipi di rocce. Il luogo migliore in cui osservarla è nelle zone in cui una sua parte antica (definita serie ofiolitica) e il sottostante mantello superiore si sono sollevati sulla crosta continentale, perciò sono esposti al di sopra del livello del mare.

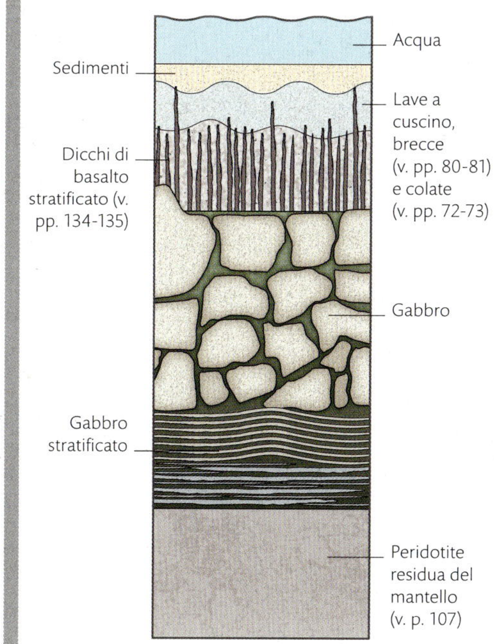

SEZIONE TRASVERSALE DI CROSTA OCEANICA

rocce ignee
dei continenti

La crosta continentale (la parte di crosta terrestre che forma i continenti e le relative piattaforme) si compone principalmente di granito e, rispetto alla crosta oceanica (v. pp. 64-65), è più antica, più spessa e meno densa. Lontano dai margini delle zolle tettoniche, nel corso delle ere geologiche le parti interne dei continenti sono rimaste relativamente stabili, poiché queste rocce tendono a galleggiare e resistono alla subduzione (processo in cui una zolla scivola sotto un'altra, con l'esito di terremoti e formazione di vulcani). Nella crosta continentale si trovano le rocce più antiche del mondo (circa 4 miliardi di anni).

Granito rosa
Il granito, roccia ignea che si raffredda in bacini magmatici sotto la superficie terrestre, può essere grigio, bianco o rosa, a seconda della composizione chimica dei minerali. I cristalli sono visibili a occhio nudo.

Monte Fitz Roy

Molte catene montuose del mondo sono costituite da granito della crosta continentale, formatosi in profondità nel mantello terrestre. Con il tempo, le rocce si sono sollevate e hanno dato origine a montagne, che poi sono state erose; in tal modo sono emersi i picchi frastagliati del monte Fitz Roy, in Patagonia, al confine tra Cile e Argentina.

CROSTA CONTINENTALE

La crosta continentale può raggiungere i 70 km sotto le catene montuose, ma dove i continenti sono allungati e assottigliati lo spessore può ridursi fino a 20 km. Rispetto alla crosta oceanica ha una composizione più varia, soprattutto perché è più leggera e nell'interno della Terra non è stata riciclata tanto quanto la crosta oceanica, più densa. Di conseguenza tende a rimanere presso la superficie, dove subisce ripetuti cicli di erosione, formazione di rocce sedimentarie e metamorfosi.

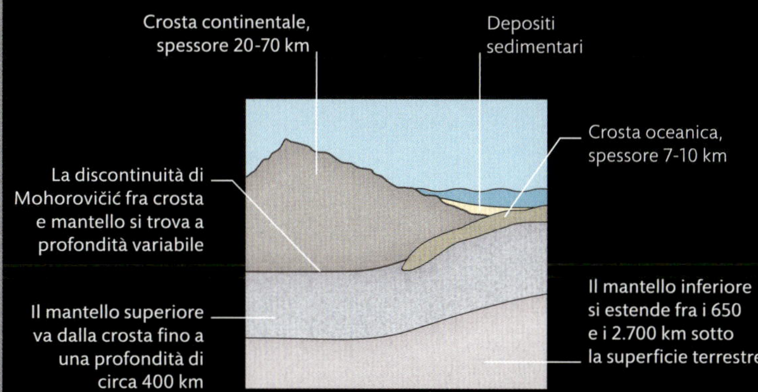

STRATI DELLA TERRA

in evidenza El Capitan e Half Dome

Le rupi scoscese di El Capitan si ergono sul fondo della Yosemite Valley, in California. All'imbocco della valle, la parete rocciosa dello Half Dome è ancora più spettacolare. Lo straordinario paesaggio è dovuto all'azione di calore, acqua e ghiaccio. Il granito di El Capitan e Half Dome nacque oltre 100 milioni di anni fa da un'intrusione di magma incandescente, in profondità sotto strati di roccia sedimentaria. Circa 65 milioni di anni fa l'erosione dei sedimenti portò alla luce il granito, più resistente. La valle si trova presso la cresta della Sierra Nevada, che a partire da 25 milioni di anni fa si sollevò e si inclinò, incrementando così la potenza erosiva dei fiumi della zona, che nella roccia hanno scavato canyon profondi. Circa 3 milioni di anni fa, quando il clima iniziò a raffreddarsi, la catena montuosa era abbastanza elevata da consentire la formazione di ghiaccio lungo

la cresta. I ghiacciai scavarono i fianchi della valle, dando origine alle pareti scoscese. Con il ritirarsi dei ghiacci, sul fondo della valle si formò un grande lago, racchiuso fra i detriti rocciosi trasportati dai ghiacciai. Alla fine il lago si colmò di sedimenti, conferendo alla valle il fondo piatto che oggi è coperto da un insieme di foreste e prati. Le cascate della Yosemite, le più alte dell'America del Nord con i loro 740 m, sono fra le numerose che scendono lungo i fianchi ripidi della valle. La Yosemite Valley fu la prima area naturale a cui, nel 1864, il governo degli Stati Uniti conferì tutela giuridica e nel 1890 divenne parco nazionale.

Half Dome

Lo Half Dome (mezza cupola) raggiunge i 2.693 m sul livello del mare

Yosemite Valley
Qui raffigurato sotto il sole crepuscolare, El Capitan è di guardia all'ingresso della Yosemite Valley. Sul lato opposto, da una valle sopraelevata, la cascata Bridalveil (velo nuziale) precipita per 190 m. In lontananza si può vedere la cima innevata dello Half Dome.

Lacrime di Pele
Questi frammenti di vetro vulcanico, lunghi fino a 20 mm, sono formati da lava a bassa viscosità che si è raffreddata e solidificata rapidamente sulla superficie terrestre. Prendono il nome da Pele, dea hawaiana del fuoco.

Fontane di lava
Fiumi di lava fusa escono da fratture del vulcano Kilauea, sull'isola Hawaii. La lava si raffredda e si solidifica formando rocce ignee grigio-nere con superficie frastagliata, a blocchi o a corde.

rocce laviche

Il magma, roccia fusa incandescente, si forma nel mantello superiore della Terra. Poiché è meno denso delle rocce circostanti, risale verso la crosta, dove si raffredda e si solidifica in bacini magmatici. Se raggiunge la superficie viene eruttato da fratture e vulcani sotto forma di lava, che poi si raffredda e si solidifica formando rocce ignee estrusive. L'esplosività delle eruzioni e le rocce che ne derivano dipendono dalla composizione e dalla viscosità del magma. La tessitura di una roccia ignea spesso contiene indizi della sua formazione (v. riquadro).

TESSITURA DELLE ROCCE IGNEE

Quando il magma si raffredda lentamente sottoterra, vi è tempo per la formazione di cristalli grandi in una roccia a grana grossa. In superficie il raffreddamento è più rapido e i cristalli sono microscopici o non si formano affatto, e si produce invece un vetro naturale. Quando il magma si sposta in superficie, il raffreddamento prima lento e poi rapido può dare una tessitura porfirica, miscela di cristalli grandi e piccoli. Se nella lava sono presenti bolle di gas, si formano cavità nella roccia, che assume un aspetto vescicolare. I detriti di un'eruzione esplosiva formano rocce piroclastiche.

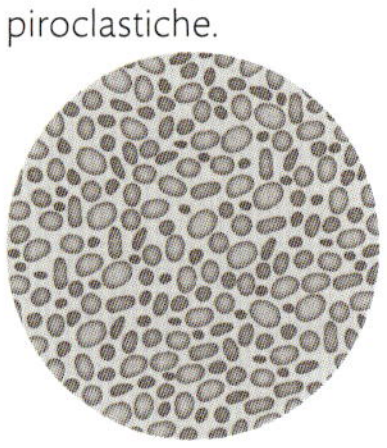
VESCICOLARE

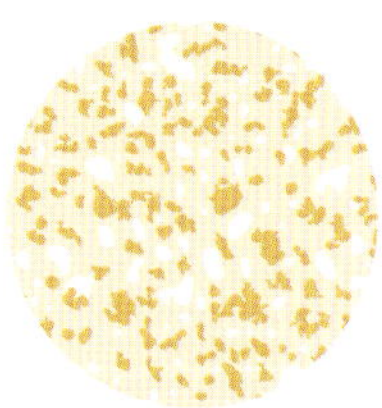
PIROCLASTICA

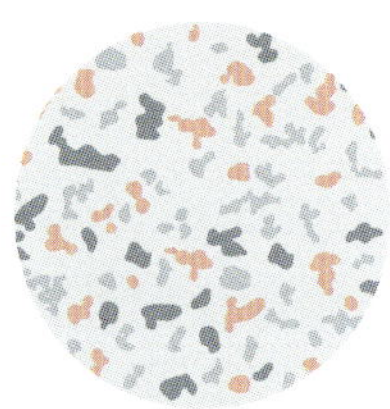
A GRANA GROSSA

PORFIRICA

CRIPTOCRISTALLINA

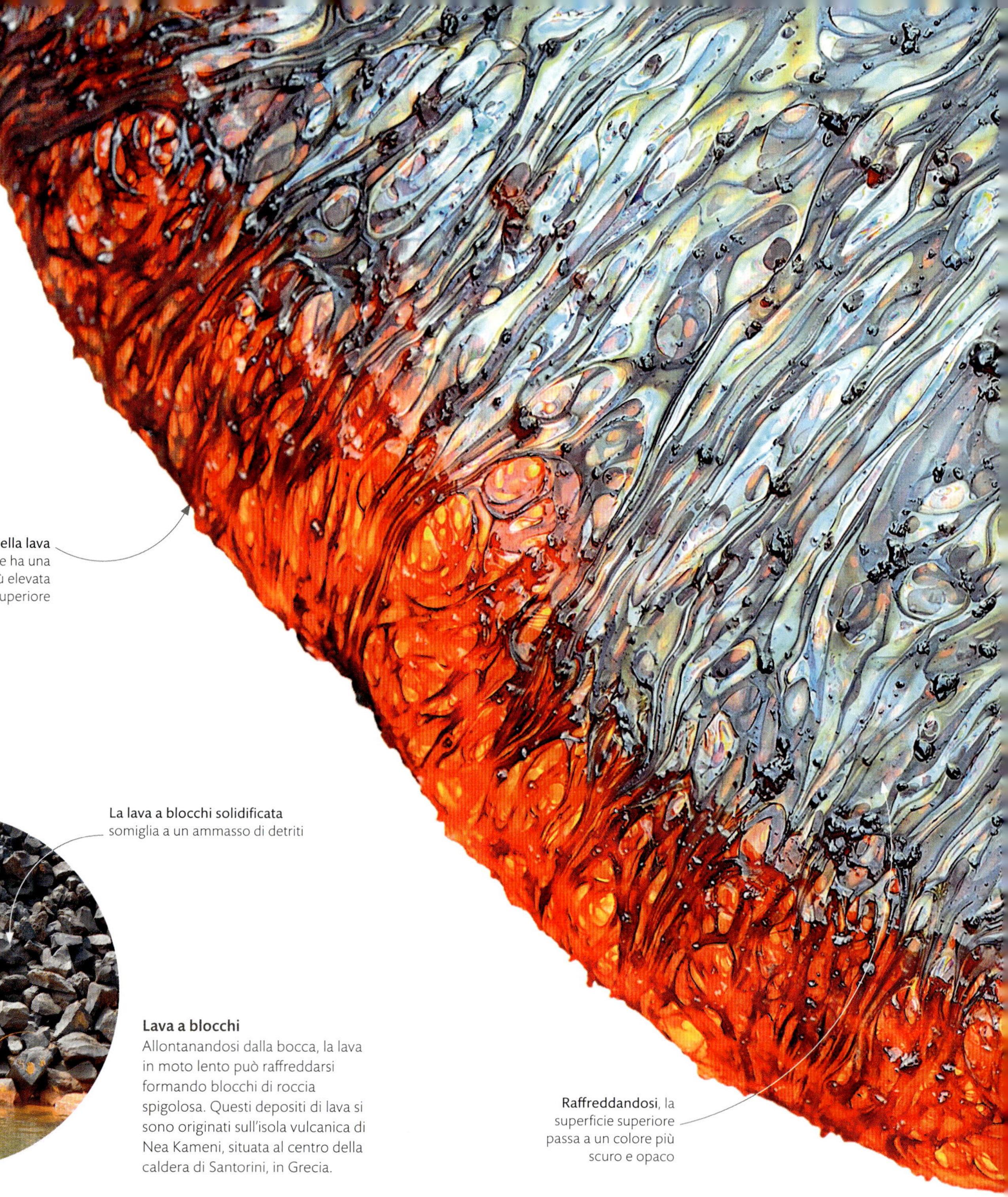

Il margine della lava è al calor rosso e ha una temperatura più elevata della superficie superiore

Raffreddandosi, la superficie superiore passa a un colore più scuro e opaco

La lava a blocchi solidificata somiglia a un ammasso di detriti

Lava a blocchi
Allontanandosi dalla bocca, la lava in moto lento può raffreddarsi formando blocchi di roccia spigolosa. Questi depositi di lava si sono originati sull'isola vulcanica di Nea Kameni, situata al centro della caldera di Santorini, in Grecia.

lava

Esistono vari tipi di lava. Un fattore fondamentale è la quantità di silice presente nel magma originario che, se ha alta temperatura e basso contenuto di silice, risale in superficie e forma colate di lava basaltica. Poiché i gas si disperdono facilmente, questo magma tende a provocare eruzioni effusive, ossia non violente. Una lava meno calda con elevato contenuto di silice è più densa. Se raggiunge la superficie e racchiude molto gas, può causare un'eruzione esplosiva.

Lava *pahoehoe*
La superficie di una colata di lava basaltica può formare un rivestimento elastico, che dalla lava sottostante viene deformato in pieghe simili a corde. L'esito è un tipo di lava detto *pahoehoe*, che in polinesiano significa "liscio, smussato". Questa immagine ravvicinata di lava in moto lento sul Kilauea dell'isola Hawaii mostra un lobo di *pahoehoe*, che in alcuni punti supera i 1.000 °C.

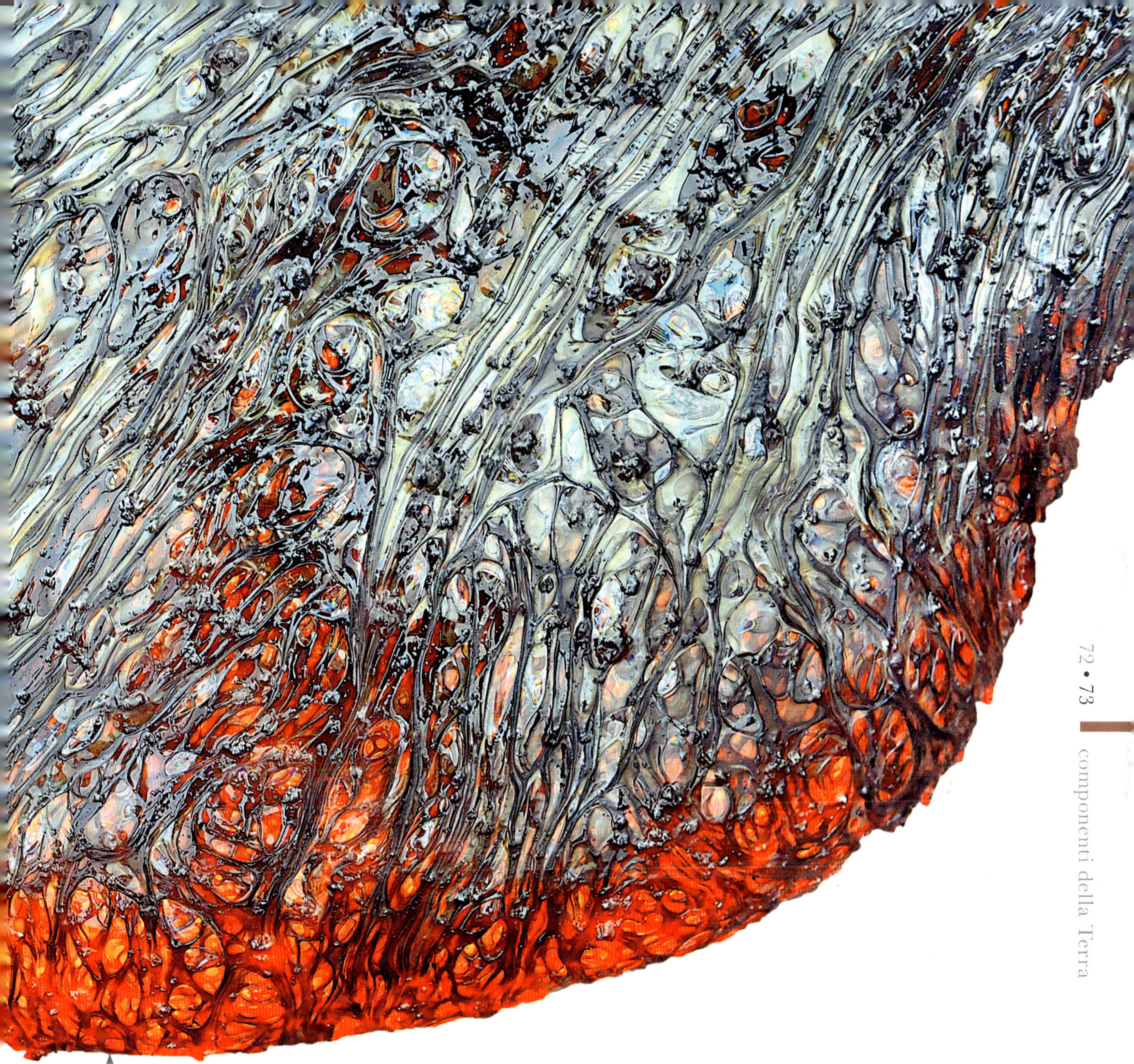

Al margine di una grande colata la lava si è allargata disponendosi in un sottile strato a forma di lobo

VISCOSITÀ DELLA LAVA

Le colate laviche si classificano a seconda della viscosità, ossia della resistenza al moto, che aumenta con il contenuto di silice. Se è ricca di silice, prima di solidificarsi la lava percorre solo una breve distanza, se ne ha poca può proseguire per chilometri. A seconda della viscosità, la lava forma rocce diverse, dal basalto all'andesite, dalla dacite alla riolite.

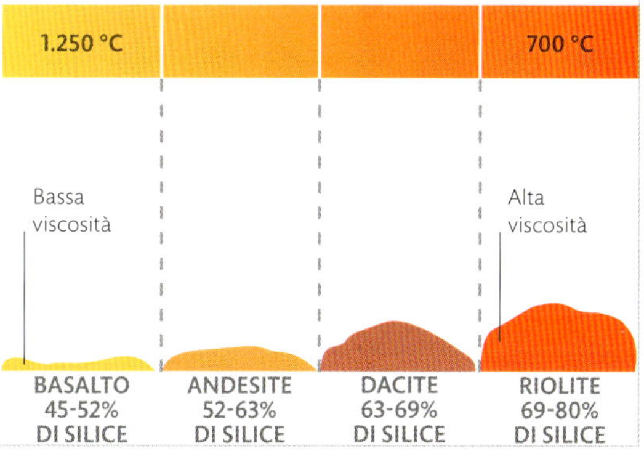

Argillite
Le rocce sedimentarie costituiscono circa il 5% della crosta terrestre. Per quasi l'80% sono rocce argillose a grana fine.

Gola della Cattedrale
Circa 1 milione di anni fa, la Gola della Cattedrale nel Nevada era coperta da un lago di acqua dolce. Le formazioni rocciose che la costituiscono sono i resti stratificati dei sedimenti depositatisi nel lago, ossia limo, argilla e cenere vulcanica. In seguito, l'erosione e la degradazione delle rocce a causa di vento e pioggia hanno dato origine a fossati e canyon.

rocce a grana fine

Siltite, fango indurito e argillite sono rocce sedimentarie a grana fine. Si compongono di minuscole particelle, più piccole di granelli di sabbia, che si depositano in acque relativamente calme di laghi, lagune, paludi, profondi bacini oceanici, pianure alluvionali dove, una volta sepolte, si compattano formando strati paralleli. Queste rocce variano per tessitura e durezza. Il limo depositandosi forma siltite, con diametro dei granuli di 0,004-0,06 mm. L'argilla dà origine ad argillite o a fango indurito, a grana ancora più fine (diametro inferiore a 0,004 mm). L'argillite si sfalda in strati sottili e il fango indurito in blocchi.

ALTOPIANI DI LOESS

Il loess, deposito di limo di colore bruno-giallastro, copre oltre il 10% cento della terraferma. Si forma in vari ambienti, tra cui i deserti presso pianure alluvionali ricche di limo. Il vento trasporta il limo dalla pianura al deserto; i sedimenti fini come la polvere, essendo leggeri, si depositano lontano dall'origine, quelli grossi e pesanti più vicino. I depositi di grande spessore vengono definiti altopiani di loess, i più vasti dei quali si trovano in Cina.

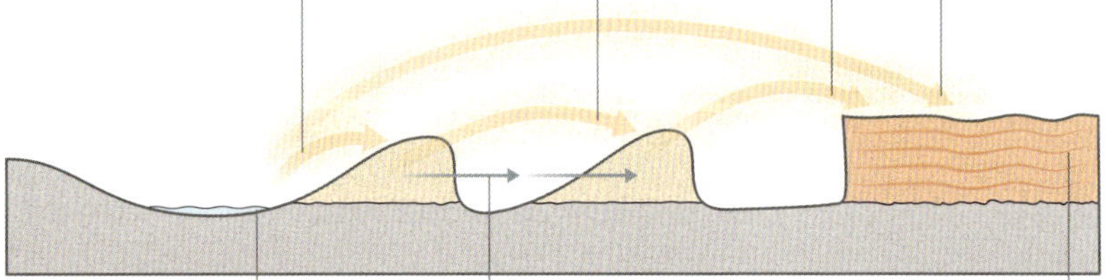

Gli strati sono visibili fra depositi di cenere e rocce sedimentarie
Guglie e fossati configurati dall'erosione

STRATIFICAZIONE INCROCIATA

Le rocce sedimentarie si formano a strati. Se i granuli di sabbia si depositano in acque calme, il sedimento forma strati di roccia paralleli al piano principale di stratificazione. Molte arenarie presentano però una stratificazione incrociata, angolata rispetto al piano principale, indicante che i sedimenti sono stati trasportati da una corrente di vento o di fiume. La stratificazione incrociata delle dune si ha quando la sabbia viene sospinta oltre la sommità della duna e si deposita sull'altro lato, formando strati inclinati.

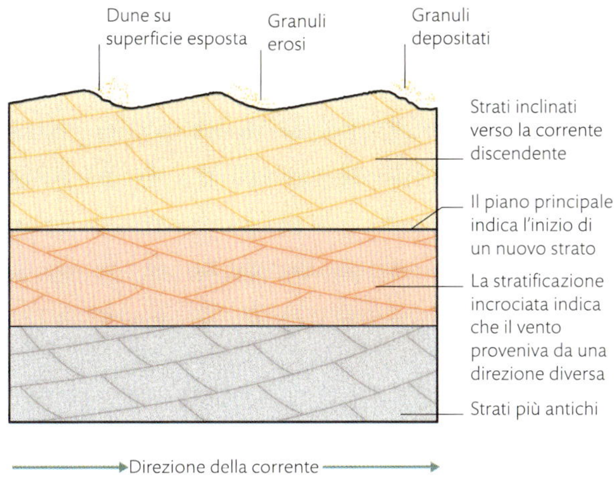

arenaria

L'arenaria è roccia sedimentaria costituita principalmente da granuli di sabbia (0,125-2 mm di diametro), composti da minerali, frammenti di roccia e materia organica come detriti di conchiglie e resti di scheletri, che vengono trasportati da vento, torrenti, fiumi e mari e si depositano quando la corrente non è più tanto intensa da far muovere le particelle. Con il tempo i granuli si compattano e si cementano formando strati di roccia. Esistono vari tipi di arenaria, a seconda della composizione dei granuli. Per esempio, grovacca, arcose, arenaria quarzosa e calcarenite si compongono rispettivamente di frammenti di roccia, feldspato, quarzo e carbonato di calcio. Molte arenarie contengono elevate quantità di quarzo.

Arenaria Navajo
L'Antelope Canyon in Arizona è formato da arenaria Navajo, formatasi 190-170 milioni di anni fa dalla sabbia depositata dai venti del deserto. Il colore rosso è dovuto agli ossidi di ferro. Nell'arco di millenni le rapide acque alluvionali hanno eroso l'arenaria formando un canyon a fessura, ossia una gola stretta dalle pareti scoscese. Le configurazioni ondulate sono dovute all'erosione a opera di sabbia trasportata dal vento.

Sabbia al microscopio
Dai resti di scheletri di organismi ai frammenti di rocce, se osservati al microscopio i minuscoli granuli che costituiscono la sabbia presentano una varietà di forme, dimensioni e colori.

frammenti cementati

Conglomerato e breccia sono rocce sedimentarie costituite da frammenti detti clasti. In ordine crescente di dimensioni, vanno da quelli a grana fine (con particelle più grandi dei granuli di sabbia) a quelli simili a ciottoli, dove i clasti più grandi hanno un diametro anche di 25 cm. Quando si depositano, i frammenti vengono sepolti sotto altre rocce e subiscono la litificazione, ossia si trasformano in roccia compatta. Il processo inizia con il compattamento, quando il peso delle rocce soprastanti avvicina fra loro i clasti. Quando negli spazi intermedi precipitano minerali (argilla, ossido di ferro, silice, carbonato di calcio), avviene la cementazione che li unisce. La differenza principale fra breccia e conglomerato è che nella prima i detriti hanno spigoli vivi, nel secondo sono arrotondati. La loro composizione offre indizi sull'ambiente e sulla località in cui si sono formate.

Conglomerato
Questo campione contiene diaspro e agata, due varietà di quarzo microcristallino (v. pp. 48-49). La forma arrotondata e la tessitura liscia dei clasti, tipiche del conglomerato, indicano che i frammenti si sono depositati lontano dal punto di origine. È probabile che siano stati trasportati da un fiume impetuoso o da un altro ambiente ad alta energia in grado di spostare su lunghe distanze i frammenti grandi, logorandone anche i margini aguzzi.

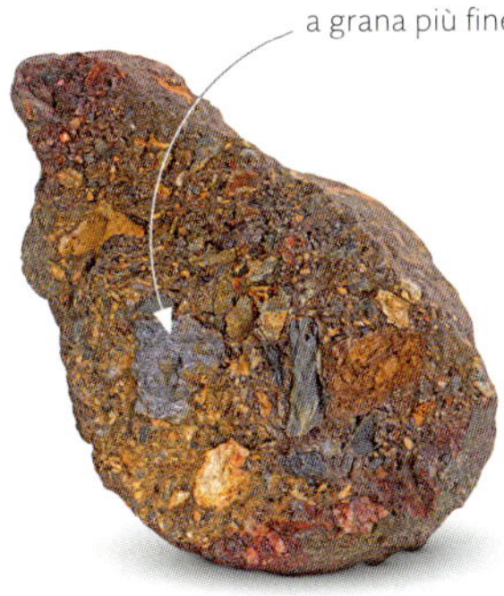

Clasto a spigoli vivi inserito in una matrice a grana più fine

Breccia
Nella breccia i margini relativamente angolosi dei clasti indicano che i frammenti non si sono spostati molto lontano dall'origine. La breccia si forma spesso alla base di rupi o di versanti scoscesi di colline, dove si accumulano detriti dovuti alla degradazione meteorica.

TIPI DI BRECCIA

Esistono due tipi di breccia, a seconda del rapporto fra clasti e matrice (massa di particelle fini in cui sono cementati i detriti). Quando i clasti si toccano e la matrice riempie gli spazi vuoti rimanenti, la breccia è detta a supporto clastico. Quando sembrano "galleggiare" nella matrice e non sono in contatto fra loro, la breccia è detta a supporto di matrice.

BRECCIA A SUPPORTO CLASTICO

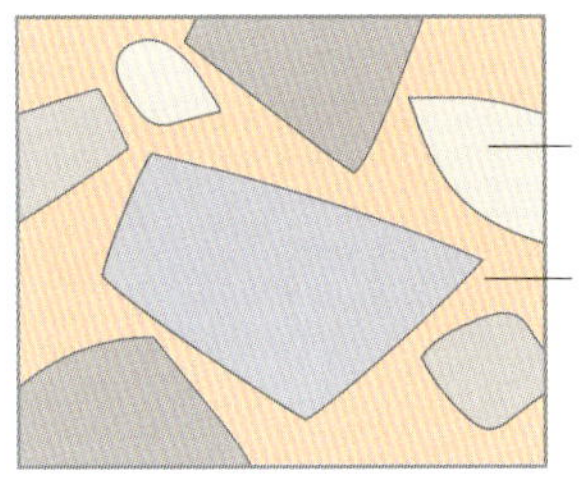

BRECCIA A SUPPORTO DI MATRICE

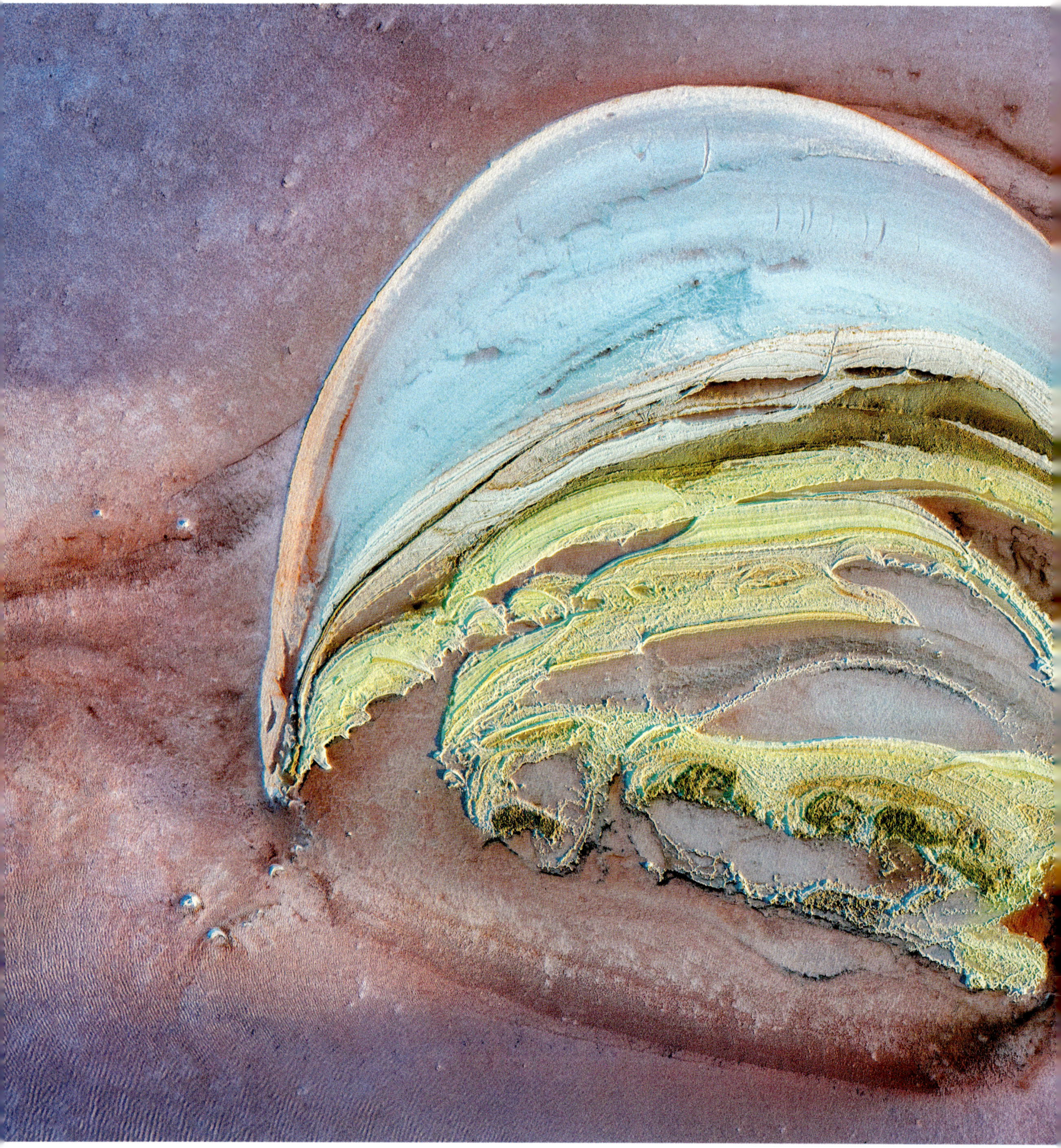

Formazione con ferro a bande
Fra 3,7 e 1,8 miliardi di anni fa l'ossigeno prodotto dagli organismi marini che praticavano la fotosintesi reagì con il ferro disciolto nell'acqua del mare, formando depositi chimici dall'aspetto a bande (v. pp. 252-253).

Lago Eyre-Kati Thanda
Esteso su 11.080 km^2 di deserto nell'Australia meridionale, il lago Eyre-Kati Thanda si compone di una densa successione di sedimenti depositatisi circa 60 milioni di anni fa. Questa immagine mostra il letto del lago, che subisce inondazioni periodiche, coperto da croste saline lasciate dall'evaporazione di acque poco profonde e ricche di minerali. I colori vividi sono dovuti probabilmente alla presenza di batteri.

FORMAZIONE DELLE CROSTE SALINE

Nei deserti, i laghi di acqua salata spesso evaporano più rapidamente di quanto possano essere alimentati dalle piogge (1). In tal caso la precipitazione chimica provoca un accumulo di depositi di sale, anche con salgemma e gesso, in una salina asciutta (2). I ripetuti episodi di inondazione ed evaporazione formano ulteriori strati di depositi salini (3). In superficie si forma una crosta dura e asciutta, che può spezzarsi in forme poligonali.

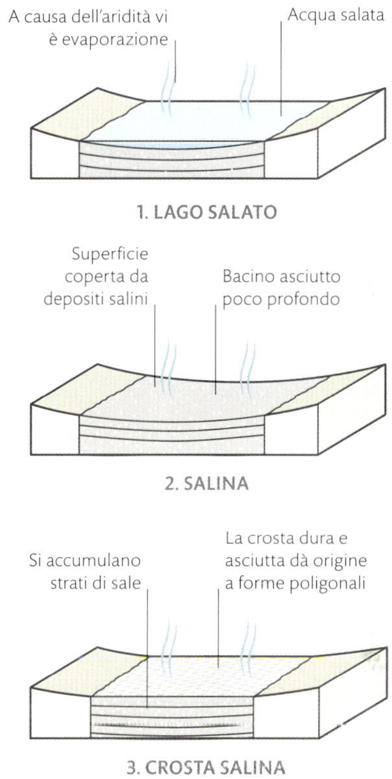

deposizione chimica

Le rocce sedimentarie formate da frammenti di rocce e minerali preesistenti sono dette clastiche. Le rocce chimiche sono invece costituite da sostanze precipitate da soluzioni, spesso sotto forma di cristalli, e hanno origine inorganica oppure organica. Tra le rocce inorganiche formate da deposizione chimica vi sono evaporiti, dolomite e calcare inorganico. Fra le organiche troviamo selce, carbone e calcare organico, formato soprattutto da organismi marini (v. pp. 82-83).

FORMAZIONE DI CALCARE FOSSILIFERO

Il calcare di solito di forma con il carbonato di calcio presente nelle conchiglie e negli scheletri di organismi marini, tra cui molluschi, gasteropodi, coralli e crinoidi. Quando muoiono (1), le parti dure si accumulano formando sedimenti calcarei (2). Il seppellimento e il compattamento provocano la formazione di calcare (3).

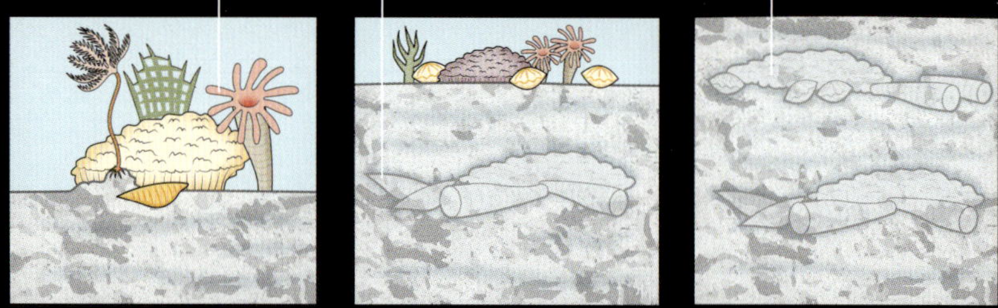

calcare

Il calcare, che costituisce il 10-15% delle rocce sedimentarie, è composto principalmente da calcite (forma cristallizzata di carbonato di calcio). Di solito deriva dall'accumulo di conchiglie e scheletri di organismi marini morti (v. riquadro), ma può nascere anche da processi chimici, con precipitazione di calcite da acqua marina o lacustre. Nel calcare si formano grotte quando tra le rocce filtra acqua leggermente acida, che discioglie i depositi di carbonato formando cavità. Quando il calcare subisce il metamorfismo, la calcite viene ricristallizzata e dà origine a marmo.

Calcare fine
Costituito da calcite, è un tipo di calcare derivante dai resti di organismi marini microscopici che, quando muoiono, formano un fango molto fine.

Calcare fossilifero
Il calcare è una delle rocce che più facilmente contiene fossili ben preservati, che dischiudono un'importante finestra sulla vita del passato. Questo campione, formatosi 400 milioni di anni fa in un mare tropicale poco profondo, contiene abbondanti fossili di vari invertebrati marini, tra cui brachiopodi, trilobiti, crinoidi e briozoi.

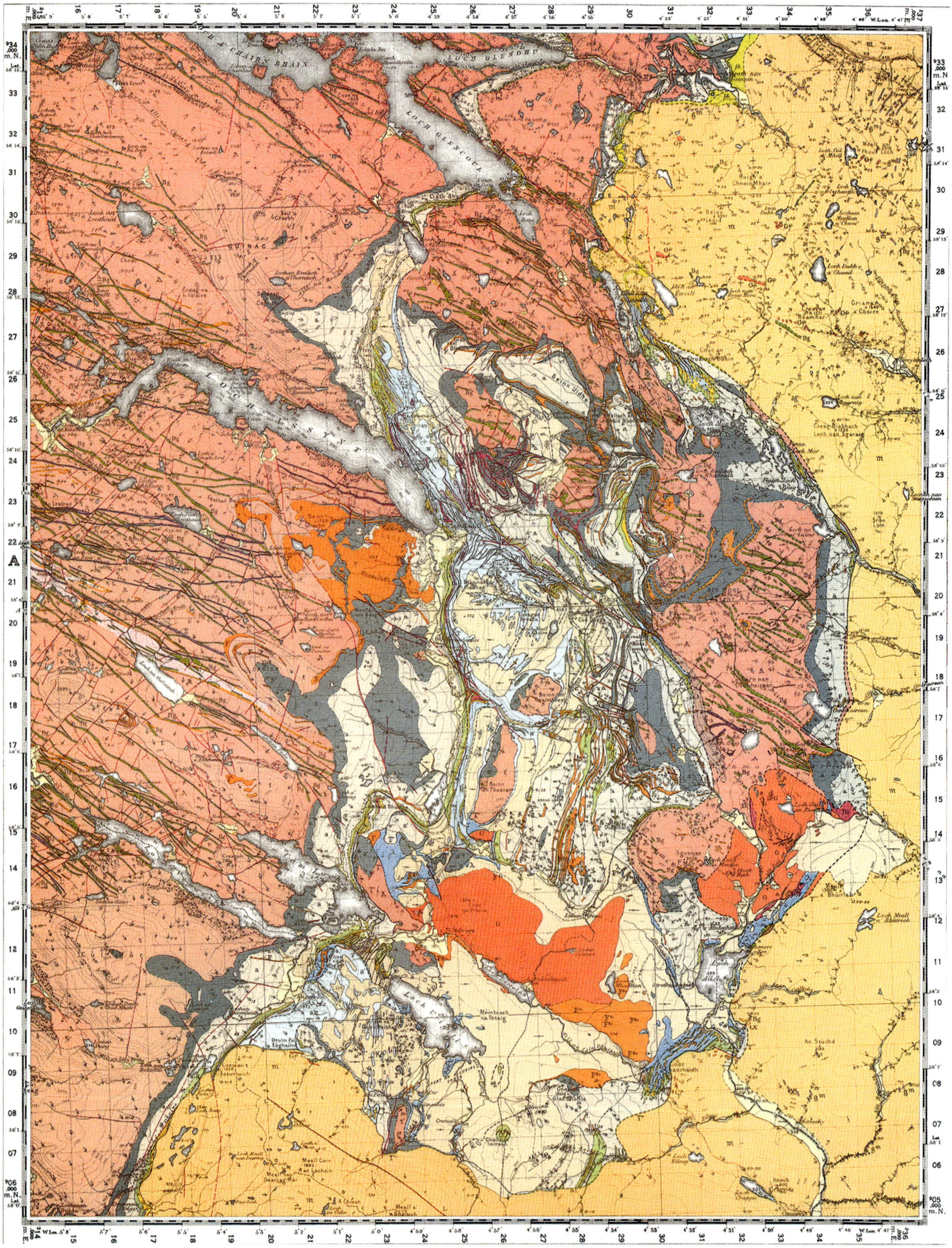
LOCH GLENDHU
LOCH GLENCOUL
LOCH ASSYNT
QUINAG
A

Innovativa sezione trasversale
Questa sezione trasversale delle rocce di Inghilterra e Galles (a destra) fa parte della mappa pubblicata da William Smith nel 1815 *Delineazione degli strati di Inghilterra e Galles, con parte della Scozia.* Raffigura la pendenza degli strati rocciosi verso sud-est, con le rocce antiche delle montagne gallesi a ovest (a sinistra) a cui si sovrappongono in successione verso est varie rocce più recenti (a destra).

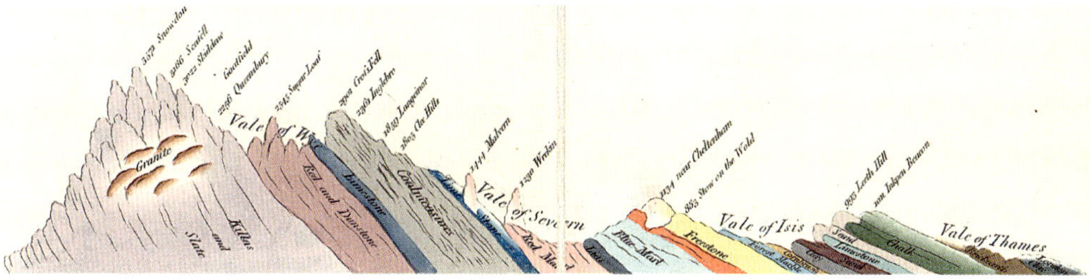

storia delle scienze della Terra

mappe geologiche

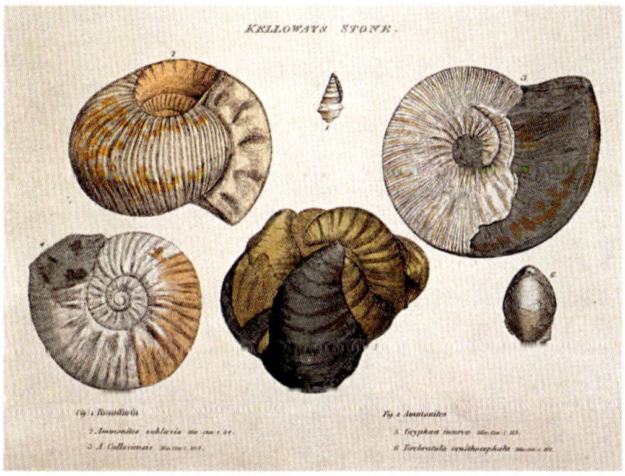

Fossili guida
Questa illustrazione raffigura alcuni fossili caratteristici del Giurassico superiore, trovati in una coppia di strati rocciosi detta formazione di Kellaways. William Smith sfruttò la sua conoscenza dei fossili per collegare affioramenti dello stesso strato roccioso in località diverse.

Carta geologica di Assynt in Scozia
Compilata alla fine del XIX secolo, era una delle prime carte a indicare la complessa disposizione delle rocce al centro di un'antica catena montuosa. Oltre all'uso del colore per distinguere i tipi di roccia, le linee rappresentano le faglie geologiche, le frecce la direzione della pendenza.

Da millenni si usano mappe per registrare la posizione di depositi di alto valore economico, come pietre da costruzione e metalli preziosi: l'esemplare più antico conservato è un papiro egizio risalente al 1150 a.C. Ma solo nel XVIII secolo si cominciò a colmare le lacune fra queste osservazioni per realizzare carte sistematiche e ininterrotte dei vari tipi di rocce presenti sotto i nostri piedi.

I geologi francesi Philippe Buache e Jean-Étienne Guettard inaugurarono una nuova era cartografica pubblicando, nel 1746, una mappa che indicava l'estensione di uno strato di calcare fine tra la Francia settentrionale e l'Inghilterra meridionale. Nel 1809 il geologo dilettante di origine scozzese William Maclure si spinse più avanti e produsse una mappa geologica degli Stati Uniti orientali, classificando le rocce superficiali in quattro tipi: primitive, di transizione, secondarie e alluvionali.

Frattanto William Smith, giovane topografo inglese, ispezionando miniere di carbone e opere di canalizzazione, acquisì dati molto più dettagliati sulla disposizione degli strati rocciosi. Discendendo in pozzi minerari in varie località notò la stessa sequenza di rocce, constatando inoltre che gli strati si potevano distinguere in base ai caratteristici fossili di antiche flora e fauna presenti nelle rocce, da cui ricavò il principio di "successione faunistica".

> “I fossili organizzati sono [...] le antichità della Terra; e ne mostrano con precisione la formazione graduale e regolare.”
>
> WILLIAM SMITH, 1817

Dirigendo scavi di canalizzazione, Smith poté mettere alla prova le sue idee su una vasta area e abbinare il campionamento verticale degli strati rocciosi a una rappresentazione orizzontale dei rispettivi affioramenti in superficie. Cominciò nel 1799 con una carta dei tipi di rocce presenti nelle immediate vicinanze della città di Bath, in cui viveva. Negli anni seguenti compì numerosi viaggi in Inghilterra, Galles e Scozia meridionale, raccogliendo fossili e descrivendo le rocce in cui si trovavano. Nel 1815 produsse la prima mappa geologica di un intero paese, identificando 23 strati rocciosi, ciascuno dipinto a mano con un colore caratteristico.

La sua opera pionieristica pose le fondamenta della moderna cartografia geologica. Molti nomi da lui assegnati agli strati rocciosi sono tuttora usati dai geologi.

Serpentinite
La roccia metamorfica serpentinite è un esempio di alterazione dovuta alla profondità. Si forma quando le rocce ignee della crosta oceanica si riscaldano fino a circa 200 °C in presenza di acqua, e i minerali subiscono il processo metamorfico di serpentinizzazione.

Milonite
La milonite (a destra), roccia metamorfica compatta a grana fine, si forma con lo scivolamento di rocce lungo una faglia. La foliazione, ossia la disposizione in bande parallele, è tipica delle rocce prodotte da metamorfismo dinamico.

Le bande di granuli, in parte ricristallizzati, sono allineate alla faglia

La colorazione variegata con chiazze gialle e verdi è tipica della serpentinite

metamorfismo dinamico e di profondità

Le rocce metamorfiche nascono in vari modi. Si ha metamorfismo dinamico quando viene esercitata pressione in una particolare direzione durante movimenti su vasta scala della crosta terrestre, specie lungo i piani di faglia e i margini attivi delle zolle. Quando una parte della crosta scivola accanto a un'altra, la superficie di contatto è detta faglia. Se compare in profondità, i minerali in parte si ricristallizzano, perciò le rocce si frammentano e si riformano, dando origine a nuove rocce con tessitura diversa. La trasformazione avviene anche quando temperatura e pressione aumentano a causa del seppellimento; in tal caso si ha metamorfismo di profondità o di seppellimento.

ZONA DI FAGLIA

A bassa profondità nella crosta terrestre, fino a circa 10 km, le rocce sono relativamente fredde e fragili e, se deformate, tendono a fratturarsi. Nella crosta media e inferiore, dove le temperature sono più elevate, la deformazione fa sì che le rocce, anziché spezzarsi, si comportino come plastica riscaldata e fluiscano. In lunghi periodi di tempo la tensione sulle rocce in queste cosiddette zone di faglia provoca una ricristallizzazione dei minerali e la formazione di tessiture a bande, come nella milonite (v. sopra).

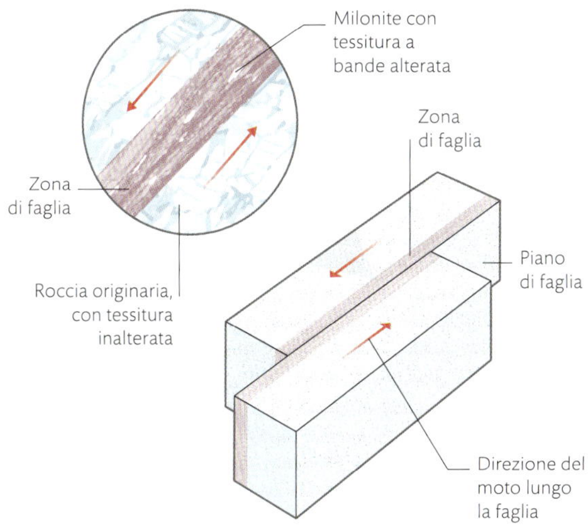

Tessitura a grana grossa e aspetto a bande

Gneiss
La roccia metamorfica gneiss di solito si forma in condizioni di alta pressione e alta temperatura (oltre i 500 °C). Le bande chiare e scure sono dovute a reazioni chimiche che segregano i minerali in aree separate di composizione diversa. Le zone chiare contengono principalmente quarzo e feldspato; le bande scure hanno minerali quali pirosseni e anfiboli.

metamorfismo regionale

Le rocce che su una vasta area vengono alterate dalla pressione, dal calore o da entrambi, subiscono un metamorfismo regionale, che si solito si verifica quando le zolle entrano in collisione e formano catene montuose (v. pp. 114-115 e pp. 120-121). Le rocce della crosta allora si comprimono (v. riquadro), e quelle che prima si trovavano in superficie possono essere trascinate per decine di chilometri all'interno della crosta, dove le temperature sono molto più elevate. La roccia metamorfica che ne risulta dipende dal tipo originario e dal calore e dalla pressione a cui è sottoposto.

Ardesia gallese
L'ardesia, roccia metamorfica a grana fine, si forma per effetto di calore e pressione su rocce argillose. Poiché si può suddividere in strati sottili secondo i piani naturali di sfaldatura (v. riquadro), è utile come materiale per tetti e pavimentazioni.

PIEGA E FOLIAZIONE

Quando gli strati rocciosi si comprimono per i moti della crosta terrestre, formano una piega. Inoltre, i minerali in parte si ricristallizzano senza fondere. I nuovi cristalli sono perpendicolari alla direzione della compressione e paralleli al piano assiale della piega. L'allineamento è detto foliazione. Nel caso dell'ardesia, i piani paralleli di sfaldatura sono disposti a brevi intervalli e sono zone di relativa debolezza, perciò la roccia si suddivide facilmente in lastre sottili utilizzabili per le tegole.

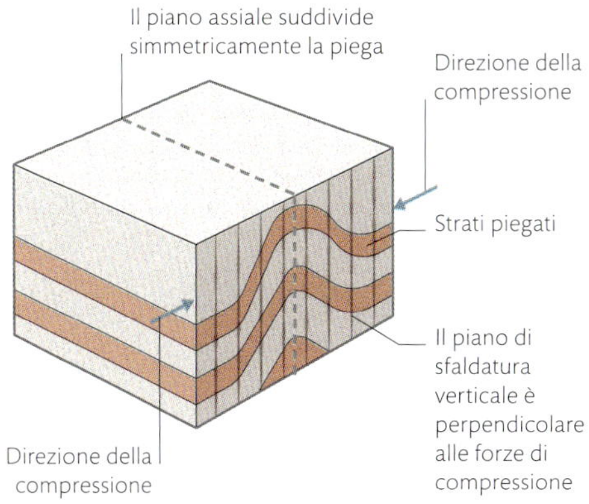

SEZIONE DI ROCCIA COMPRESSA

metamorfismo di contatto

Quando, in profondità sotto la superficie terrestre, un magma caldissimo migrante comincia a raffreddarsi e solidificarsi, si forma una cosiddetta intrusione magmatica (v. pp. 134-135), che emette calore verso le rocce circostanti sottoponendole a una trasformazione chimica, detta metamorfismo di contatto. In tal modo nascono vari tipi di rocce metamorfiche, tra cui cornubianite (che si forma quando il calore del magma entra in contatto con argillite, ardesia o basalto) e skarn (v. a destra). Poiché il metamorfismo di contatto è conseguenza di un aumento della temperatura e non della pressione, diversamente dal metamorfismo dinamico e regionale non vi sono pieghe e foliazione (v. pp. 88-89).

La roccia contiene diopside verde, calcite rosa e actinolite nera

Skarn
Quando il calore intenso di un'intrusione magmatica raggiunge rocce carbonatiche come i calcari impuri, queste si alterano per metamorfismo di contatto. La risultante roccia metamorfica è detta skarn.

Le rocce preesistenti attorno allo strato di dolerite sono state alterate dal calore e hanno assunto un aspetto sbiancato

AUREOLA METAMORFICA

L'area soggetta a metamorfismo di contatto attorno a un'intrusione magmatica è detta aureola metamorfica. Il grado di alterazione diminuisce con la distanza dalla fonte di calore, perciò si formano varie zone concentriche. In questo esempio il magma fuso si è solidificato formando un'intrusione di granito. Le rocce più vicine al magma (cornubianite) hanno subìto una metamorfosi maggiore rispetto a quelle più lontane (scisto macchiettato). L'argillite sedimentaria è al di là dell'aureola e non è stata interessata dal metamorfismo.

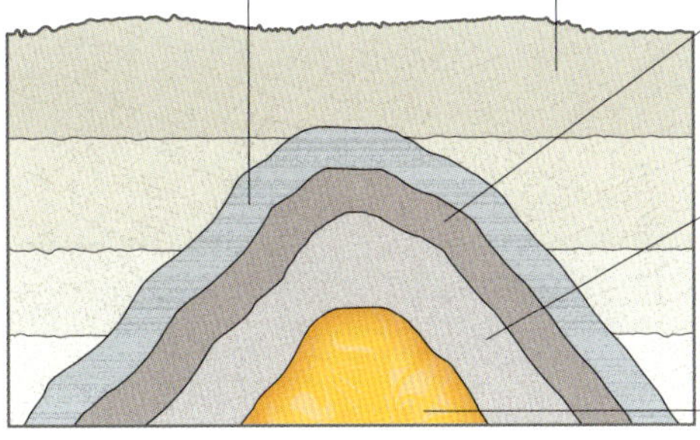

Alterazione termica

Fra gli strati di rocce sedimentarie che costituiscono le montagne attorno al ghiacciaio Grinnell nel Montana si è formato un filone-strato. Questo avviene quando fra strati di rocce sedimentarie si infiltra magma fuso, che poi si solidifica formando una banda di roccia ignea allineata agli strati sedimentari. Il calore intenso del filone-strato ha alterato le rocce superiori e inferiori per metamorfismo di contatto.

Strati inclinati
Le colorate montagne Arcobaleno nella Cina nordorientale sono costituite da arenaria e siltite depositatesi nel Cretaceo, fra i 145 e i 66 milioni di anni fa. Gli strati, inizialmente orizzontali, 50 milioni di anni fa vennero compressi e piegati durante la collisione fra le zolle continentali indiana ed euroasiatica che diede origine all'Himalaya.

Crepacci e fessure tra le rocce sono stati provocati dalla degradazione meteorica e dall'erosione per l'azione di vento e acqua

Il colore rosso-ruggine dell'arenaria è dovuto all'ossido di ferro

DISCORDANZA ANGOLARE

La posizione relativa degli strati di roccia ne rivela la storia geologica. I sedimenti si depositano in strati orizzontali (1), che però possono piegarsi e inclinarsi per l'attività tettonica (2). L'erosione può quindi asportare la parte superiore della piega, appiattendola (3). Se sopra gli strati inclinati ed erosi si depositano nuovi strati di roccia, emerge una discordanza angolare (4), che rappresenta una lacuna stratigrafica.

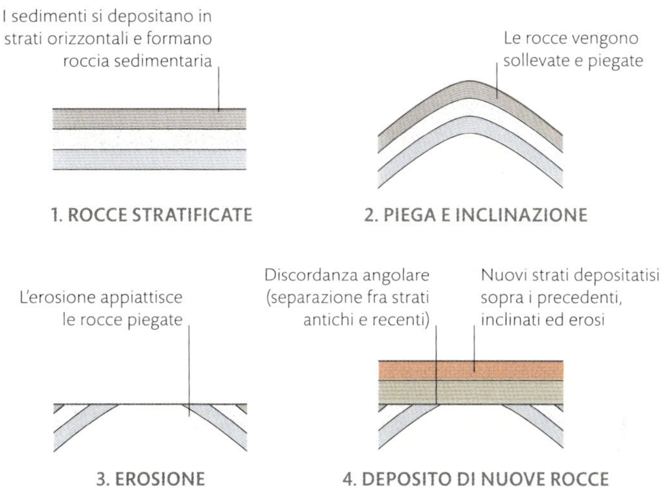

strati di roccia

Lo studio degli strati consente agli scienziati di capire come e quando si siano formate le rocce. Le sedimentarie si depositano in strati orizzontali, con le più antiche in fondo alla sequenza e le più recenti in cima, perciò se ne può determinare l'età relativa. Ma gli strati possono venire inclinati o rovesciati dall'attività tettonica, e l'erosione può provocare lacune stratigrafiche (v. riquadro). Studiando i fossili racchiusi nelle rocce, gli scienziati possono valutare l'età degli strati e stabilire se alcuni di questi, geograficamente separati, siano stati depositati in epoche analoghe.

Ogni strato di roccia è più recente di quello inferiore e più antico di quello superiore

Strati orizzontali
Questa falesia (a destra) sulla costa occidentale del Galles fa parte del gruppo di rocce sedimentarie stratificate dette Aberystwyth Grits. Si ritiene che lo strato di base si sia depositato 488-443 milioni di anni fa.

in evidenza

Grand Canyon

Il Grand Canyon si snoda lungo l'altopiano del Colorado nella zona sudoccidentale degli Stati Uniti. Qui il fiume Colorado è penetrato nella crosta per 1,6 km, formando un paesaggio mozzafiato e dischiudendo una finestra su 1,8 miliardi di anni di storia della Terra, svelati dagli strati di rocce portati alla luce lungo le pareti. Nel punto più largo il canyon misura 29 km.

Le rocce dell'altopiano del Colorado si depositarono fra i 575 e i 270 milioni di anni fa, prevalentemente in mari bassi, spiagge e paludi. Fra i 70 e i 30 milioni di anni fa l'area venne sollevata fino a 3.000 m sul livello del mare, probabilmente in conseguenza di una collisione fra zolle tettoniche. Il canyon in sé iniziò a formarsi 6-5 milioni di anni fa, quando il fiume

trovò uno sbocco verso il golfo di California. Questo, che nel suo viaggio di 446 km nel canyon presenta un dislivello di circa 600 m, ha un corso ripido, perciò le sue acque hanno elevata velocità e grande potenza erosiva. Il volume d'acqua e il carico sulle rocce possono aumentare drasticamente durante le piene, e saranno stati molto maggiori al termine delle glaciazioni, con lo scioglimento dei ghiacciai più a monte.

Il fiume principale ha ora raggiunto il basamento, con rocce molto più dure dei sedimenti soprastanti, perciò, man mano che gli affluenti ne erodono i fianchi, più che approfondendo il canyon si sta allargando.

Le pareti scoscese sono in genere costituite dalle rocce più resistenti

Il canyon all'aurora
Le pareti del Grand Canyon presentano strati colorati di calcare, arenaria, argillite e lava sopra un basamento di antiche rocce ignee e metamorfiche. Il sollevamento dell'altopiano avvenne senza grande deformazione, lasciando gli strati di roccia perlopiù orizzontali e facilitando così la lettura della colonna stratigrafica.

Sulla lettiera organica superiore cresce muschio
Lo scuro e fertile soprassuolo ha un elevato contenuto di materia organica e minerali
Lo strato di terra grigia è più chiaro di quelli soprastanti a causa della penetrazione di materia organica e ferro
Nello strato di sottosuolo si sono accumulati materia organica e minerali (specialmente ossidi di ferro, a cui si deve il colore rossastro); fin qui si estendono anche le radici

PROFILO DEL SUOLO

Il suolo di solito è suddiviso in strati od orizzonti, la cui disposizione verticale è definita profilo del suolo. Non tutti gli orizzonti sono presenti in ogni suolo, ma in genere si hanno (dall'alto in basso): una lettiera con materia vegetale, un soprassuolo scuro e fertile, un sottosuolo di colore più chiaro, ricco di minerali, uno strato infertile e sassoso e uno strato solido, detto roccia madre.

strato di suolo

Composto da una miscela di materia organica, minerali, acqua, aria e organismi viventi, il suolo svolge un ruolo essenziale negli ecosistemi della Terra. Assorbe e accumula il carbonio, ricicla gli organismi morti trasformandoli in sostanze nutritive e offre un ambiente fondamentale per le piante, ospitando un quarto delle specie conosciute. Inoltre, assorbe e trattiene l'acqua utile alle piante e ad altri organismi e ne regola il deflusso. I microrganismi scompongono le sostanze chimiche nocive, riducendo la contaminazione dell'acqua freatica.

Suolo riarso
Quando in una zona persistono condizioni di siccità e aridità, come in questa pianura brulla dello Stato di Victoria, in Australia (a destra), il suolo perde acqua e si contrae, formando crepe. Il fenomeno avviene normalmente in terreni argillosi.

Strati di podsol
Un tipo di suolo acido, detto podsol o terra grigia, è contraddistinto da uno strato grigio chiaro sotto l'humus. Si forma quando ferro e materia organica filtrano dall'alto verso il sottosuolo, di solito a causa delle piogge e di un rapido deflusso. Il podsol si trova nelle foreste di conifere.

Goccioline d'acqua
La formazione delle goccioline d'acqua e la loro foggia grossomodo sferica (a sinistra) sono dovute alla tensione superficiale, che ha un effetto coesivo sulle molecole dello strato superficiale (v. riquadro).

La tensione superficiale trattiene la gocciolina d'acqua all'estremità della foglia

proprietà dell'acqua

L'acqua è la sostanza chimica più abbondante negli esseri viventi e possiede varie proprietà insolite o uniche, soprattutto a causa della capacità delle sue molecole di formare legami a idrogeno (tipo di legame chimico). Poche altre sostanze sono presenti sulla superficie terrestre in tutti e tre gli stati di aggregazione: liquido (acqua), solido (ghiaccio, v. pp. 100-101) e gassoso (vapore acqueo). Inoltre, può assorbire grandi quantità di calore senza un aumento significativo di temperatura e, quando questa cala, rilascia il calore accumulato. La sua temperatura relativamente costante favorisce la vita.

Tre stati di aggregazione
Mentre il Sole tramonta su questo paesaggio del Loch Shiel, sulle montagne scozzesi, sulle acque liquide del lago il ghiaccio forma una superficie solida, mentre il vapore acqueo si condensa e le goccioline sospese nell'aria costituiscono una nebbiolina.

TENSIONE SUPERFICIALE

L'acqua ha un'elevata tensione superficiale, cosa che presenta dei vantaggi per alcuni animali e piante; per esempio, consente ad alcuni insetti di camminare sull'acqua e favorisce il trasporto dell'acqua dalle radici alle foglie delle piante. La tensione superficiale è dovuta alle forze di coesione fra le molecole. In una massa d'acqua, dato che sopra la superficie non vi sono molecole d'acqua a cui legarsi, quelle in superficie vengono attratte solo verso l'interno o lateralmente. Di conseguenza, vengono attratte verso il resto del liquido e la superficie si contrae.

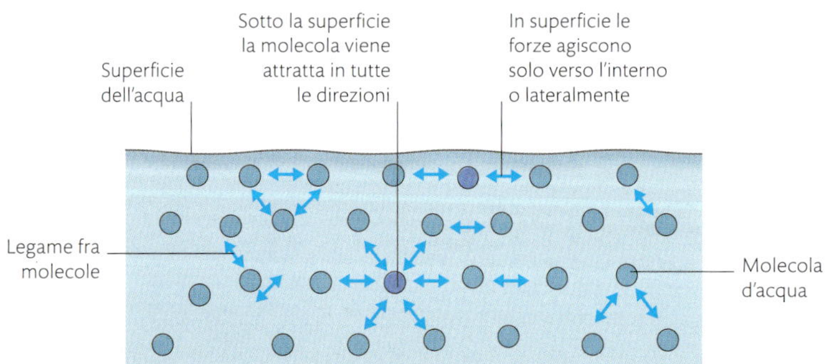

CALORE LATENTE

Per un cambiamento di stato (per esempio, quando il ghiaccio solido si trasforma in acqua liquida, o l'acqua in vapore), serve un'energia termica definita calore latente. Durante il processo la temperatura della sostanza rimane costante. La quantità di energia necessaria dipende dallo stato della sostanza. L'acqua ha un elevato calore latente, poiché necessita di molta energia termica per alterare i legami atomici. Pertanto, se riscaldati, neve e ghiaccio fondono con lentezza, rimanendo alla stessa temperatura fino a diventare liquidi.

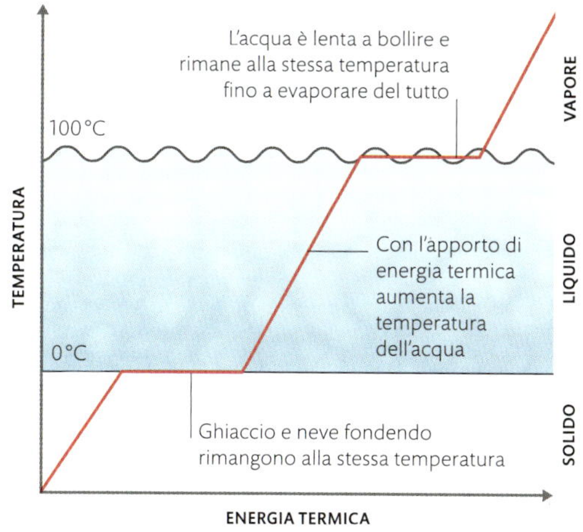

acqua gelata

Quando l'acqua allo stato liquido scende al di sotto della temperatura di congelamento, 0 °C, si trasforma in ghiaccio solido, le cui molecole presentano ampi spazi vuoti; perciò, diversamente da molte altre sostanze, l'acqua gelando si espande, con un aumento di volume del 9% circa. Il ghiaccio è dunque meno denso dell'acqua e galleggia. Essendo un composto presente in natura con una formula chimica ben definita e una struttura cristallina, è un minerale. I fiocchi di neve sono cristalli di ghiaccio fusi assieme in intricate strutture esagonali (v. pp. 230-231).

Lago Bajkal
Il ghiaccio che si trova sulla superficie del lago più profondo del mondo, il Bajkal in Siberia, è intersecato da crepe (a sinistra). Queste spaccature naturali sono causate dalle fluttuazioni quotidiane della temperatura dell'aria, per cui il ghiaccio si espande durante il giorno e si contrae la notte.

Le figure dendritiche, ossia ramificate, sono tipiche dei fiori di ghiaccio

Fiori di ghiaccio
Questi cristalli a forma di fiore crescono nel ghiaccio marino recente (soprattutto nelle regioni polari) e sul ghiaccio sottile dei laghi in condizioni di calma. Si formano quando l'acqua si raffredda rapidamente per il contatto con aria molto più fredda.

Nube di ghiaccio discendente
Neve e ghiaccio precipitano lungo una parete scoscesa della vetta Baltistan (K6), in Pakistan. Valanghe come questa possono scendere a velocità di centinaia di chilometri l'ora.

valanghe

Lo spostamento improvviso verso valle di una massa di ghiaccio o neve, spesso accompagnati da terra e roccia, è detto valanga. Inizia quando uno strato di neve o di altra sostanza diventa instabile e può essere innescata da una nevicata, da un cambiamento di temperatura, da un terremoto o da attività umane, per opera di escursionisti o sciatori. Ne esistono vari tipi. Le valanghe di neve a debole coesione hanno luogo quando neve fresca precipita lungo pendii scoscesi. Quelle di neve a lastroni avvengono quando si stacca un grande blocco di neve solida che scivola lungo un pendio. Le valanghe di neve asciutta comprendono componenti di entrambe. Con le valanghe di neve umida scendono a valle sia acqua, sia neve.

FORMAZIONE DI VALANGHE A LASTRONI

Queste valanghe fortemente distruttive avvengono quando si accumula nuova neve pesante su uno strato di neve crostosa poco resistente, poggiato sopra neve più vecchia e consolidata. Il nuovo strato si frattura, formando lastroni che su un pendio ripido scivolano a valle, spesso a grande velocità. Quando il lastrone scende, il margine anteriore si disintegra e forma una nube di particelle di ghiaccio, talvolta preceduta da un potente spostamento d'aria.

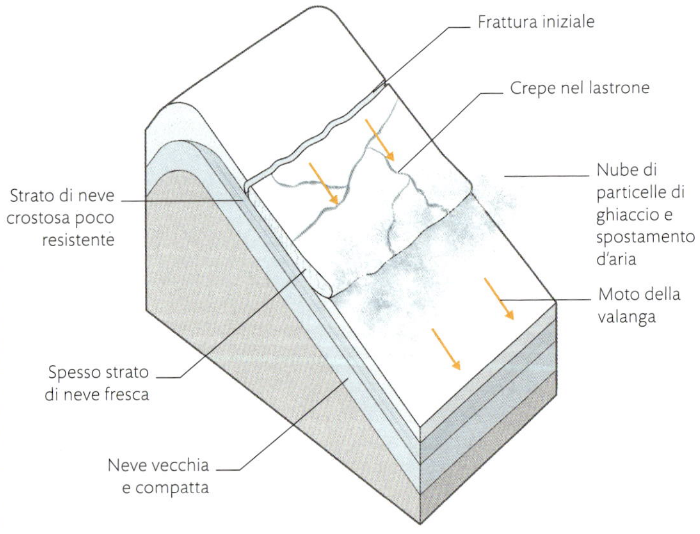

Terra dinamica

Il nostro pianeta è una struttura complessa costituita da tre strati principali. Quello esterno è in uno stato di mutamento continuo, causato sia dalle forze che agiscono nell'interno, sia da processi di degradazione meteorica, erosione, trasporto e deposizione in superficie. Molte trasformazioni avvengono con troppa lentezza per essere percepite durante una vita umana, ma occasionalmente si verificano con rapidità e violenza improvvise.

I **cristalli verdi** sono omfacite, varietà ricca di sodio dei minerali pirosseni

I **cristalli rossi** sono granato, minerale usato come gemma (v. pp. 58-59)

In questo campione i granuli grossi sono distribuiti uniformemente, ma possono anche formare bande

INTERNO DELLA TERRA

Lo strato roccioso esterno della Terra, la crosta, normalmente ha uno spessore fino a 10 km sotto i mari (crosta oceanica) e fino a 70 km sotto i continenti e le relative piattaforme (crosta continentale). Lo spesso strato di rocce più dense sotto la crosta è il mantello, il cui strato superiore, solido e fragile, che raggiunge i 100 km di profondità, è il mantello litosferico. Al di sotto vi è l'astenosfera, costituita da rocce tenere, parzialmente fuse, ed estesa fino a circa 350 km sotto la superficie. Qui temperature e pressioni elevate fanno sì che le rocce siano fluide come cera e cambino forma. A profondità maggiori nel mantello, la pressione delle rocce soprastanti mantiene solide le sostanze. Il nucleo, composto soprattutto da ferro e nichel, ha una parte esterna liquida e una interna solida.

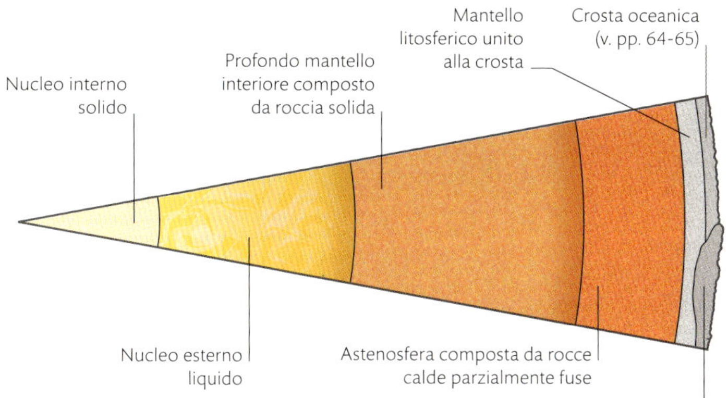

SEZIONE TRASVERSALE DELLA TERRA

Rocce dall'interno della Terra
Il parco nazionale Gros Morne a Terranova in Canada (sopra) offre una rara occasione di vedere rocce del mantello terrestre, fra cui la peridotite, e della crosta oceanica. L'attività tettonica, 470 milioni di anni fa, sospinse queste rocce sulla crosta continentale.

struttura della Terra

La Terra è costituita da tre strati concentrici, ciascuno dei quali possiede proprietà diverse ed è formato da sostanze differenti: una crosta esterna relativamente sottile, un grande mantello, composto in prevalenza dalla roccia ignea peridotite, e un nucleo centrale; in ogni strato vi sono ulteriori suddivisioni (v. riquadro qui sopra). Molto di ciò che sappiamo sulla struttura e sulla composizione della Terra proviene dall'analisi delle onde sismiche, vibrazioni generate da un terremoto, da un'eruzione vulcanica o da una frana, che in sostanze diverse si spostano a velocità differenti. Per esempio, secondo gli scienziati il nucleo esterno è liquido, perché certi tipi di onde sismiche non si propagano nei liquidi. La crosta terrestre, prossima alla superficie, si può campionare direttamente mediante trivellazioni.

Eclogite
L'eclogite, rara roccia metamorfica a grana grossa, si forma quando le rocce ignee a basso contenuto di silice, soprattutto basalto e gabbro, vengono trascinate in basso nella crosta terrestre e nel mantello (talvolta fino alla profondità di 150 km) in seguito alla convergenza fra due zolle tettoniche (v. pp. 114-115). Il calore intenso e l'alta pressione vi inducono una ricristallizzazione con formazione di nuova roccia. L'eclogite si compone di omfacite verdastra e granato rosso, ma contiene anche quantità minori di altri minerali, fra cui quarzo e feldspato.

Landsat 9
Compiendo un'orbita da polo a polo ogni 99 minuti alla quota di 705 km, il Landsat 9, lanciato nel 2021, scatta quotidianamente oltre 700 immagini e ripassa ogni 16 giorni su ciascuna zona della terraferma.

storia delle scienze della Terra

satelliti e scienze della Terra

I colori rappresentano le differenze di altezza rispetto alla sfera

La "patata" della gravità
I satelliti in orbita bassa sono sensibili alle piccole variazioni del campo gravitazionale locale. Si usano per registrare la forma del geoide terrestre, la superficie di riferimento che avrebbero gli oceani senza i venti e le maree, sfruttando i dati per elaborare visualizzazioni come la "patata" della gravità (sopra).

L'uso dei satelliti per studiare la Terra e l'atmosfera ebbe inizio nel 1958, quando un satellite scientifico individuò attorno al pianeta le fasce di radiazione di Van Allen. Il primo satellite meteorologico funzionante fu lanciato nel 1960, e dal 1972 una serie di satelliti per telerilevamento produce immagini dettagliate della superficie terrestre.

Come i primi satelliti meteorologici, il Landsat 1, il primo per telerilevamento, trasportava una telecamera. Era inoltre fornito di un nuovo sensore multispettrale, con un canale a infrarossi che gli consentiva di monitorare la crescita della vegetazione. I Landsat successivi avevano ulteriori canali per osservare una parte più ampia dello spettro e identificare così vari tipi di rocce.

Negli anni '80 e '90 altri satelliti studiarono parti diverse dello spettro elettromagnetico: gli ultravioletti per l'ozono atmosferico, gli infrarossi termici per le temperature di terraferma, mari e nubi, le microonde per l'acqua (allo stato liquido nel suolo, gelata in neve e ghiaccio, sotto forma di vapore acqueo e goccioline nell'atmosfera). I satelliti radar vedono di notte e attraverso le nubi; misurano l'altezza di terraferma e mare e le variazioni di spessore e di flusso delle calotte glaciali. I satelliti consentono rilevamenti rapidi di zone remote e inospitali, tra cui oceani, foreste pluviali tropicali e regioni polari. Nel XXI secolo i satelliti geofisici hanno perfino dischiuso una finestra sull'interno della Terra, rilevando tramite minuscole variazioni della gravità del pianeta e dei campi magnetici i cambiamenti di densità nelle rocce del mantello e il flusso di materia nel nucleo esterno.

Geologia dallo spazio
Questa immagine dei monti dell'Anti Atlante in Marocco fu scattata nel 2001 dal radiometro per emissioni termiche ASTER, progettato per l'individuazione di vari tipi di rocce. Qui compaiono in giallo, rosso e verde chiaro gli strati di calcare, arenaria e gesso, mentre il granito sottostante è indicato in blu e verde scuro.

> "L'uomo deve innalzarsi al di sopra della Terra [...] poiché soltanto così [...] capirà il mondo in cui vive."
>
> ATTRIBUITO A SOCRATE, 470-399 a.C.

Crosta continentale
Le rocce delle zolle continentali sono in genere antiche e relativamente stabili. La crosta continentale più antica è concentrata in aree dette scudi, come quello australiano (a sinistra), nell'Australia sudoccidentale. Le rocce degli scudi hanno 570 milioni di anni o più.

Crosta oceanica
Questi basalti delle isole Galápagos si formarono quando la zolla di Nazca dell'oceano Pacifico si spostò sopra una colonna di magma in risalita dal mantello, che raggiunse la superficie e fuoriuscì formando una colata lavica.

La lava basaltica raffreddata ha una contorta tessitura a corde

zolle tettoniche

La tettonica a zolle o a placche è una teoria comunemente accettata secondo cui la litosfera (l'involucro esterno solido della Terra, composto dalla crosta e dallo strato superiore del mantello) è suddivisa in grandi blocchi rigidi (zolle o placche) che galleggiano sulle rocce parzialmente fuse dell'astenosfera, perciò si spostano (v. riquadro qui sotto), di solito a una velocità di 2-20 cm l'anno. Il moto delle zolle, che possono scontrarsi, allontanarsi o scivolare l'una accanto all'altra, provoca la configurazione e la modifica della morfologia terrestre, e l'attività ha luogo principalmente lungo i margini delle placche (v. pp. 112-113). Esistono due tipi principali di zolle, continentali e oceaniche, con uno spessore rispettivamente di 150 km e di 70 km.

CAUSE DEL MOTO DELLE ZOLLE

Si ritiene che il moto delle zolle sia alimentato soprattutto dal calore in risalita dall'interno del pianeta. Le correnti di convezione sollevano il mantello litosferico, e il magma fuso e caldo si innalza lungo le dorsali oceaniche (v. pp. 116-117), causando il moto delle zolle. Nelle zone di subduzione (dove una zolla tettonica scende nel mantello) e nelle dorsali oceaniche è probabilmente significativa anche l'attrazione gravitazionale.

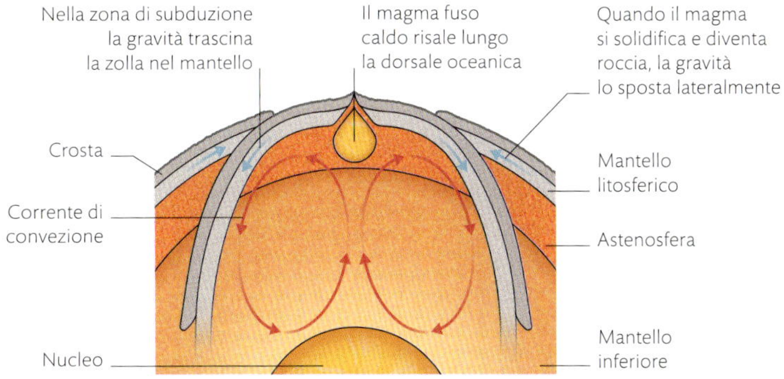

SEZIONE TRASVERSALE DELLA TERRA

FAGLIA TRASFORME

Quando le zolle tettoniche scivolano l'una accanto all'altra orizzontalmente in direzioni opposte, il margine è detto faglia trasforme. Di solito è presente sul fondo oceanico o ai confini tra i continenti. In quest'ultimo caso la crosta continentale e il mantello litosferico (la parte solida e fragile del mantello superiore unita alla crosta) si spostano sulla sottostante astenosfera (v. sotto e riquadro pp. 106-107). Il moto fra le zolle provoca tensione e deforma le rocce sui due lati, talvolta causando terremoti.

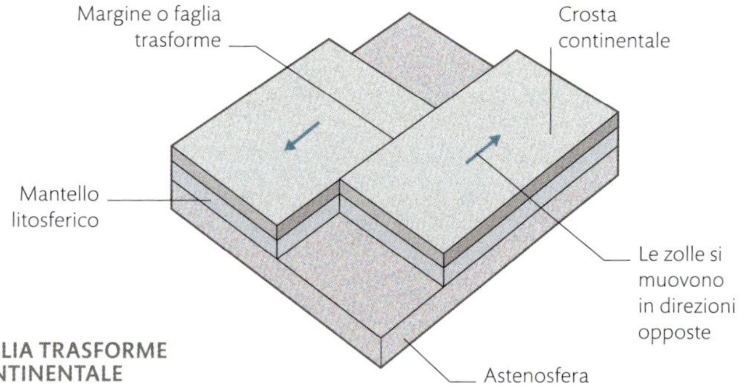

FAGLIA TRASFORME CONTINENTALE

margini delle zolle

L'attività tettonica più intensa sulla Terra si verifica lungo i margini delle zolle (v. pp. 110-111). Ne esistono tre tipi principali: margini convergenti, in cui due zolle tettoniche si scontrano (v. pp. 114-115); margini divergenti, dove due placche si allontanano fra loro (v. pp. 116-117); faglie trasformi (v. riquadro qui sopra), dove le zolle scivolano orizzontalmente l'una accanto all'altra. I vari tipi di margini sono legati a differenti processi geologici, tra cui orogenesi (formazione di montagne), attività vulcanica e terremoti. Una zolla può anche avere margini di tipo diverso.

L'aspetto macchiettato è dovuto alla miscela di feldspato chiaro con orneblenda e cristalli di biotite neri

Faglia di San Andreas
Sulla costa occidentale dell'America del Nord due zolle tettoniche adiacenti si muovono in direzioni opposte, deformando colline e morfologia del terreno. La faglia trasforme, lunga 1.200 km, nella zona provoca i fortissimi terremoti.

Diorite
La roccia ignea diorite è legata alle zolle convergenti. È un esempio di roccia intrusiva, con cristalli visibili solidificatisi lentamente in un bacino magmatico.

Scontro fra continenti
Questa veduta dall'alto raffigura una parte della catena del Ladakh, nell'Himalaya occidentale. Come il resto della catena, è l'esito della collisione fra parti di crosta continentale delle zolle indiana ed euroasiatica.

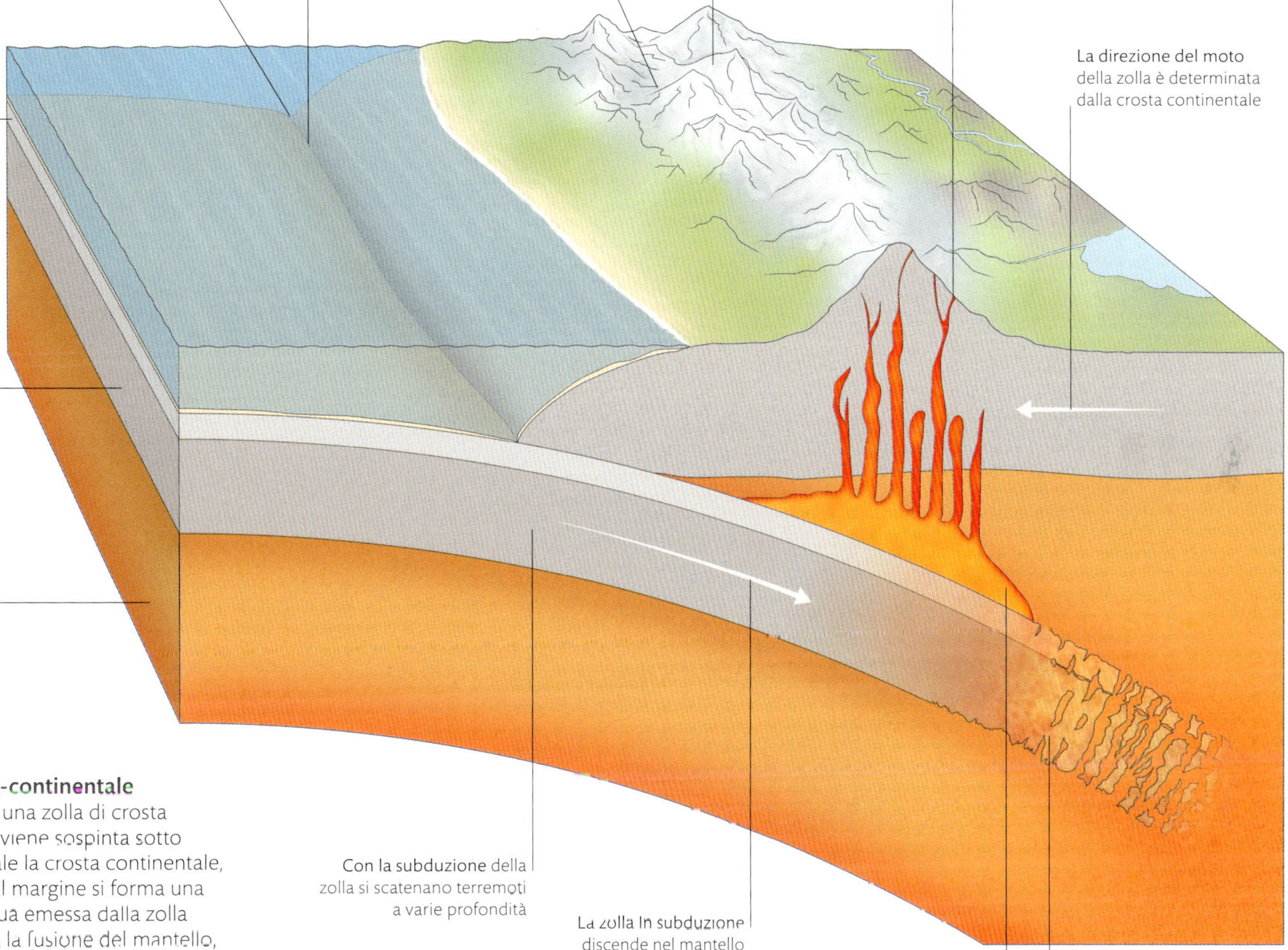

Collisione oceanica-continentale
In una tale collisione una zolla di crosta oceanica, più densa, viene sospinta sotto una zolla in cui prevale la crosta continentale, meno densa. Lungo il margine si forma una fossa oceanica. L'acqua emessa dalla zolla discendente provoca la fusione del mantello, dando origine a una catena di vulcani.

zolle in collisione

Le zolle tettoniche della Terra sono in moto continuo. Quando due zolle si spostano l'una verso l'altra e si scontrano lungo un margine, sono dette convergenti. Ve ne sono di tre tipi: oceanica-continentale, dove la crosta oceanica si scontra con la crosta continentale e viene sospinta al di sotto di questa (subduzione); oceanica-oceanica, dove la crosta oceanica più densa viene sospinta sotto l'altra; continentale-continentale, dove si scontrano due continenti, fondendosi in un'unica massa. Poiché la crosta continentale ha una densità relativamente bassa non subisce la subduzione, ma si accartoccia e forma catene montuose. Il margine tra due zolle in cui una viene sospinta sotto l'altra è detto zona di subduzione. Dove si scontrano i continenti, il margine è detto zona di sutura.

zolle divergenti

Quando due zolle tettoniche si allungano, si assottigliano e si allontanano fra loro, presentano margini divergenti. Sotto la crosta oceanica, il magma in risalita dal mantello provoca una profonda spaccatura, attraverso cui esce nuovo magma, che si espande e si solidifica formando nuova crosta. Se il processo (espansione oceanica) si ripete, può emergere una catena montuosa sottomarina detta dorsale (p. a fronte). Se le zolle divergenti sono di crosta continentale densa, si fratturano formando una fossa tettonica, una valle con faglie sui due lati, dove poi affluisce acqua di fiumi e torrenti, formando un lago; se la fossa scende al di sotto del livello del mare, può affluirvi acqua marina; se si amplia, può formarsi un nuovo bacino oceanico.

Il piccolo lago si è formato con l'afflusso di acqua di fiumi e torrenti nella valle

Rift Valley
In Africa orientale (sopra, in Tanzania), con l'assottigliamento della crosta continentale nei pressi di zolle divergenti sotto il mar Rosso e il golfo di Aden, si sono formate fosse tettoniche.

DORSALI OCEANICHE

Le dorsali in espansione hanno morfologie diverse a seconda della velocità delle zolle. Nelle dorsali a espansione rapida, come quella del Pacifico orientale, il fondo oceanico si allontana dalla dorsale prima di raffreddarsi e sprofondare, formando così morfologie ampie e dolci. Nelle dorsali a espansione lenta, come quella medio-atlantica, prima di raffreddarsi e sprofondare il fondo non si sposta molto, e ne risultano morfologie strette e ripide con faglie.

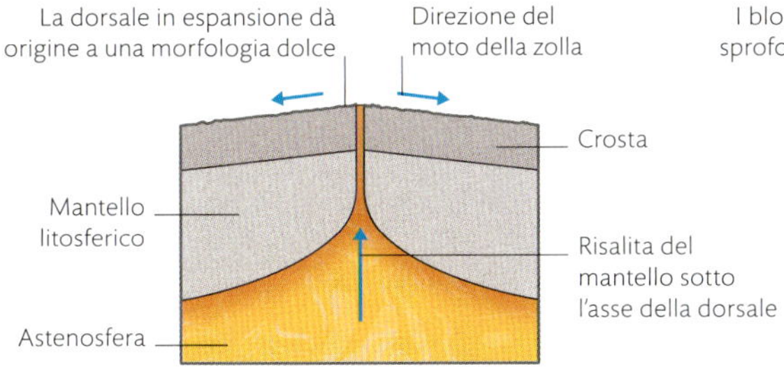

DORSALE A ESPANSIONE RAPIDA

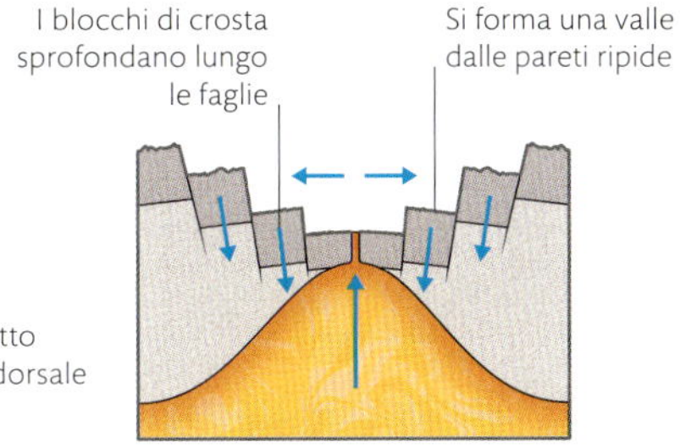

DORSALE A ESPANSIONE LENTA

Divisione oceanica

La dorsale medio-atlantica si estende per 16.000 km lungo il centro dell'oceano Atlantico. La faglia di Silfra, in Islanda (qui raffigurata), che interseca la dorsale, è uno dei pochi luoghi della Terra in cui sia possibile immergersi e nuotare fra due zolle tettoniche, l'euroasiatica e la nordamericana.

Le rocce sul lembo della piega, in origine facenti parte di un sinclinale, sono state compresse e rovesciate
Sul lembo della piega rovesciata se ne sono formate altre più piccole, dette pieghe parassite

TIPI DI PIEGHE

Quando gli strati orizzontali di roccia si comprimono lateralmente, si raggrinziscono formando avvallamenti (sinclinali) e archi (anticlinali). Nei sinclinali le rocce interne sono le più recenti, negli anticlinali le più antiche. Se la compressione persiste, un lembo, ossia un lato della piega, può spostarsi più dell'altro, formando una piega rovesciata, dove la sequenza di strati rocciosi del lembo inferiore è invertita (con lo strato più antico in cima).

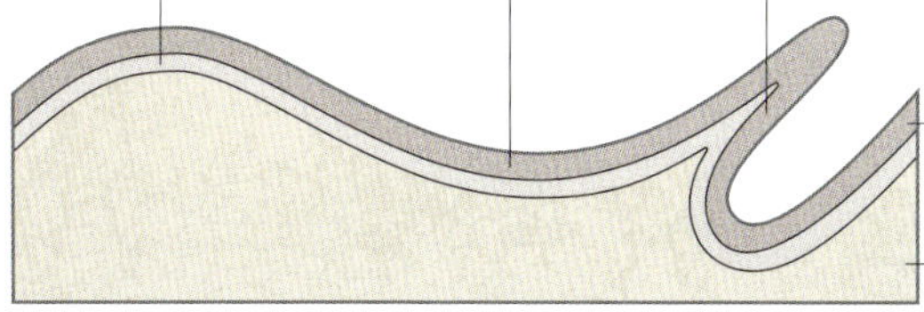

pieghe della Terra

Quando le rocce calde della crosta terrestre si comprimono per il moto delle zolle tettoniche (v. pp. 110-111), invece di fratturarsi o spezzarsi possono piegarsi. Le pieghe di solito si formano ai margini di zolle in collisione (v. pp. 114-115) e hanno dimensioni molto varie, da piccole deformazioni che riguardano solo un campione di roccia grande quanto una mano, fino a quelle enormi che formano intere montagne, come è avvenuto sulle Alpi svizzere e sulle Montagne Rocciose canadesi. Studiando le pieghe, gli scienziati sanno capire meglio la storia geologica della zona.

Grande come una montagna
Questi strati sul fianco del Dent de Morcles, in Svizzera (a sinistra), si depositarono nel Mesozoico (fra 245 e 65 milioni di anni fa). La piega si formò 65 milioni di anni fa durante una collisione tra Europa e Africa.

Pieghe a V
Questi strati di calcare e selce a Creta, in Grecia, sono stati piegati a V in una cosiddetta piega a fisarmonica, i cui lembi diritti si deformano all'improvviso in un punto detto cerniera.

Guglie innevate
Le Dolomiti dell'Italia nordorientale stanno ancora crescendo lentamente, innalzandosi in seguito allo scontro fra le zolle continentali euroasiatica e africana. Sono composte da dolomite, dura roccia carbonatica, e gli spettacolari picchi frastagliati sono l'esito di erosione da parte di pioggia e ghiaccio.

orogenesi

Alcune montagne nascono per l'accumulo di basalto derivante dalla lava eruttata dai vulcani sulla terraferma o sul fondo marino, altre si formano quando i fiumi scavano gole scoscese in altopiani preesistenti. Uno degli scenari più comuni per l'orogenesi, ossia la formazione di montagne, tuttavia, è il margine tra due zolle continentali. Quando si scontrano la crosta si rigonfia, si ispessisce e si piega formando alte montagne. Circa 60-40 milioni di anni fa la collisione fra i continenti di India e Asia fece nascere l'Himalaya (v. pp. 124-125). Altre catene montuose, per esempio le Ande, si sono formate al margine tra una zolla oceanica e una continentale.

RADICI DELLE MONTAGNE

Sotto le montagne alte la crosta terrestre ha uno spessore maggiore rispetto a rilievi più bassi. Con l'orogenesi, la crosta si ispessisce sia sotto che sopra la superficie. Più o meno come gli iceberg, le montagne hanno al di sotto radici profonde, che rispecchiano la topografia superficiale, esagerandola. Le radici, costituite da materia crostale più leggera, galleggiano sul sottostante mantello, più denso. La crosta terrestre è in uno stato di equilibrio, detto isostasia, simile ai corpi galleggianti. Secondo tale principio, la profondità a cui scende un corpo galleggiante dipende dal suo spessore e densità. Con il tempo, la montagna si abbassa per l'azione di acqua, vento e ghiaccio, e la radice opera una correzione, compensando la perdita di massa in superficie.

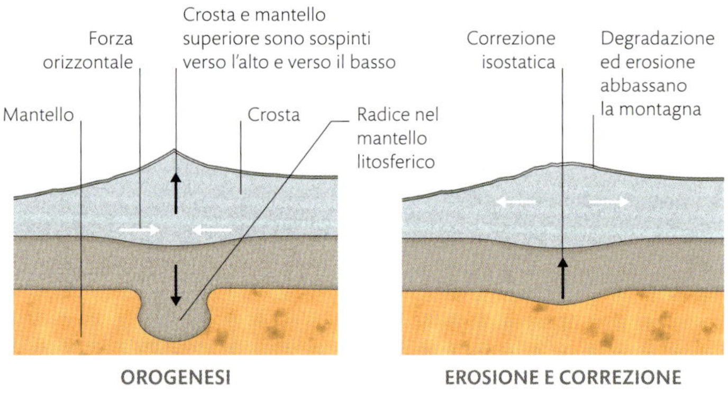

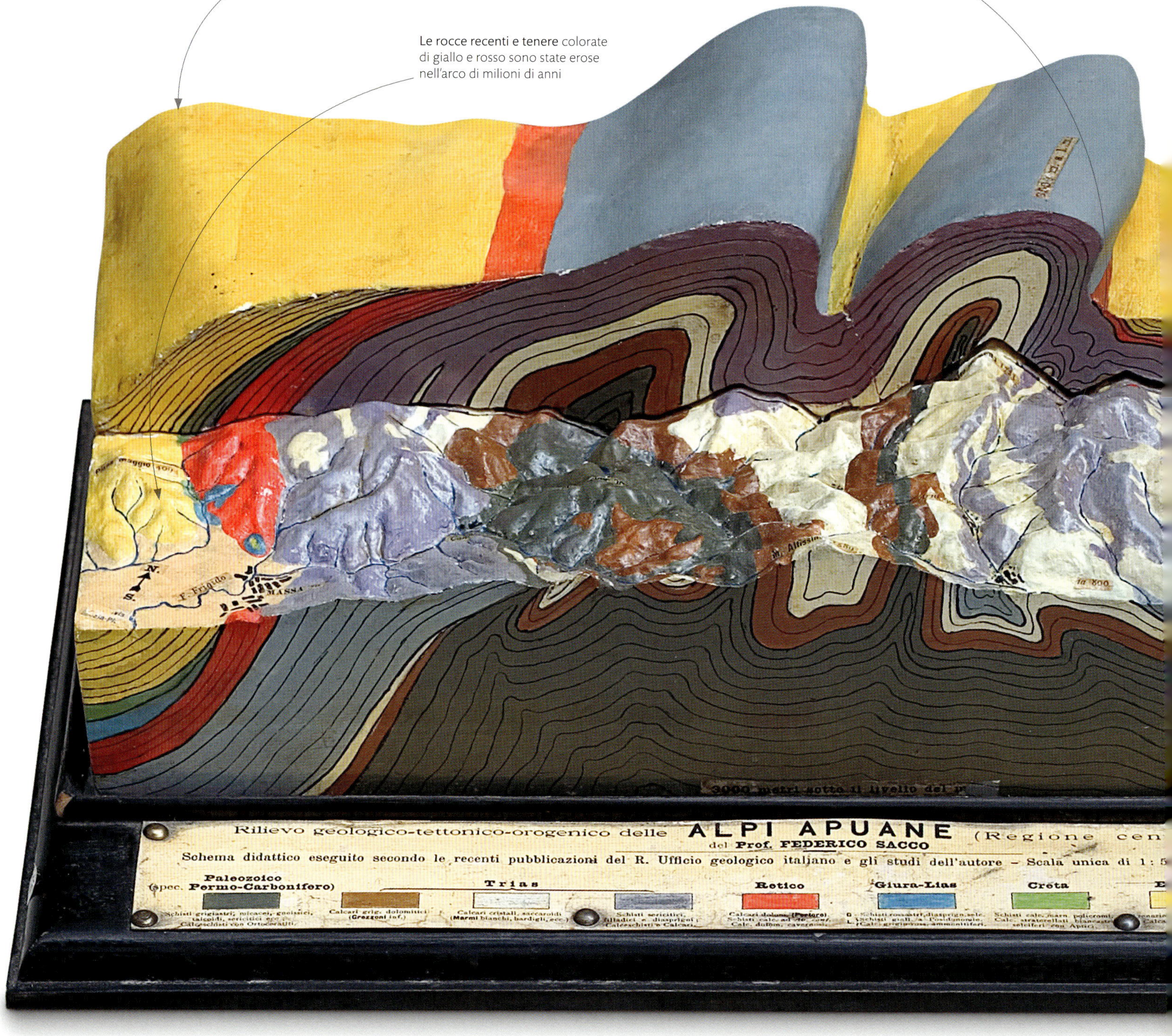

> “[…] l'opera di Suess segna la fine del primo giorno, quando fu la luce.”
>
> MARCEL-ALEXANDRE BERTRAND, GEOLOGO FRANCESE, 1897

Albert Heim
Il geologo svizzero Albert Heim (1849-1937), qui ritratto in età avanzata con guide alpine nella valle di Maderaner, in Svizzera, tra la fine del XIX secolo e l'inizio del XX compì studi pionieristici sulle Alpi.

Così è la topografia della superficie oggi, dopo milioni di anni di erosione

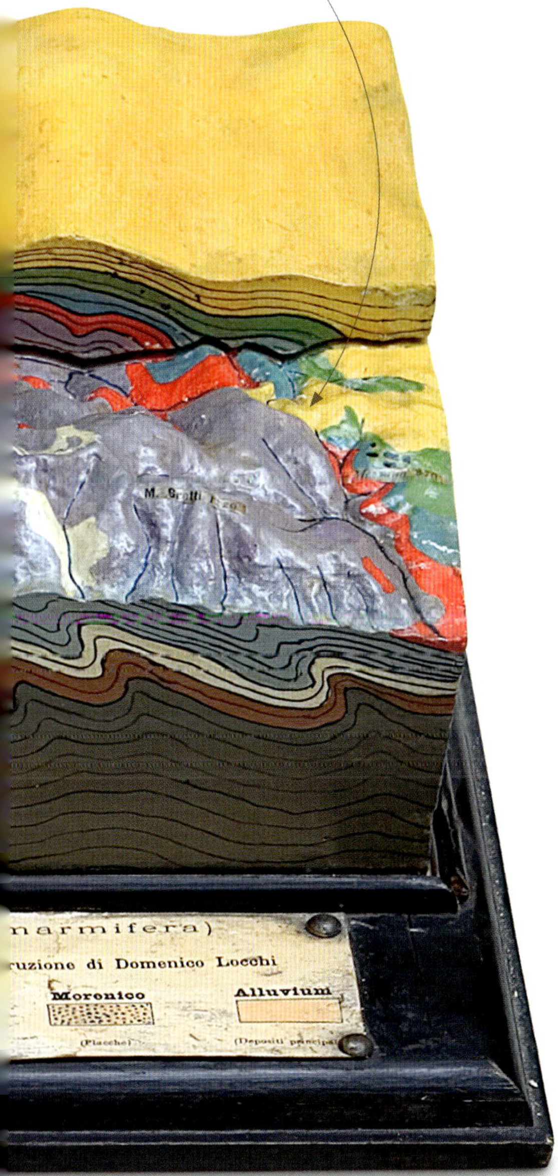

Plastico delle Alpi Apuane
Molti primi geologi, per spiegare le loro idee, realizzarono plastici con sezioni trasversali. Questo esemplare si deve al geologo e paleontologo italiano Federico Sacco (1864-1948).

storia delle scienze della Terra

studi sulla formazione delle montagne

Gran parte di ciò che sappiamo sull'orogenesi si basa sullo studio delle Alpi. A partire dalla fine del XVIII secolo, i geologi di Svizzera e Francia esplorarono le Alpi compiendo rilevamenti topografici, realizzando mappe, poi plastici tridimensionali che consentivano di capire la struttura delle montagne e i processi orogenetici.

Lo scienziato ed esploratore alpino svizzero Horace Bénédict de Saussure (1740-1799) compì studi dettagliati sulle rocce alpine. Nel XIX secolo furono condotti ulteriori rilevamenti sistematici dei tipi di rocce della zona, e nel 1853 il geologo svizzero Arnold Escher von der Linth portò a termine la prima carta geologica dell'intera Svizzera. Tuttavia spesso queste nuove mappe, più che darvi risposta, sollevavano interrogativi.
In tutte le Alpi molte volte si trovavano rocce più antiche sopra altre più recenti, con un'inversione del previsto ordine degli strati. Il geologo austriaco Eduard Suess (1831-1914) fu uno dei primi a capire che nell'orogenesi il moto orizzontale poteva essere più cospicuo di quello verticale e dedusse che le Alpi di Glarona, molto studiate, fossero l'esito di una faglia inversa di 35 km verso nord che aveva portato le rocce antiche sopra quelle recenti. Erroneamente riteneva che le enormi forze orizzontali fossero dovute alla graduale contrazione della crosta terrestre.

Il geologo francese Marcel-Alexandre Bertrand (1847-1907) sviluppò ulteriormente queste idee, identificando in tutte le Alpi immense falde di ricoprimento. Trovò anche altrove caratteristiche simili, che lo indussero a individuare vari episodi di orogenesi: caledoniana, ercinica e alpina.

Con l'avanzare delle conoscenze, le Alpi divennero il banco di prova di nuove teorie geologiche. Nel XX secolo la deriva dei continenti e la tettonica a zolle furono accettate dai geologi, anche perché spiegavano meglio le strutture osservate nelle Alpi.

in evidenza Himalaya

Nulla esprime la potenza delle forze tettoniche quanto la più alta catena montuosa del mondo, l'Himalaya, che si estende per 2.900 km in Asia centrale e comprende almeno dieci vette superiori agli 8.000 metri. Nessun'altra catena al mondo ha una cima oltre tale quota. Qui sul tetto del mondo si trovano fossili di antichi animali marini, e la sommità dell'Everest si compone di calcare marino. I sedimenti sono stati non soltanto sollevati fino a 8.848 m sul livello del mare, ma anche sospinti per 2.000 km a nord verso il cuore dell'Asia. Circa 200 milioni di anni fa, l'antico supercontinente Pangea cominciò a spezzarsi. Il subcontinente indiano si spostò rapidamente verso nord, entrando in collisione con l'Asia circa 60-40 milioni di anni fa. I sedimenti costieri dei due continenti si accartocciarono e si sollevarono, formando l'Himalaya, quando la zolla indiana sprofondò sotto la zolla euroasiatica, comprimendo e ispessendo la crosta verso nord e innalzando l'altopiano del Tibet. Quest'ultimo è delimitato a ovest da un prolungamento dell'Himalaya, i monti del Karakorum. La formazione dell'Himalaya ha trasformato il clima della zona, provocando gli annuali monsoni del Sudest asiatico. Nella catena inoltre hanno le loro sorgenti vari grandi fiumi, tra cui il Gange e il Brahmaputra.

L'Himalaya è una catena montuosa giovane che sta ancora crescendo. Le misurazioni GPS indicano che la cima dell'Everest si innalza di 1 cm ogni 10 anni, ossia 30 cm ogni 300 anni.

Massiccio dell'Annapurna
Portano il nome di Annapurna quattro vette, che fanno parte di un massiccio esteso su 55 km nell'Himalaya centrale. La più alta è Annapurna I, con 8.091 m sul livello del mare. Per i fianchi scoscesi, il clima imprevedibile e il rischio di valanghe, è una delle montagne più micidiali per gli scalatori.

Catena del Karakorum

Il K2 è la cima più alta del Karakorum ed è la seconda montagna più alta del mondo

TIPI DI FAGLIA

Esistono tre tipi fondamentali di faglia. In una faglia diretta il tetto (la parte sopra il piano di faglia) si sposta verso il basso rispetto al letto (la parte sotto il piano di faglia). In una inversa il tetto si sposta verso l'alto rispetto al letto. In una trascorrente, i due blocchi scivolano l'uno accanto all'altro in direzioni opposte lungo un piano orizzontale, mentre il moto verticale è scarso o nullo.

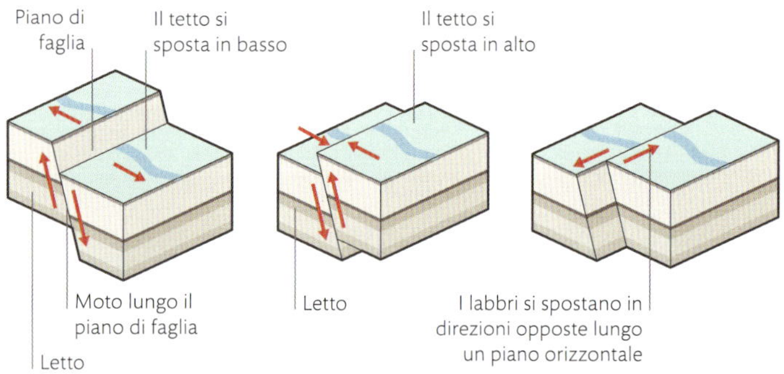

linee di frattura

Quando nei fragili strati esterni della crosta terrestre e del mantello superiore si fratturano blocchi di roccia che poi si spostano l'uno rispetto all'altro, formano una faglia. Se il movimento è improvviso genera onde d'urto, vibrazioni che si propagano nelle rocce circostanti, provocando terremoti in terrestre. Lo spostamento relativo di blocchi adiacenti di roccia è detto rigetto, e va da pochi millimetri a migliaia di chilometri. Lo spostamento avviene lungo una superficie all'incirca piatta, il piano di faglia (v. riquadro). Le masse rocciose sui due lati di un piano di faglia sono dette labbri.

Questo labbro si è abbassato rispetto all'altro

Faglie di compressione
Le arenarie rosse e verdi e i calcari color crema dei monti Tian Shan in Cina (a destra) si sono fratturati lungo faglie di compressione, quando strati di roccia più antichi sono stati spinti sopra strati più recenti. La faglia di compressione è un tipo di faglia inversa, il cui movimento presenta un angolo di 45° o inferiore.

Linee di faglia nell'arenaria
Questi colorati strati di arenaria, depositatisi in parallelo e separati da piani di stratificazione, sono stati dislocati da una faglia diretta.

Dopo una frana
Un potente terremoto che ha colpito l'isola di Hokkaido, in Giappone, il 6 settembre 2018 ha provocato come effetto secondario una serie di frane devastanti, che hanno travolto case e abbattuto linee elettriche.

terremoti e tsunami

I terremoti sono vibrazioni del terreno provocate da un'improvvisa emissione di energia in profondità sottoterra. Il moto in superficie avviene lungo le linee di faglia, di solito ubicate nei pressi dei margini delle zolle. L'intensità e la forza distruttiva del sisma dipendono dalla quantità di energia emessa, indicata dalla magnitudo, misura espressa sulla scala Richter o sulla scala di magnitudo del momento sismico. Dopo la scossa iniziale il moto sotterraneo prosegue, provocando le cosiddette scosse secondarie o di assestamento. I sismi sul fondo marino, poco percepibili in superficie, possono causare onde che, raggiungendo la costa, crescono fino a formare enormi masse d'acqua, dette tsunami.

CAUSE DEI TERREMOTI

Il moto sotterraneo delle rocce lungo una faglia provoca l'emissione di energia sotto forma di onde sismiche. La frattura o lo spostamento delle rocce iniziano in un punto sotterraneo, l'ipocentro o fuoco. Il punto della superficie terrestre al di sopra dell'ipocentro è l'epicentro. Da qui si irradiano le onde sismiche superficiali, che spesso provocano frane e tsunami e danneggiano edifici e altre strutture.

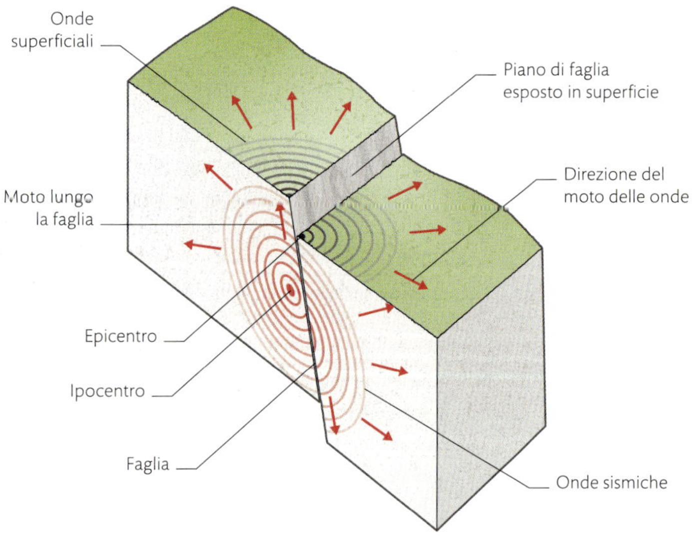

Il sismografo di Palmieri

Il dispositivo di Palmieri del 1856 usava sensori meccanici per rilevare i moti del suolo di maggiore entità, e sensori elettrici per i moti minori. Quattro tubi di vetro a U allineati ai punti cardinali erano riempiti di mercurio. Se perturbati a sufficienza, chiudevano un circuito elettrico che metteva in azione un'altra parte dello strumento per registrare su un nastro di carta l'ora e la durata dell'evento sismico.

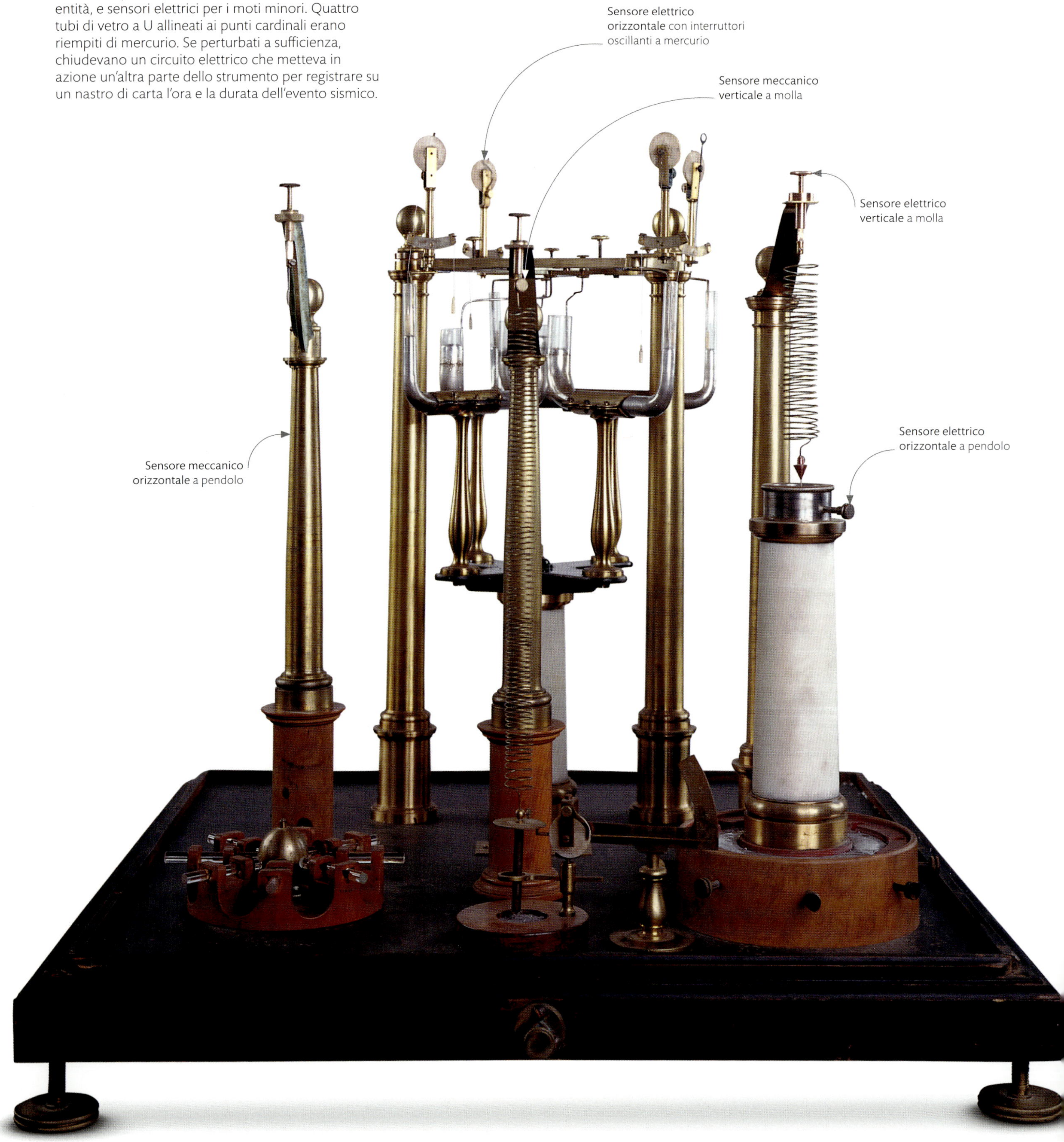

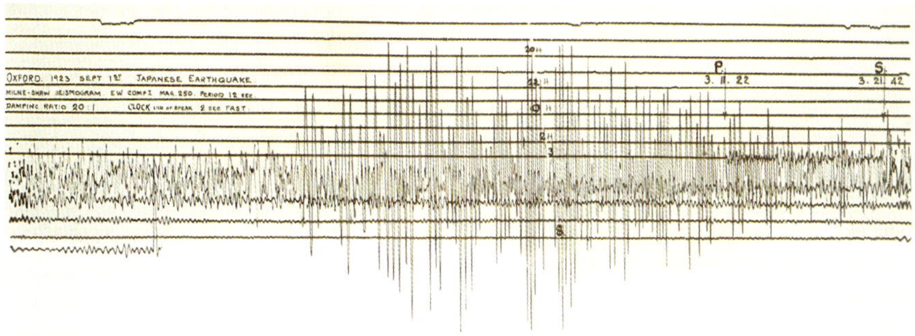

Terremoto di Tokyo su carta
Il sismogramma è il grafico prodotto dal sismometro. Questo esempio, ottenuto a Oxford, in Inghilterra, registra la prima perturbazione dovuta a un forte terremoto presso Tokyo, poco dopo le 3 di notte del 1° settembre 1923.

storia delle scienze della Terra

misurazione dei terremoti

Quale causa dei terremoti, le civiltà antiche avevano un'ampia varietà di spiegazioni, dalle attività di creature sotterranee alla presenza di aperture verso gli inferi, fino all'azione del vento sotto la superficie. Una misurazione precisa dell'intensità e della durata di un sisma fu resa possibile soltanto dall'invenzione del sismometro.

Sismometri sulla Luna
I sismometri più precisi sono fin troppo sensibili per l'uso sulla Terra a causa del continuo rumore sismico del pianeta. Tuttavia, nel 1969 furono installati sulla Luna dagli astronauti dell'Apollo 11 dove, dal 1969 al 1977, rilevarono minuscoli sismi lunari e l'impatto di micrometeoriti.

Il primo strumento conosciuto per la misurazione dell'intensità dei terremoti fu inventato nel 132 d.C. dal matematico cinese Chang Heng. È probabile, ma non certo, che la sua apparecchiatura usasse un pendolo per rilevare le vibrazioni del suolo, così come avrebbero fatto nel XVIII secolo gli scienziati europei per studiare i terremoti.

Molti di questi primi sismometri sfruttavano l'inerzia di un peso, collegato a un pendolo o a una molla, per avere un punto di riferimento fisso rispetto al quale misurare il moto del terreno. Mentre il suolo e il telaio dello strumento vibrano, il peso rimane relativamente fermo. La variazione di distanza fra il telaio e il peso indica l'intensità del terremoto.

> “[…] il sismografo […] ci consente di vedere dentro la Terra e di stabilirne la natura.”
>
> RICHARD DIXON OLDHAM, GEOLOGO IRLANDESE, 1906

Uno dei primi sismografi fu costruito nel 1856 da Luigi Palmieri all'Osservatorio vesuviano e registrò su un rotolo di carta le scosse che precedettero le eruzioni vulcaniche del Vesuvio negli anni 1861, 1868 e 1872.

Il sismografo di Palmieri fu anche il primo a usare l'elettromagnetismo per rilevare il moto. Anziché una molla o un pendolo, per applicare una forza magnetica o elettrostatica che tiene fermo il peso i sismografi moderni usano l'elettronica. Quelli più moderni sono tanto sensibili da rilevare terremoti piccoli e lontani, esplosioni nucleari sotterranee e perfino l'attrazione gravitazionale della Luna sulle rocce terrestri.

Si possono usare sismometri posti a lunga distanza fra loro per calcolare mediante triangolazione l'epicentro degli eventi sismici. Dagli anni '80 si usa l'analisi computerizzata dei dati provenienti da una rete mondiale di sismometri, ottenendo un quadro tridimensionale dell'interno della Terra simile alle immagini fornite dalla tomografia (TAC) in medicina.

MISURAZIONE E REGISTRAZIONE DEI SISMI

Un sismogramma è la registrazione delle onde sismiche misurate con il sismografo. Esistono due tipi di onde sismiche: onde di volume, che si propagano dall'ipocentro (punto sotterraneo in cui le rocce iniziano a fratturarsi o a spostarsi) nell'interno della Terra, e onde superficiali, che si propagano a partire dall'epicentro (punto della superficie sopra l'ipocentro). Le linee a zigzag (ampiezza) riflettono la quantità di energia emessa dalle onde.

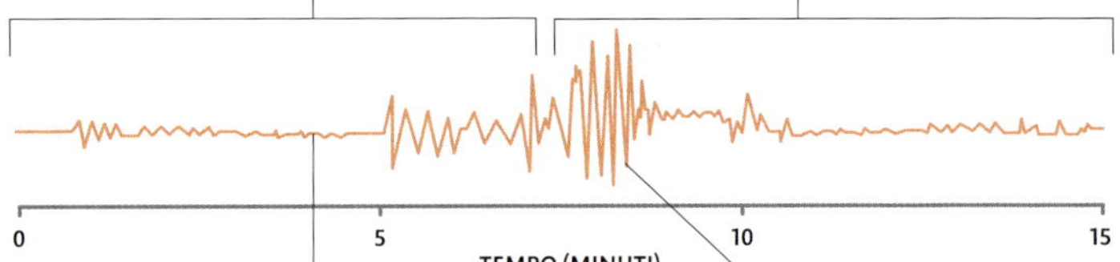

SISMOGRAMMA TIPICO

terra che trema

I terremoti sono vibrazioni del suolo causate da un'emissione di energia nelle rocce sotterranee (v. pp. 128-129). In genere durano da qualche secondo a pochi minuti, ma la grande quantità di energia può lasciare un'impronta sul paesaggio per migliaia di anni. L'intensità del sisma in una località dipende dalla distanza dalla faglia, dalla sua profondità e dal tipo di suolo. Durante i sismi la terra trema, ma i danni possono essere di varia natura: lungo le faglie possono spostarsi aree rocciose anche di centinaia o migliaia di chilometri, le onde sismiche possono scatenare frane e colate di fango, il suolo può liquefarsi diventando fango in movimento.

Le figure iridate indicano la deformazione e lo spostamento del suolo

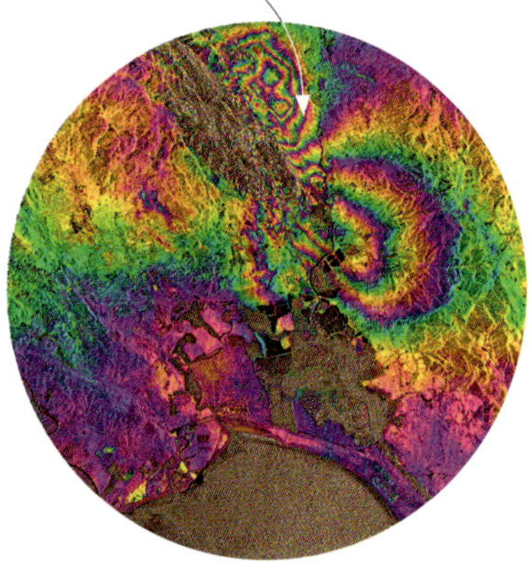

Sisma dal satellite
Nel 2014 la regione della Napa Valley in California ha subìto il terremoto più intenso degli ultimi 25 anni. I colori di questa immagine raffigurano i segnali radar rilevati dal satellite durante il sisma.

Fratture nel terreno
I terremoti possono causare danni immensi a esseri umani, paesaggi naturali e infrastrutture. Le onde sismiche che percorrono la superficie terrestre sono quelle che causano più danni, spesso facendo crollare ponti ed edifici e frantumando strade (come qui, in Alaska).

Struttura a cupola appiattita
e abbassata da erosione
e degradazione meteorica
Ampia torre costituita da
colonne di forma irregolare
alte circa 30 m e larghe 3 m

L'intrusione si insinua verticalmente fra strati paralleli di roccia preesistente

Dicco magmatico
Questo dicco si è formato quando il magma caldo e liquido si è spinto in alto attraverso fenditure delle rocce sedimentarie lungo il fiume Nahal Ardon, presso il cratere Makhtesh Ramon, in Israele. Il magma si è poi raffreddato e solidificato.

intrusioni magmatiche

Risalendo dal mantello terrestre attraverso la crosta, il magma fuso si insinua in spaccature di rocce preesistenti, ampliandole e talvolta sollevando le rocce soprastanti. Quando si raffredda e si solidifica sotto la superficie terrestre (anziché venire eruttato sotto forma di lava da fessure e vulcani), forma intrusioni, ossia masse di roccia ignea. Se le rocce soprastanti si erodono, le intrusioni possono venire esposte in superficie. Molte catene montuose, come le White Mountains del New Hampshire e la Yosemite Valley (v. pp. 68-69) nella Sierra Nevada, in California, sono costituite da intrusioni magmatiche portate alla luce dall'erosione delle rocce soprastanti.

La base dell'intrusione è a blocchi e irregolare

Torre del Diavolo
Questa spettacolare formazione geologica (nota anche con il nome di Mato Tipila, che nella lingua dei Lakota significa "tana dell'orso") si innalza al di sopra di pini gialli nel Wyoming. La torre è un'intrusione formata da magma raffreddatosi in un bacino magmatico. Un tempo si trovava 1,5 km sotto la superficie terrestre, ma in seguito è stata portata alla luce dall'erosione e dall'abbassamento del terreno circostante. Formata da roccia ignea porfirica detta fonolite, è la più grande struttura del suo genere al mondo.

TIPI DI INTRUSIONE MAGMATICA

Esistono vari tipi di intrusione magmatica. Dicchi e filoni-strati sono intrusioni che si formano in strati di roccia sedimentaria preesistente, detta roccia incassante. I dicchi sono perpendicolari agli strati rocciosi, i filoni-strati sono paralleli. I plutoni sono intrusioni grandi di forma irregolare, ancora più grandi sono le batoliti, che si estendono negli strati rocciosi per almeno 100 km². Il calore emesso dalle intrusioni magmatiche può far subire alle rocce circostanti un processo di trasformazione chimica, il metamorfismo di contatto (v. pp. 90-91).

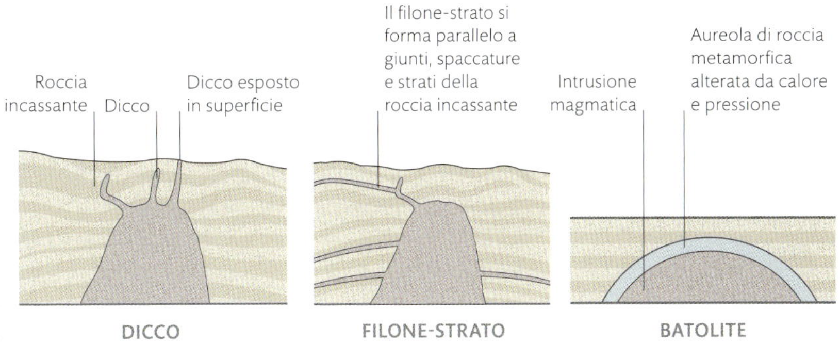

Come una nave con attrezzatura a vele quadre in viaggio su un mare asciutto, Shiprock si innalza sull'elevato deserto del New Mexico nordoccidentale, con una serie di basse creste nella sua scia. Le creste sono filoni eruttivi vulcanici, sottili pareti di roccia resistente che si irradiano dal picco centrale, cratere di un vulcano spento. La roccia è breccia vulcanica frammentata, ma dura, formata da detriti di varie eruzioni innescatesi quando

Shiprock in evidenza

il magma si è spinto in alto attraverso fratture della crosta terrestre e ha interagito con l'acqua sotterranea. Gli studi di datazione fanno risalire la solidificazione di queste rocce a 30-25 milioni di anni fa. Da allora, l'erosione ha asportato ben 900 m di arenarie e argilliti soprastanti, portando alla luce la struttura interna del vulcano. La composizione dei filoni lascia supporre che la roccia sia formata da magma fusosi a grande profondità. Sono state trovate rocce simili in intrusioni magmatiche e deflussi in superficie in New Mexico e Arizona, anche nelle caratteristiche formazioni rocciose della Monument Valley. Le intrusioni sono l'esito di forze tettoniche che hanno causato il sollevamento dell'altopiano del Colorado, esteso su gran parte di Utah, New Mexico, Arizona e Colorado.

Shiprock, che si innalza di 482 m sulla pianura circostante, è una vetta allettante per una scalata, ma la formazione rocciosa è sacra per i Navajo, e dagli anni '70 le scalate sono proibite.

Dove i coloni europei immaginarono un veliero, i Navajo da sempre vedevano una "roccia alata", simbolo del leggendario uccello che guidò il popolo Navajo verso le sue terre.

Veduta dal basso

Lungo uno dei filoni sono sparsi frammenti di breccia

Veduta dall'alto
Due filoni sporgenti si uniscono al frastagliato picco centrale di Shiprock, che è una guglia vulcanica, massa di roccia che un tempo riempiva il cratere di un vulcano attivo. Nelle immediate vicinanze si possono osservare altri cinque filoni più piccoli, che nel loro insieme rivelano la struttura interna del vulcano ormai spento.

Malyi Semjačik
Questo strato-vulcano (v. riquadro) è situato nella parte orientale della penisola russa della Kamčatka. Nel cratere Troickij, emerso circa 400 anni fa durante un'eruzione esplosiva, si è formato un lago di acqua calda e acida.

Coni e crateri vulcanici
Il basalto grigio scuro e i crateri contornati di rosso conferiscono a questi bassi coni vulcanici dell'Islanda e al paesaggio circostante un aspetto ultraterreno. Il colore rosso dei depositi sui bordi è prodotto dall'ossidazione di minerali di ferro.

FORME VULCANICHE

Esistono vari tipi di vulcani. Il domo lavico emerge quando la lava viscosa si accumula sopra e attorno alla bocca vulcanica e si solidifica, formando una cupola che può esplodere con violenza. Il cono di cenere (o piroclastico) trae origine soprattutto da frammenti di magma carico di gas che viene espulso dalla bocca vulcanica, poi si solidifica e precipita sotto forma di cenere. Il vulcano a scudo ha versanti dolcemente digradanti, prodotti da lava sottile e fluida che esce senza un'eruzione esplosiva. Lo strato-vulcano (o vulcano composto) ha fianchi scoscesi costituiti da numerosi strati di lava e altri frammenti di roccia espulsi in eruzioni esplosive.

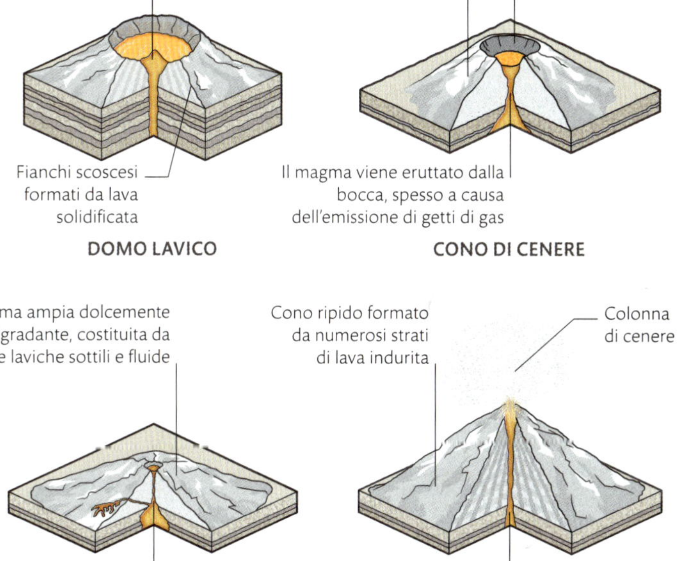

vulcani

I vulcani sono strutture che nascono quando il magma risale dall'interno della Terra e raggiunge a superficie uscendo da fessure della roccia. In genere si formano ai margini delle zolle tettoniche (v. pp. 110-111) o sopra colonne di magma in risalita dal mantello; si trovano non soltanto sulle terre emerse, ma anche sul fondo marino e sotto calotte di ghiaccio. Quando il magma viene eruttato sotto forma di lava, si raffredda e si solidifica attorno alle bocche vulcaniche. I vulcani presentano due componenti principali: il cono, che è una montagna formatasi con l'accumulo di magma attorno alla bocca in una serie di eruzioni, e il cratere, depressione a conca dalle pareti ripide che circonda la bocca da cui esce il magma. Se le eruzioni esauriscono tutto il magma presente nel bacino sotto il vulcano, il cono può crollare, formando una depressione circolare detta caldera. Esistono vari tipi di vulcani, la cui forma è determinata in gran parte dalle proprietà del magma e dalle modalità di eruzione (v. p. 141 e riquadro).

Vulcano Tungurahua
Situato in Ecuador, il Tungurahua (a destra) è uno strato-vulcano (v. p. 139) che manifesta periodicamente eruzioni di tipo vulcaniano o stromboliano (v. riquadro).

Eruzione di tipo vulcaniano
Questa spettacolare eruzione di tipo vulcaniano ha avuto luogo nel massiccio Fuego-Acatenango, serie di bocche vulcaniche del Guatemala. Sopra il vulcano si allarga una grande e densa colonna di cenere, mentre lungo i fianchi precipita una colata piroclastica.

eruzioni vulcaniche

Il magma che risale dal mantello terrestre esce in superficie sotto forma di lava attraverso i vulcani con il fenomeno delle eruzioni, che possono essere assai distruttive o relativamente tranquille, a seconda della composizione chimica del magma e del contenuto di gas. Il magma che contiene grandi quantità di gas ed è viscoso (resistente al moto) tende a essere eruttato in maniera esplosiva, con colonne di cenere sospinte nell'atmosfera e colate piroclastiche, ossia valanghe di cenere, gas caldi e frammenti di roccia che rotolano lungo i fianchi del vulcano. Il magma fluido a basso contenuto di gas tende a essere eruttato con effusioni laviche lente. Le eruzioni esplosive di solito sono legate ai vulcani dai fianchi scoscesi, quelle lente sono tipiche di strutture ampie e meno ripide (v. pp. 138-139).

TIPI DI ERUZIONE VULCANICA

Esistono diversi tipi di eruzione vulcanica, anche se un vulcano può eruttare in vari modi e un'unica eruzione può comprendere elementi di più tipi. Quelle stromboliane sono associate a bombe vulcaniche, mentre le nubi di cenere sono piccole o assenti. In un'eruzione di tipo islandese (o fissurale), la lava fluida emerge da una frattura lineare, solidificandosi in configurazioni basse. Nelle eruzioni pliniane si innalza un'elevata colonna di gas e cenere, che poi ricade sui fianchi, accompagnata da forti esplosioni. Le eruzioni vulcaniane sono di breve durata, violente e intermittenti, accompagnate da dense nubi di cenere e gas e spesso da bombe vulcaniche.

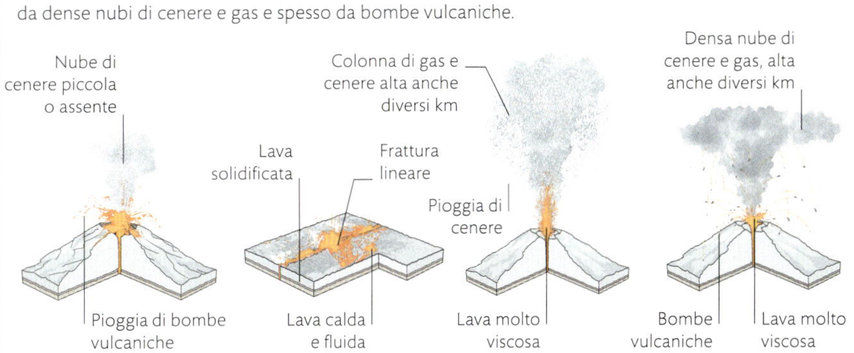

Vulcano su un punto caldo
La Palma, una delle Canarie, è un'isola vulcanica formatasi sopra un punto caldo. Nel 2021 vi è stata l'eruzione del vulcano Cumbre Vieja, che ha causato una colata lavica lungo il fianco della montagna.

punti caldi

Quando una colonna di materia calda del mantello risale fino alla base della litosfera forma un cosiddetto punto caldo (*hotspot*), dove il magma può essere sufficientemente caldo da fondere la litosfera soprastante e spingersi in superficie, dando origine a un vulcano. Si conoscono circa 100 vulcani situati in punti caldi del genere, molti dei quali si trovano all'interno di una zolla tettonica anziché lungo i margini di placche adiacenti, e alcuni compaiono sulle dorsali oceaniche, come in Islanda. Vi sono punti caldi anche all'interno dei continenti, per esempio sotto il parco nazionale di Yellowstone, negli Stati Uniti, altri sono sotto bacini oceanici e danno origine ad arcipelaghi vulcanici come le isole Canarie e le Hawaii.

FORMAZIONE DI UN ARCIPELAGO VULCANICO

Quando i punti caldi si trovano sotto zolle oceaniche, formano vulcani sul fondo marino soprastante. Se la zolla si sposta sopra un punto caldo, si forma una catena di vulcani spenti. Un esempio è costituito dalle Hawaii. Si verificano eruzioni solo su Hawaii, l'isola più grande e recente dell'arcipelago, che ospita tre vulcani attivi. Le isole a nord-ovest sono i resti di vulcani antichi.

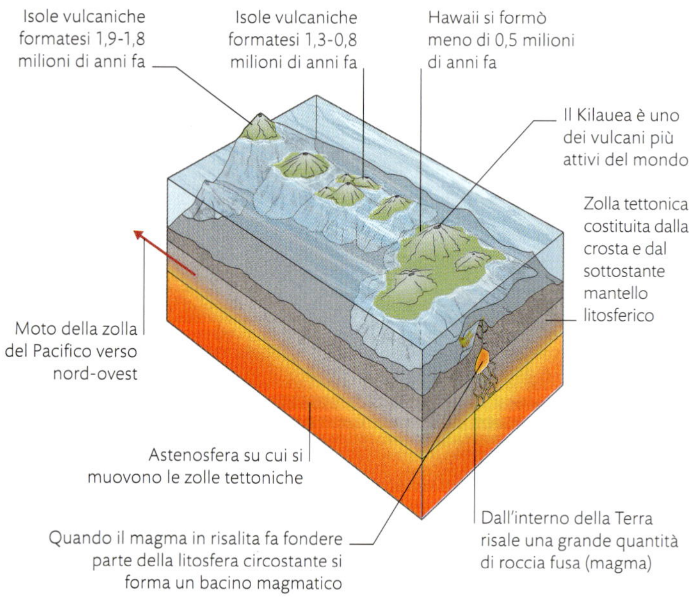

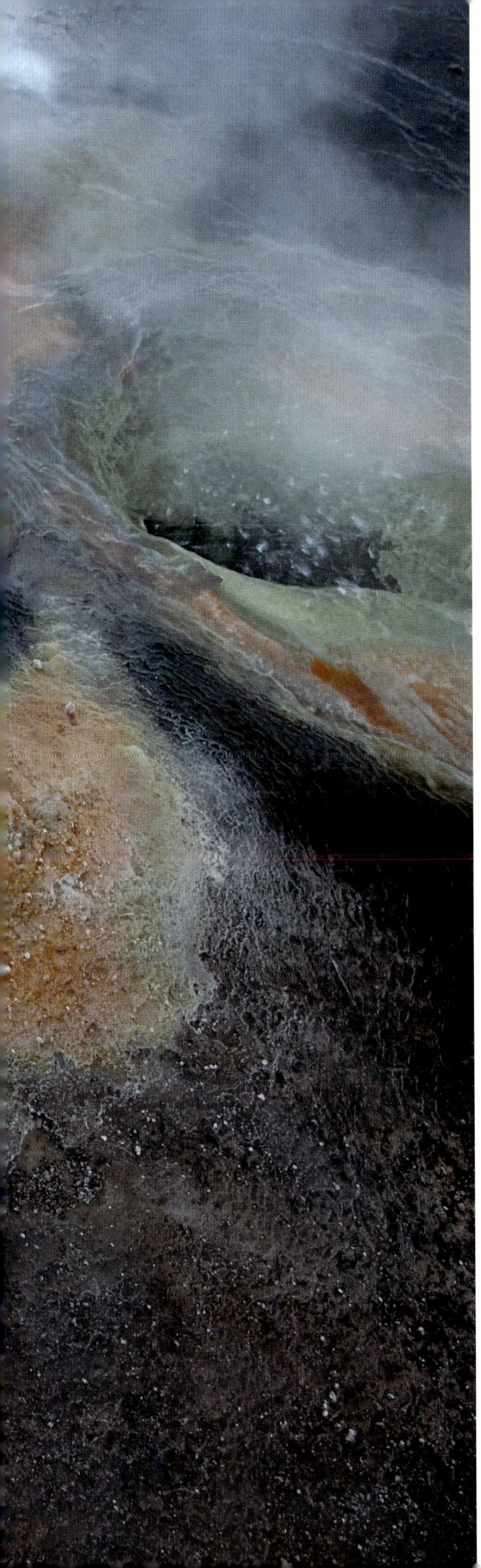

Depositi colorati
Alcune sorgenti termali, come questa di El Tatio nell'Atacama, in Cile, si formano presso vulcani attivi. Sulla superficie della sorgente l'acqua calda evapora, lasciando depositi di minerali.

fenomeni geotermici

L'attività geotermica offre alcuni dei più evidenti indizi dei processi in corso nel pianeta, molti dei quali provocati dal calore interno della Terra. Al crescere della profondità la temperatura aumenta, passando dalla crosta fredda al mantello e poi al nucleo incandescente. Un netto incremento della temperatura entro una profondità relativamente modesta provoca spesso in superficie un'attività che può assumere forme spettacolari. Così avviene quando, sotto la superficie, attraverso fratture penetra acqua che viene riscaldata da rocce calde o da magma presente nei pressi. Risale in superficie un insieme di acqua calda e vapore, che dà origine a fenomeni come i geyser (getti intermittenti di acqua calda), le sorgenti termali (pozze di acqua calda) e le fumarole (colonne di gas e vapore caldi).

NASCITA DEI FENOMENI GEOTERMICI

L'acqua penetra sotto la superficie nell'ambito del ciclo dell'acqua. I vulcani o le rocce calde nei pressi possono surriscaldarla fino a oltre 180 °C. Quando l'acqua risale in superficie formando una pozza, emerge una sorgente termale. Se acqua e vapore rimangono intrappolati in cavità sotterranee, la pressione si accumula fino a emetterli periodicamente con getti detti geyser. Se l'acqua calda evapora prima di raggiungere la superficie, attraverso aperture escono vapore e altri gas, che formano fumarole.

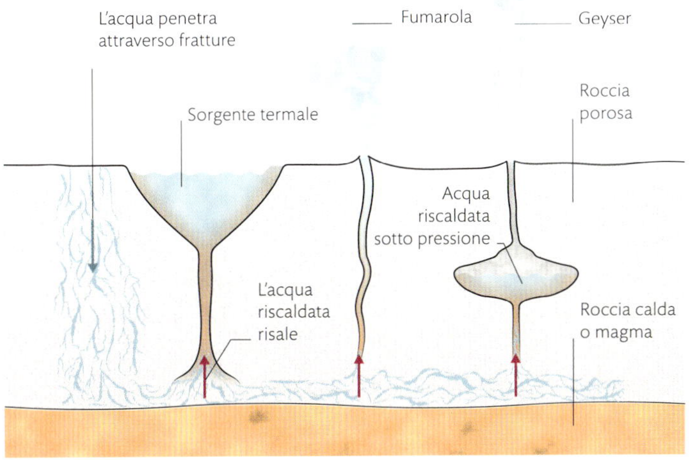

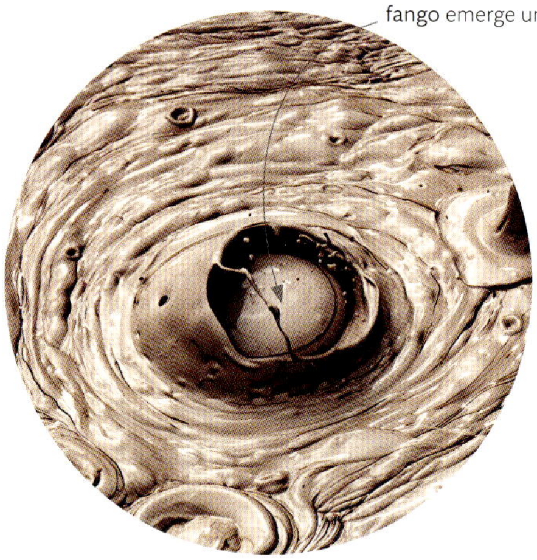

Salsa ribollente
L'acqua in risalita assorbe gas che la acidificano. L'acido poi decompone la roccia, che in superficie si trasforma in una salsa, pozza di fango ribollente. Questa immagine (a sinistra) è stata scattata a Wai-o-tapu in Nuova Zelanda.

Getto di geyser
Il geyser Strokkur, in Islanda, ha eruzioni a intervalli di pochi minuti, emettendo acqua calda e vapore con getti alti circa 30 m. Attorno ai margini della pozza d'acqua si sono formati per precipitazione depositi di geyserite, minerale ricco di silicio.

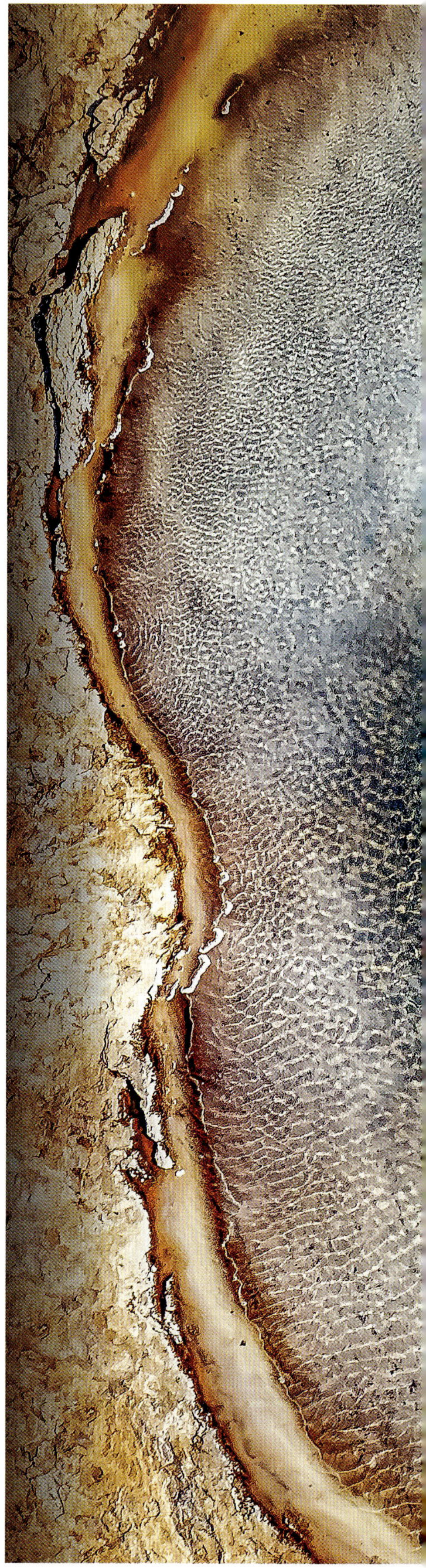

sorgenti termali

Nell'ambito del ciclo dell'acqua, questa si sposta continuamente fra la superficie e il sottosuolo. Penetrando fra le spaccature della crosta terrestre può surriscaldarsi (v. pp. 144-145) e poi tornare in superficie sotto forma di sorgenti termali, che vanno da lente infiltrazioni fino a flussi di oltre 150 l al secondo. Risalendo, l'acqua calda scioglie i minerali delle rocce circostanti che, quando l'acqua si raffredda, precipitano lasciando depositi solidi, spesso di colori vivaci. L'acqua calda può anche venire eruttata assieme a vapore sotto forma di getti intermittenti detti geyser (v. riquadro): nel mondo ne esistono circa 1.000. Sorgenti termali e geyser si trovano normalmente lungo i margini delle zolle tettoniche (v. pp. 110-113) o presso vulcani.

FUORIUSCITA DI UN GEYSER

Si ha un geyser quando in un sistema sotterraneo di condotti e bacini scorre acqua surriscaldata. Una strozzatura in un condotto provoca un aumento di pressione, che alla fine causa l'uscita di un getto di acqua calda in superficie. Poi l'acqua penetra di nuovo nel terreno attraverso fratture ricostituendo il bacino, e il processo ricomincia. Il bacino è rivestito da depositi di geyserite lasciati dalle acque ricche di minerali.

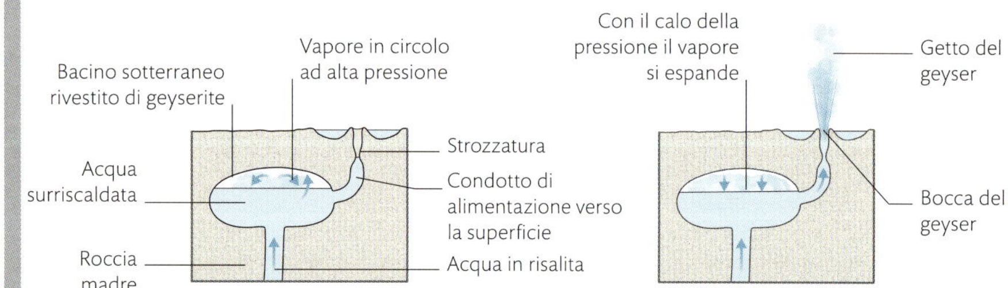

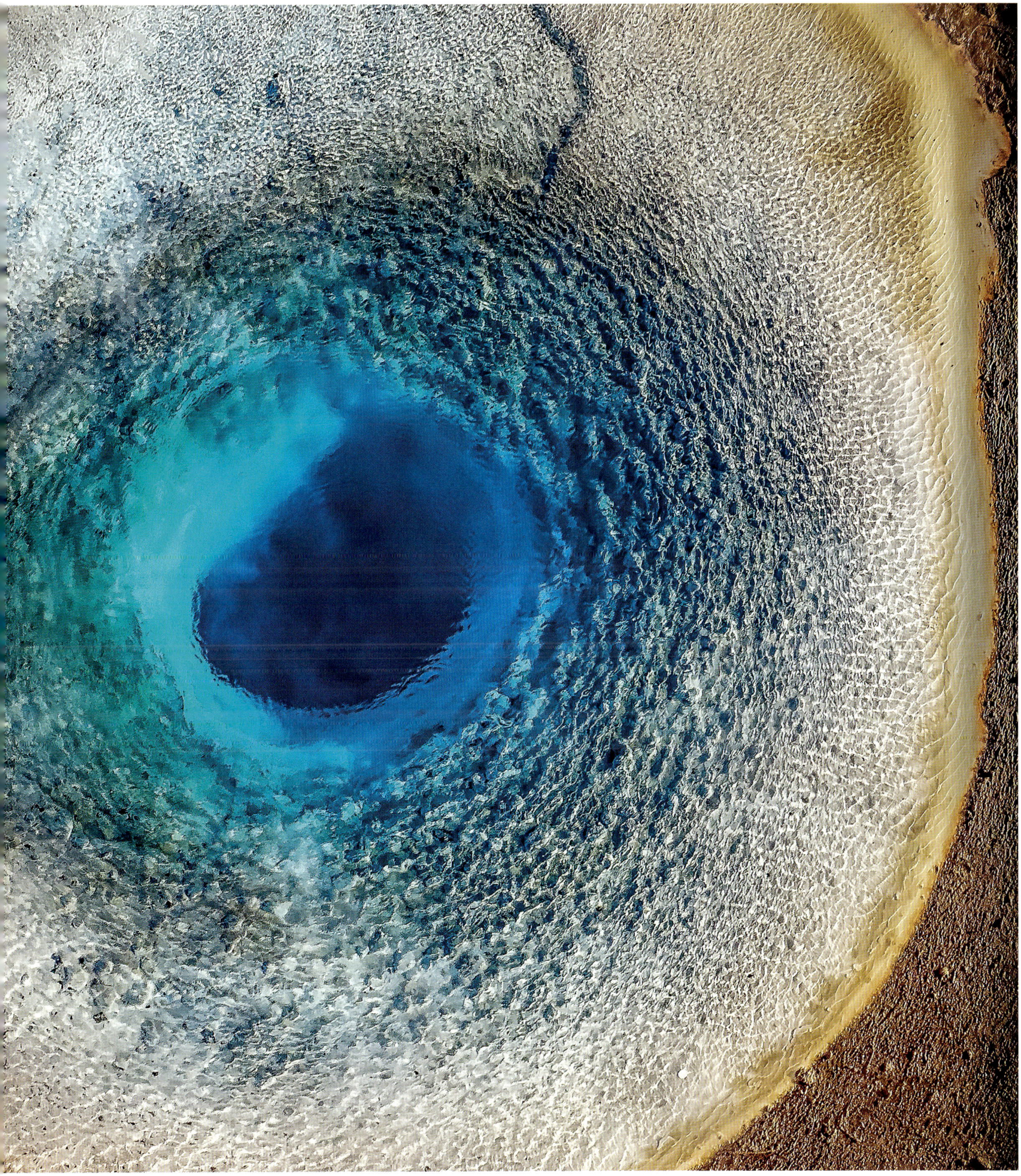

Cavità da erosione
Nei letti fluviali si formano cavità circolari o cilindriche quando i frammenti di roccia trasportati dal fiume (qui a destra il Blyde, in Sudafrica) raggiungono piccole depressioni della roccia madre. I frammenti vorticano, causando abrasione ed erosione.

Erosione per azione delle onde
Le coste vengono configurate dall'azione delle onde. L'erosione scava gole nelle rupi costiere, di solito al livello dell'alta marea, come si vede in queste falesie di arenaria della Tasmania in Australia.

erosione fluviale e marina

L'acqua di mari e fiumi configura la morfologia del terreno. L'azione delle onde erode le coste, rendendole progressivamente più diritte, e l'erosione dei promontori può dare origine a grotte, archi e faraglioni. Spostandosi lungo il suo corso, l'acqua di un fiume erode le rocce su cui scorre, trasportando a valle sedimenti e pietre e depositandoli dove la corrente rallenta. Quando l'acqua scorre rapidamente (per esempio presso la foce del fiume o durante le piene) trasporta un volume maggiore di sedimenti.

TRASPORTO FLUVIALE

La materia erosa dall'acqua può essere trasportata con vari meccanismi, a seconda delle dimensioni delle particelle. Quelle a grana fine, come limo e argilla, sono leggere e durante il trasporto rimangono in sospensione nella colonna d'acqua, mentre le più grandi come i ciottoli sono pesanti e rimbalzano sul letto del fiume, un fenomeno detto saltazione. Se il fiume scorre rapido, con il meccanismo di trascinamento può trasportare pietre più grandi e macigni.

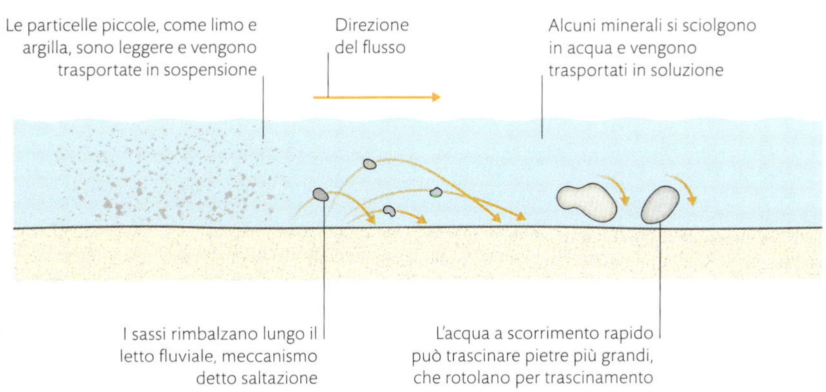

PAVIMENTO DEL DESERTO

In condizioni aride l'erosione eolica può dare origine a una superficie dura e pietrosa, detta pavimento del deserto, che si forma quando le particelle fini come la sabbia vengono rimosse dalla superficie per erosione eolica. In tal modo rimangono solo i frammenti più grossi, che si accumulano e si concentrano. Inoltre, per la rimozione delle particelle la superficie si abbassa.

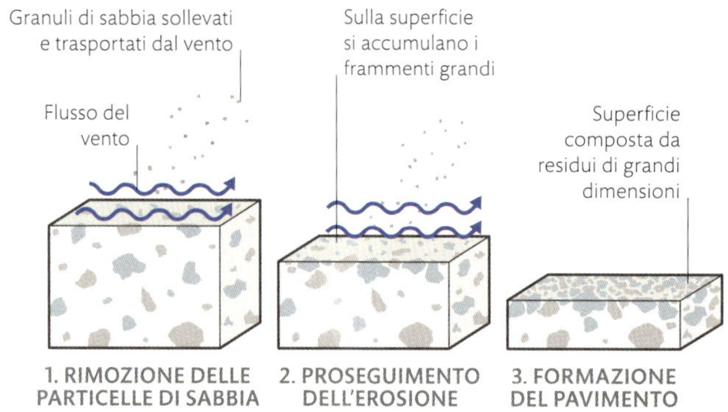

Scolpite dal vento
Nei paesaggi desertici le particelle di sabbia trasportate dal vento si scontrano con le formazioni rocciose, sottoponendole alla cosiddetta abrasione eolica. Con il tempo le rocce vengono scavate e assumono forme lisce, come queste situate negli Emirati Arabi Uniti.

erosione eolica

Il vento è un potente scultore, in grado di rimuovere e trasportare grandi quantità di sabbia, terra e polvere. Così facendo configura la superficie terrestre, in particolare negli ambienti desertici, coperti di sostanze non compatte, e nelle aree con scarsa vegetazione, poiché le piante stabilizzano il suolo e agiscono da frangivento. Nei deserti le raffiche rimuovono le particelle di sabbia e limo, trasportandole e depositandole, con formazione di dune di sabbia, altopiani di loess e (con il tempo) rocce sedimentarie (v. pp. 74-77), mentre le particelle pesanti, come sassi e ciottoli, rimangono dove sono. L'erosione eolica può essere causata da una brezza leggera che fa rotolare le particelle al suolo o da un vento forte che le solleva in gran numero formando tempeste di polvere.

La nube di sabbia si estende sul mar Rosso

Tempesta di sabbia dal satellite
Quando si verificano temporali o cicloni, i venti forti possono sollevare dal suolo spoglio e arido grandi quantità di sabbia e polvere e trasportarle per centinaia o migliaia di chilometri.

Nell'arenaria sono visibili vari strati

Valle glaciale a U
Questa valle (a sinistra) nel parco nazionale del monte Rainier, nello Stato di Washington, è stata scavata a forma di U dai ghiacciai, ancora presenti sulle cime, e in seguito modellata nelle parti inferiori dai fiumi.

Solchi glaciali
Questi lunghi solchi detti striature sono stati scavati da detriti trasportati dal ghiacciaio in movimento sulle rocce.

Le strie allungate e parallele indicano la direzione di spostamento del ghiacciaio

erosione **glaciale**

I ghiacciai sono grandi masse di ghiaccio in moto lento. Spostandosi lungo un pendio o una valle montana, scavano e modellano la superficie. Nell'erosione glaciale sono implicati due processi: sradicamento, quando il ghiaccio rimuove e trasporta grandi frammenti di roccia, e abrasione, quando i frammenti incorporati nel ghiaccio incidono e levigano le rocce sottostanti. Con l'erosione emergono varie forme di modellamento, tra cui circhi (cavità a conca dai fianchi scoscesi nella montagna), picchi a piramide (*horn*, vette spigolose dovute a più ghiacciai che hanno eroso la montagna in direzioni diverse), rughe di circo glaciale (*arête*, dorsali causate dal moto di due ghiacciai lungo versanti opposti della montagna) e rocce montonate (v. riquadro).

ROCCE STRIATE E LEVIGATE

Ghiacciai e calotte glaciali lasciano tracce del loro movimento in rocce striate e levigate. A causa dell'abrasione, gli affioramenti lungo il percorso del ghiacciaio sono di solito levigati sul lato a monte, mentre a valle le spaccature indicano che le rocce hanno subìto il processo di sradicamento. L'esito è una struttura asimmetrica, detta roccia montonata.

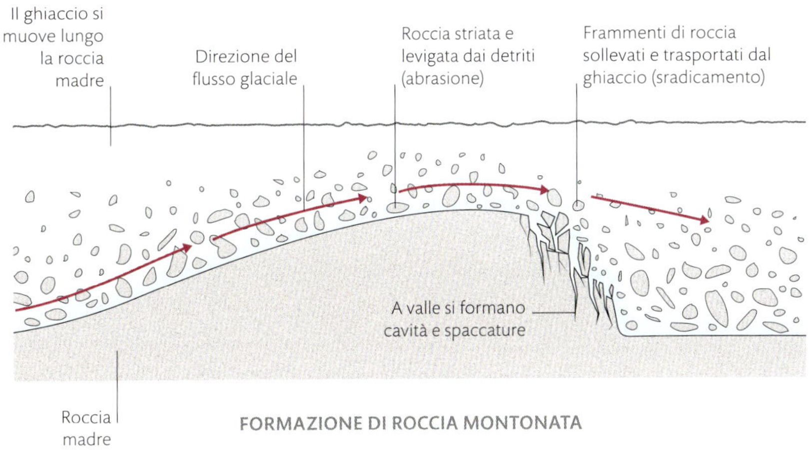

FORMAZIONE DI ROCCIA MONTONATA

degradazione meteorica

L'azione di acqua, vento e temperature estreme provoca il deterioramento di rocce e minerali, che si frammentano o si sciolgono. Questa, definita degradazione meteorica, di solito agisce congiuntamente all'erosione: la degradazione disgrega o altera le rocce sul posto, poi l'erosione asporta i frammenti. Esistono due tipi principali di degradazione: disgregazione meccanica (o fisica), con la frammentazione di rocce e minerali senza variazione della composizione chimica, e alterazione chimica, con la modifica della struttura molecolare. Di solito le formazioni rocciose sono interessate da entrambi i tipi contemporaneamente.

Foresta di pietra
L'acqua freatica e la pioggia hanno alterato chimicamente questa zona della provincia cinese dello Yunnan, formando pilastri di pietra sia aguzzi sia arrotondati. Questo tipo di degradazione è tipico della morfologia carsica (v. pp. 166-167).

CRIOCLASTISMO

È una forma di disgregazione meccanica che si verifica quando in fessure della roccia penetra acqua. Questa gelando si espande e aumenta di volume di quasi un decimo, perciò esercita pressione sulla roccia e allarga le fessure, così nella roccia può entrare ancora più acqua. Se si ripete il ciclo di gelo e disgelo, alla fine la roccia si spacca. Questa disgregazione è tipica degli ambienti in cui vi è abbondante acqua in superficie e le temperature fluttuano ripetutamente attorno a 0 °C.

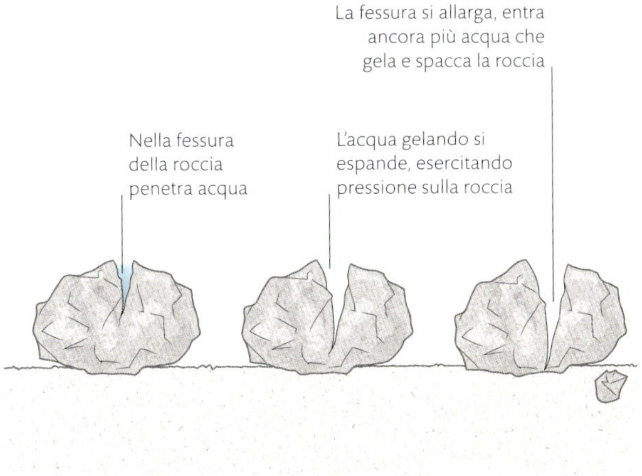

Castello dei Venti (Castell y Gwynt)
Questa formazione rocciosa, situata presso la cima del Glyder Fach nel parco nazionale di Snowdonia, nel Galles, si compone di rocce vulcaniche dell'Ordoviciano (circa 450 milioni di anni fa). La morfologia e le rocce sono state modellate ed erose dai ghiacciai (v. pp. 152-153) durante l'ultima glaciazione e frantumate dal ghiaccio (v. riquadro), lasciando pinnacoli (*tor*, affioramenti rocciosi sporgenti) e cumuli di detriti.

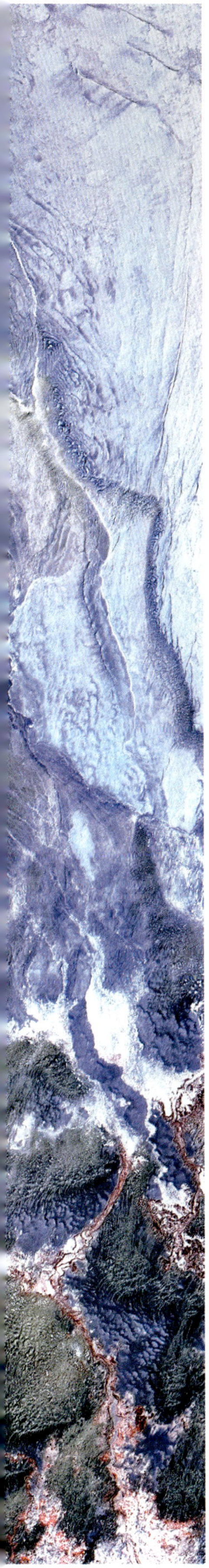

sedimentazione

Vento, acqua e ghiaccio in movimento raccolgono e trasportano sedimenti. Quando si riduce l'energia del moto, per esempio perché il fiume raggiunge una parte meno ripida del suo corso e rallenta, per effetto della gravità i sedimenti cominciano a uscire dal flusso, e le prime sono le particelle più dense. I sedimenti di solito si accumulano a strati in luoghi circoscritti naturali come i bacini lacustri. Se rimangono indisturbati, possono compattarsi e cementarsi formando rocce sedimentarie, spesso con gli strati originari intatti. L'acqua, in particolare dei fiumi, svolge un ruolo importante nel trasporto e nel deposito dei sedimenti (v. pp. 158-159). Le forme che emergono vanno dalle barre di sabbia e di ghiaia ai conoidi di deiezione e ai delta (v. pp. 162-163).

Conoide di deiezione
Questo conoide si è formato quando un fiume proveniente dai monti Kunlun e Altun ha inondato una pianura nel deserto di Taklamakan, in Cina. Durante questa rara piena, il fiume ha depositato i sedimenti nel deserto. L'area si è presto prosciugata, lasciando questa intricata configurazione di canali e barre di sabbia. La zona qui riprodotta è larga circa 60 km. Le aree bianche, verdi e azzurre indicano differenti livelli di umidità.

Deposito glaciale
Le rocce e i sedimenti trasportati da un ghiacciaio e depositatisi con il disgelo sono definiti morene. Questo materiale può poi essere nuovamente trasportato e configurato dai torrenti formati dall'acqua di fusione (v. pp. 174-175).

CORRENTI FLUVIALI E SEDIMENTAZIONE

Il deposito dei sedimenti da parte del fiume ha varie cause. Di solito avviene perché l'acqua perde energia, per esempio quando il fiume si amplia e il flusso rallenta. Le particelle grandi e pesanti, come ciottoli e sabbia, escono dalla sospensione e si depositano per prime, mentre quelle più leggere e fini, come limo e argilla, precipitano quando la corrente rallenta ancora. I sedimenti fini possono quindi formare una barra di sabbia o un conoide di deiezione.

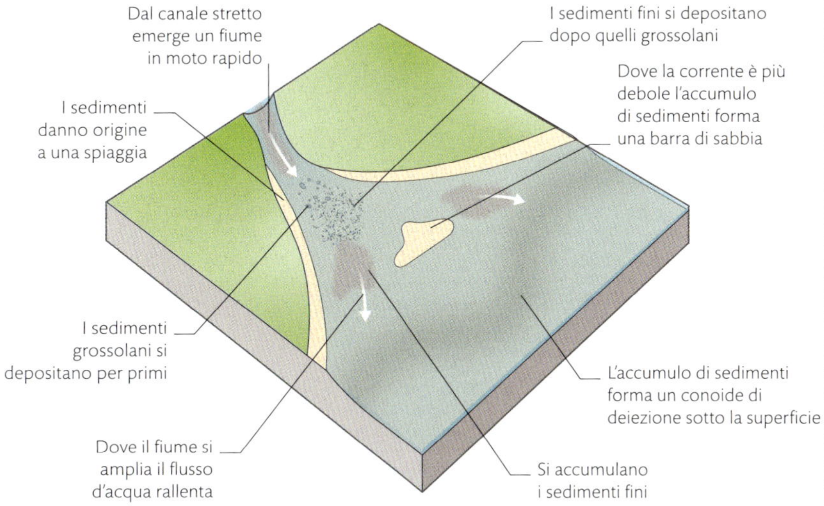

L'acqua diventa meno profonda e alcune rocce emergono in superficie

Acqua turbolenta
Un'improvvisa pendenza nel corso del fiume può formare rapide, tratti in cui l'acqua è veloce e turbolenta.

Fiume tortuoso
A questo fiume islandese (a destra) si uniscono gli affluenti. Quando forma un'ansa, su un lato avviene l'erosione ed emergono rupi scoscese, sull'altro lato si deposita ghiaia (v. riquadro).

fiumi

Un fiume è un grande corso naturale di acqua dolce che ha inizio su un rilievo, come una montagna o una collina, e poi scorre verso valle lungo un percorso ben definito, concludendo il viaggio in una massa d'acqua più grande, di solito il mare, ma talvolta un lago. Il punto di partenza del fiume è la sorgente. L'acqua può provenire dal disgelo dei ghiacciai e della neve, dalle piogge o dalla risalita dell'acqua freatica in superficie. Il punto d'arrivo è la foce. Il fiume configura la morfologia del terreno erodendo il proprio alveo e trasportando e depositando sedimenti a valle o su un'ampia zona durante una piena (v. p. 149 e riquadro).

SVILUPPO DI UN MEANDRO

Quando un fiume scorre in una zona relativamente pianeggiante, forma anse o meandri. Poiché la velocità dell'acqua è maggiore sul lato esterno dell'ansa, qui il letto fluviale è più eroso. Sulla sponda esterna si formano talvolta rupi scoscese con la rimozione dei sedimenti, che poi si depositano più a valle, nella sponda interna dell'ansa successiva, sulla cosiddetta barra di sedimentazione. Con il tempo, dato che vengono erose e depositate crescenti quantità di sedimenti, le anse si fanno più pronunciate e sono dette meandri incisi.

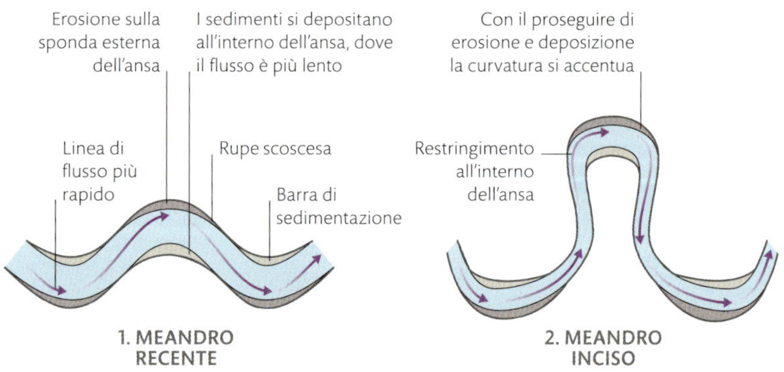

Cascata parzialmente gelata
D'inverno una parte dell'acqua può congelarsi. Questa cascata in Islanda (a destra) è in parte gelata e in parte liquida. Nella buca sottostante coesistono e si miscelano acqua allo stato liquido e ghiaccio.

Accanto all'acqua allo stato liquido della cascata si accumulano neve e ghiaccioli

Cascata segmentata
Questa ampia cascata situata nel lato orientale di Giava, in Indonesia, precipita lungo una ripida sporgenza rocciosa a forma di anfiteatro, da cui scendono vari corsi d'acqua di dimensioni differenti che convergono nella buca sottostante. Una cascata composta da vari corsi d'acqua è detta segmentata.

cascate

Le cascate si formano quando un fiume o uno specchio d'acqua superano una sporgenza rocciosa ripida e cadono in una pozza sottostante, detta buca. Di solito sono causate dall'erosione nelle parti superiori di un fiume, dove l'acqua a scorrimento rapido che trasporta sedimenti passa da una roccia dura a un'altra più tenera (v. riquadro). Simili cascate di solito arretrano verso monte, talvolta formando una gola. Possono condurre alla formazione di cascate anche i mutamenti improvvisi della morfologia, per esempio a causa di un terremoto, di un'eruzione vulcanica o di una frana. La forma della cascata dipende dalla geologia sottostante, nonché dalle dimensioni e dalla configurazione del fiume.

FORMAZIONE DI UNA CASCATA

La cascata si forma dove un fiume supera uno strato di roccia dura (per esempio granito) situato sopra uno di roccia più tenera (come calcare o arenaria). Poiché l'acqua erode la roccia tenera più rapidamente di quella dura, quest'ultima forma una sporgenza detta copertura. Alla fine la copertura crolla, poiché non è più sostenuta, e le rocce cadono nella buca sottostante, dove vorticano ed erodono ulteriormente la roccia tenera.

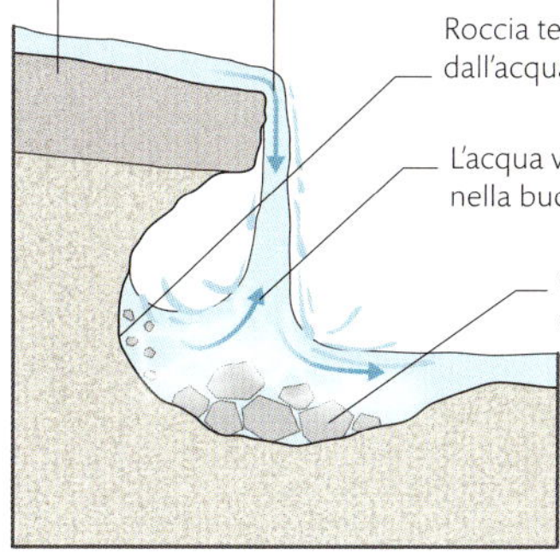

ZONE DELL'ESTUARIO

Un estuario si può suddividere in zone, ognuna con gradi diversi di influsso delle maree e proporzioni differenti di acqua dolce e salata. Alla foce, dove il fiume incontra il mare, l'estuario è dominato dall'acqua salata. Al centro contiene una miscela quasi uguale di acqua salata e dolce. Nella zona più a monte, l'acqua dolce comincia a incontrare l'acqua salata sospinta dalle maree.

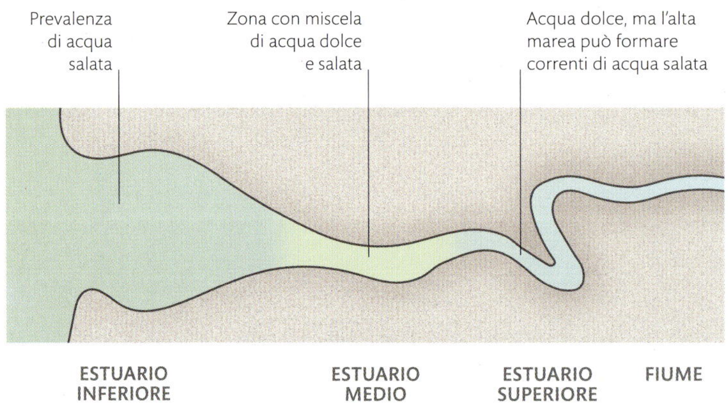

Delta nella terraferma
Il fiume Okavango scorre per quasi 1.000 km dall'Angola attraverso la Namibia e fino a una depressione del Botswana. Diversamente dalla maggior parte dei fiumi, non sfocia in una massa d'acqua, bensì in una pianura del deserto del Kalahȃri, dove alla fine evapora.

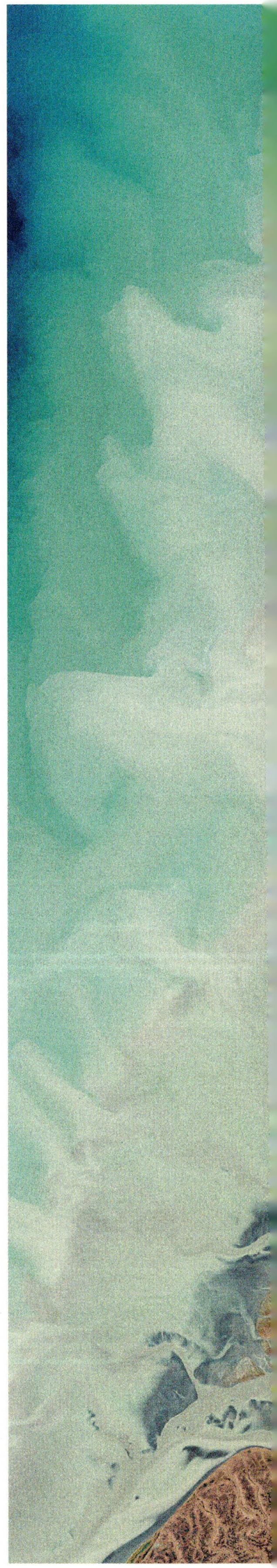

Delta dello Yukon
Il fiume Yukon nasce nella Columbia Britannica, in Canada, e attraversa il Territorio dello Yukon entrando poi in Alaska e formando un delta nel mare di Bering. Questa immagine satellitare mostra i numerosi canali tortuosi che costituiscono il delta. Secondo gli scienziati, a causa del cambiamento climatico, il flusso di sedimenti sta aumentando per il disgelo del permafrost del bacino, con liberazione dei sedimenti racchiusi nel ghiaccio.

delta ed estuari

Il delta si forma dove il fiume riversa acqua e sedimenti in una massa d'acqua più ampia (di solito il mare, ma talvolta un lago o un altro fiume) o molto di rado nella terraferma (v. sopra). Poiché il fiume, approssimandosi alla foce, perde energia e velocità, di solito i sedimenti precipitano e si depositano nel letto fluviale. Se si accumulano grandi quantità di sedimenti (principalmente fango, limo e sabbia), il fiume si divide in vari canali più piccoli e meno profondi, e si forma nuova terraferma (pianura deltizia). Se il fiume scorre più lentamente e trasporta pochi sedimenti, nella foce può entrare acqua marina, formando un estuario, ossia un canale o un'insenatura di acqua salmastra. Qui il livello dell'acqua e la salinità sono influenzati dalle maree (v. riquadro).

Lago Vittoria
Situato nella Rift Valley, in Africa orientale, il lago Vittoria (qui in un'immagine satellitare, in basso a sinistra) è un lago tettonico formatosi quando la crosta continentale si è assottigliata nei pressi di zolle divergenti (v. p. 116). È il più grande lago africano e si estende principalmente fra Tanzania e Uganda, ma raggiunge anche il Kenya. Il lago lungo e verde in alto nell'immagine è il Turkana, in Kenya.

Una grande onda sospinta dal vento si frange sulla costa del lago

Lago Superiore
Potenti tempeste sulla superficie dell'acqua possono formare onde alte nei laghi vasti, come il Superiore al confine tra Stati Uniti e Canada. In questo, che per superficie è il più grande lago d'acqua dolce del mondo, si osservano talvolta onde di vari metri di altezza.

laghi

Circondati da terraferma e non collegati al mare se non tramite fiumi o torrenti, i laghi si compongono di una depressione poco profonda, il bacino, che si riempie d'acqua proveniente dalle piogge, dal disgelo o da falde freatiche. I bacini lacustri si formano in vari modi. Generalmente sono dovuti ai ghiacciai che, ritirandosi, lasciano depressioni erose. I laghi tettonici emergono quando i moti della crosta terrestre, lungo i margini delle zolle divergenti (v. pp. 116-117) o lungo le faglie (v. pp. 126-127), provocano una depressione poco profonda. In confronto a quella dei fiumi l'acqua dei laghi è calma, ma è comunque influenzata da correnti alimentate da onde, vento, variazioni di temperatura e ingresso di acqua fluviale. Alcuni bacini sono interamente artificiali.

STRATI DI TEMPERATURA
In estate molti laghi hanno tre zone separate di temperatura: uno strato superiore relativamente caldo (epilimnio), uno inferiore più freddo (ipolimnio), e uno strato intermedio (termoclino) in cui la temperatura cambia rapidamente. In autunno avviene una miscelazione stagionale, e i vari strati si uniscono portando tutto il lago alla stessa temperatura. In inverno gli strati si separano nuovamente, ma con temperature invertite: l'acqua è più fredda verso la superficie gelata e più calda sul letto lacustre. In primavera avviene una nuova miscelazione, durante la quale l'acqua circola dall'alto verso il basso. Quella calda risale, e la superficie riceve maggiore calore dal Sole.

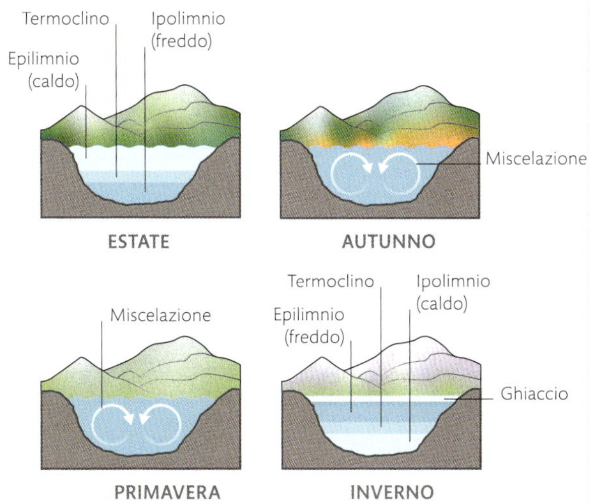

Torri modellate dall'acqua
Questa morfologia carsica in Cina è l'esito di milioni di anni di erosione delle rocce carbonatiche da parte dell'acqua. Ne sono emersi pinnacoli imponenti, oggi coperti da vegetazione rigogliosa.

morfologia carsica

Da gigantesche guglie a pavimenti rocciosi fittamente fessurati, la morfologia carsica racchiude alcune delle strutture più spettacolari della Terra, scolpite dall'azione di precipitazioni e acqua freatica, che è leggermente acida e a poco a poco scioglie le rocce carbonatiche come calcare e dolomite. Inizialmente nella roccia compaiono fessure, che poi si ampliano sia in superficie sia nel sottosuolo, dove si sviluppa un complesso sistema di grotte e corsi d'acqua al livello della superficie freatica (linea sotto la quale la roccia è satura d'acqua). L'acqua freatica ricca di minerali penetra nelle grotte, formando sulla volta depositi simili a ghiaccioli, le stalattiti, e sul pavimento dei cumuli, le stalagmiti. Quando la volta della grotta crolla, emergono guglie imponenti.

SVILUPPO DEL CARSISMO

Quando l'acqua scorre su rocce carbonatiche le erode lentamente, aprendo crepacci carsici e vaschette di corrosione (*kamenitza*). Le superfici con solchi e spuntoni di roccia sono detti campi carreggiati. L'acqua che scorre nelle fessure scioglie ulteriormente le rocce, scavando gallerie sotterranee. Poiché l'acqua continua a scorrere, la galleria si amplia. Alla fine la volta si assottiglia troppo e crolla, per cui rimangono le pareti a forma di torri. Nel terreno all'interno delle fessure cresce vegetazione.

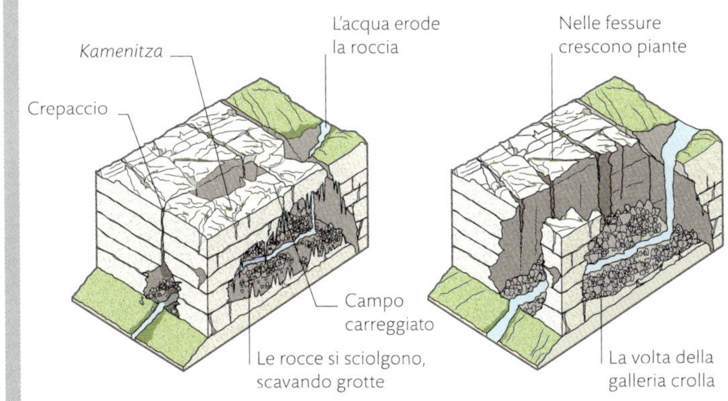

1. FORMAZIONE DELLA GALLERIA

2. CROLLO DELLA VOLTA

grotte

Le grotte sono cavità sotterranee che di solito si formano nelle zone carsiche (v. pp. 166-167). Con il tempo, l'acqua freatica acida e le precipitazioni penetrano nelle fessure del calcare (o della dolomite), ingrandendole fino a formare gallerie sotterranee. Molte grotte discendono ripide verso la superficie freatica e poi proseguono lateralmente con gallerie allagate, e l'acqua talvolta riemerge in superficie formando una sorgente. Se la superficie freatica si abbassa, le grotte si prosciugano e in certi casi la volta crolla, formando inghiottitoi. Quelle prosciugate possono ancora ampliarsi se all'interno penetrano precipitazioni e acqua freatica, e se la superficie freatica si innalza si riempiono d'acqua.

Dalla volta della grotta pendono stalattiti

Le stalagmiti formano strutture sul pavimento della grotta

Grotta sott'acqua
Un sommozzatore esplora un *cenote*, cavità sotterranea piena d'acqua, aperta verso l'esterno. Queste grotte dello Yucatán, in Messico, erano asciutte durante l'ultimo massimo glaciale, circa 22.000 anni fa, quando le calotte di ghiaccio raggiungevano la massima estensione e il livello del mare era di 120 m inferiore rispetto a oggi.

Depositi di grotta
Questa grotta (a sinistra) è piena di depositi di calcare precipitati dall'acqua penetrata all'interno. Fra i depositi vi sono stalattiti e stalagmiti (v. riquadro). Alcune stalattiti sono sottili e cave e somigliano a cannucce.

STALATTITI E STALAGMITI

Le rocce che si formano dai depositi di minerali nelle grotte sono dette speleotemi, i cui tipi più comuni sono stalattiti e stalagmiti. Quando l'acqua satura di minerali gocciola dalla volta della grotta, si accumulano residui che formano stalattiti. Se le gocce d'acqua raggiungono il suolo, i minerali depositati, accumulandosi, danno origine a stalagmiti. In lunghi periodi le due formazioni possono unirsi in un'unica colonna che va dal pavimento alla volta della grotta.

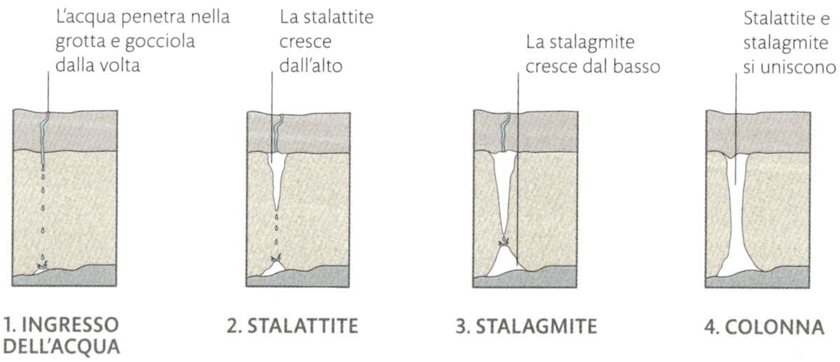

Confluenza di ghiacciai
Con i suoi 12,4 km di lunghezza, il ghiacciaio del Gorner (a sinistra) si unisce al ghiacciaio del Grentz, più piccolo (a destra), nella sua discesa lungo il versante occidentale del monte Rosa sulle Alpi del Vallese, in Svizzera. Costituisce il secondo più grande sistema glaciale delle Alpi. È chiaramente visibile il nastro scuro della morena mediana.

ghiacciai

I ghiacciai sono masse di ghiaccio mobili che si formano nell'arco di migliaia di anni per accumulo e compattamento di neve. Spesso risalgono all'ultima glaciazione e sono presenti nelle catene montuose, soprattutto nelle regioni fredde. Muovendosi verso valle a causa della gravità e della pressione del loro peso, i ghiacciai erodono il terreno formando valli e depositi di rocce e sedimenti. Inoltre, l'azione abrasiva produce striature allungate sulle superfici rocciose e a scanalature scavate nelle rocce circostanti (v. anche pp. 148-149).

EROSIONE E SEDIMENTAZIONE GLACIALE

Due ghiacciai, originatisi in depressioni semicircolari dette circhi, possono unirsi formando un'unica massa che si sposta verso una valle preesistente. Muovendosi, erodono i sedimenti per abrasione (quando i frammenti di roccia sul lato inferiore raschiano la superficie delle rocce sottostanti) e sradicamento (quando il ghiacciaio stacca dalla base la roccia madre e la incorpora). I sedimenti accumulati lungo il pendio si definiscono morene. Quelle frontali si depositano all'estremità più bassa del ghiacciaio (lingua glaciale), quelle laterali e mediane lungo i lati e al centro.

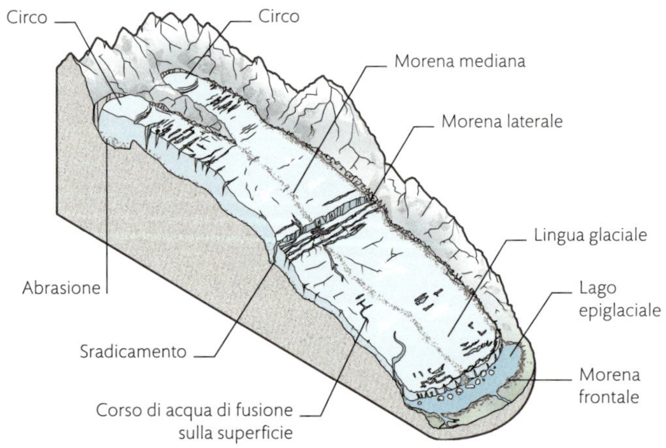

Glacier Bay è un braccio dell'oceano Pacifico che si incunea in profondità in un paesaggio spettacolare dell'Alaska meridionale. La baia è lunga 105 km ed è circondata da alcune fra le più alte montagne costiere del mondo, sollevate dalla collisione fra le zolle tettoniche del Pacifico e dell'America del Nord. A ovest la catena Fairweather raggiunge i 4.600 m sul livello del mare. Le sue alte cime provocano nevicate con l'aria umida in arrivo

in evidenza Glacier Bay

dal golfo dell'Alaska, alimentando nella zona circostante oltre 1.000 ghiacciai. Alcuni scendono direttamente in mare e sono definiti di tipo artico, altri terminano nell'entroterra formando valli glaciali. Tra quelli di tipo artico, il Johns Hopkins e il Margerie sono fra i più grandi (ciascuno largo oltre 1,5 km), con un fronte di ghiaccio alto anche 60 m, da cui si staccano e scendono in acqua iceberg. Con il cambiamento climatico, molti ghiacciai della zona si stanno riducendo; il Grand Pacific non raggiunge più l'oceano.

Glacier Bay non è stata sempre una baia. Nel 1680, durante la piccola glaciazione, la parte inferiore era un'ampia valle occupata dalla popolazione Tlingit. Da nord avanzava un enorme ghiacciaio, e nel 1750 l'intera valle era ormai sommersa da centinaia di metri di ghiaccio. Ma l'espansione ebbe vita breve. Nel 1880 il ghiaccio si era già ritirato di 70 km verso l'interno, formando la Glacier Bay. Oggi i ghiacciai affluenti sono più in alto nelle rispettive valli, che si riempiono d'acqua formando fiordi.

Il ghiacciaio è largo quasi 1,5 km, lungo 30 km e alto 50 m sul fronte

Ghiacciaio Lamplugh

Ghiacciaio Topeka
Sul lato occidentale di Glacier Bay il ghiacciaio Topeka ha scavato una valle ripida. Come il 95% dei ghiacciai dell'Alaska, si sta assottigliando e ora non raggiunge più il mare. Si stima che dagli anni '50 l'area abbia perduto l'11% dei ghiacci.

Grotta nel ghiacciaio
L'acqua di fusione che passa dentro o sotto un ghiacciaio può scavare una galleria o una grotta fra il ghiaccio e la roccia madre. Diversamente dalle grotte che si formano nella roccia e contengono ghiaccio tutto l'anno, le grotte nei ghiacciai (qui a sinistra, nelle Alpi) sono stagionali. L'incremento della fusione a causa del cambiamento climatico le sta rendendo più rare.

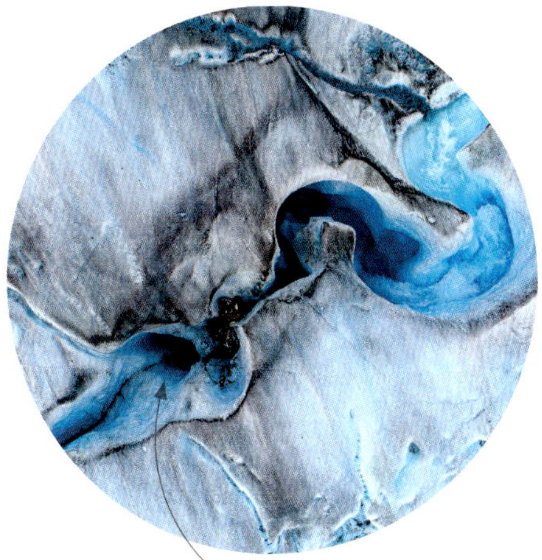

Acqua in superficie
Questa veduta dall'alto della superficie del ghiacciaio Sawyer, in Alaska, raffigura un corso di acqua di fusione che entra in un mulino, pozzo verticale nel ghiacciaio. L'acqua attraversa il mulino fino al letto del ghiacciaio.

L'acqua di fusione che scorre sul ghiaccio è incanalata verso il mulino

acqua di fusione

Quando fondono neve e ghiaccio presenti in calotte glaciali e ghiacciai, il liquido risultante è detto acqua di fusione. Dal fronte del ghiacciaio si dipartono corsi d'acqua che più a valle depositano detriti, comprese le rocce trasportate dal ghiaccio (v. p. 157). Possono anche formare gallerie sotto un ghiacciaio, dove depositano sedimenti che si accumulano, dando origine a una dorsale di detriti lunga e sinuosa detta *esker*. Ogni anno, con il disgelo i ghiacciai fondono per natura. Tuttavia, a causa del cambiamento climatico, in tutto il mondo si stanno sciogliendo a velocità senza precedenti, facendo innalzare il livello del mare e incrementando il rischio di inondazioni.

LAGHI DI ACQUA DI FUSIONE

Tra il margine di un ghiacciaio e una morena (cumulo di detriti depositati dal ghiacciaio) talvolta si formano laghi costituiti da acqua di fusione. Quando dal ghiacciaio in disgelo si staccano pezzi di ghiaccio, l'improvvisa immissione di materia può causare sulla superficie del lago un'onda di risonanza definita sessa, che può spingere acqua oltre la morena e provocare inondazioni. L'aumentato scioglimento dei ghiacciai dovuto al cambiamento climatico ha causato un incremento di numero e dimensioni dei laghi di acqua di fusione (o laghi proglaciali).

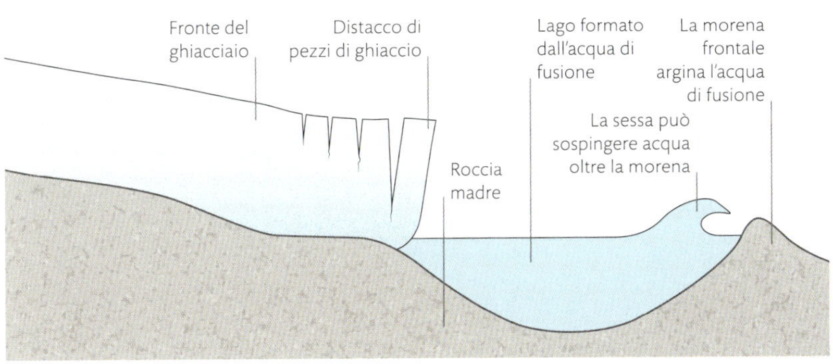

oceani e atmosfera

Quando si formò la Terra, i componenti più volatili uscirono dalla crosta sotto forma di getti di gas. Alcuni si dispersero nello spazio, altri si condensarono dando origine agli oceani, altri ancora si aggregarono formando gli strati esterni gassosi del pianeta, l'atmosfera. Queste parti fluide manifestano ancora oggi un moto e un'interazione costanti: il calore del Sole alimenta le correnti oceaniche, i venti e i fenomeni atmosferici.

Veduta dall'alto di saline in Francia
Le saline sono pozze costiere poco profonde usate per ricavare sale dall'acqua marina. Sole e vento fanno evaporare l'acqua, concentrando i sali. In tali condizioni estreme vivono alghe microscopiche, con specie diverse a seconda della salinità, che conferiscono alle saline vari colori, dal verde chiaro al rosso vivido.

Raccolta del sale in Thailandia
Quando è evaporata una quantità sufficiente di acqua e la salinità è elevata, il sale si cristallizza formando croste che si possono raccogliere.

Sale marino rastrellato in coni, pronti per la raccolta

chimica del mare

L'acqua marina è un cocktail chimico di quasi 100 elementi diversi, fra cui i componenti fondamentali della vita (carbonio, azoto, fosforo, idrogeno, ossigeno) e perfino oro. Oltre all'acqua (H_2O), il mare contiene 500.000 miliardi di tonnellate di sali disciolti, i più comuni dei quali sono cloruro e bicarbonato di sodio, solfati, sali di magnesio, calcio e potassio. La salinità media è del 3,5%. Alcuni mari marginali, come il Mediterraneo e il mar Rosso, sono più salati; altri, come il Baltico, meno. L'acqua marina è leggermente basica (pH 7,5-8,4) e contiene anidride carbonica disciolta, in quantità maggiore rispetto all'atmosfera.

CICLO DEL SALE

La chimica del mare è in mutamento continuo, ma la salinità complessiva rimane invariata perché mantenuta in equilibrio dal ciclo del sale. Fiumi, vulcani e deserti apportano annualmente nei mari circa 3 miliardi di tonnellate di sostanze chimiche disciolte, e altrettante arrivano dalle dorsali oceaniche e dalla dissoluzione dei minerali sul fondo marino. Una quantità analoga viene però rimossa dagli organismi viventi e dalla deposizione dei loro resti sul fondo del mare, nonché dallo sprofondamento dei sedimenti nelle fosse oceaniche.

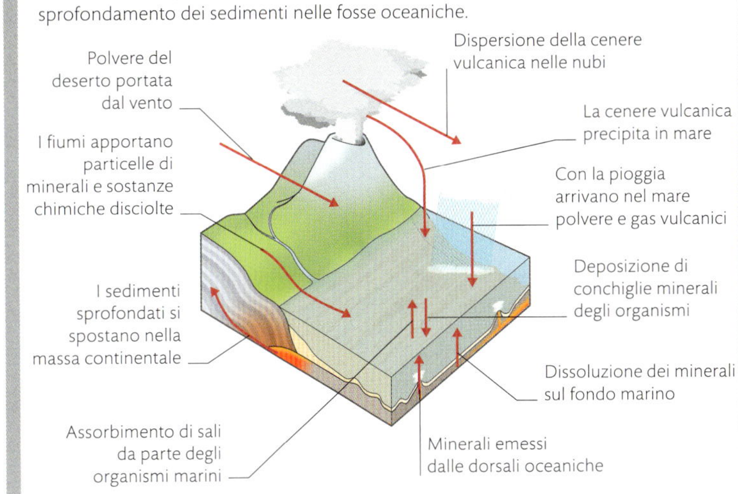

Vortici atlantici
In base alle misurazioni satellitari delle temperature marine, questo grafico illustra le correnti dell'Atlantico. La corrente del Golfo, indicata in giallo (calda) e verde (fredda), va dalla Florida all'Europa nordoccidentale. È alimentata attraverso i Caraibi dalla calda corrente atlantica equatoriale (in arancione e rosso). Entrambe presentano una serie di giganteschi vortici.

circolazione oceanica

Il continuo turbinio dei venti atmosferici, alimentato dall'energia solare, è il motore delle correnti oceaniche del pianeta. La circolazione superficiale si compone di sistemi di correnti circolari definiti *gyre*, provocati dal vento, a nord e a sud dell'equatore (qui è raffigurato il *gyre* dell'Atlantico del Nord). L'enorme volume d'acqua nel nucleo di tali sistemi esercita una forte pressione, che assieme alla rotazione terrestre (effetto Coriolis), alla posizione delle masse continentali e agli stretti passaggi fra i bacini oceanici mantiene le acque marine in moto perpetuo, moderando il clima del mondo.

CAPOVOLGIMENTO DELLA CIRCOLAZIONE

Mentre le correnti superficiali affluiscono verso i poli, l'acqua del fondo, a causa delle variazioni di temperatura e di salinità, si sposta lentamente verso l'equatore (v. p. 185). Questo capovolgimento della circolazione trasporta grandi quantità di calore, sostanze chimiche disciolte e sedimenti. Agisce da regolatore del clima terrestre e trattiene l'anidride carbonica nei mari.

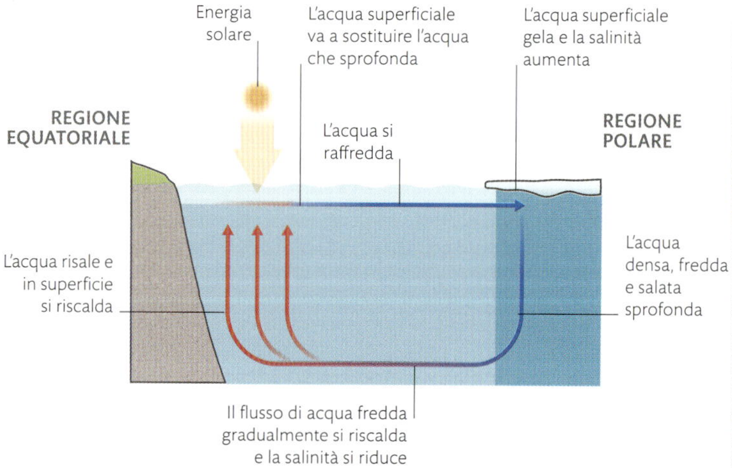

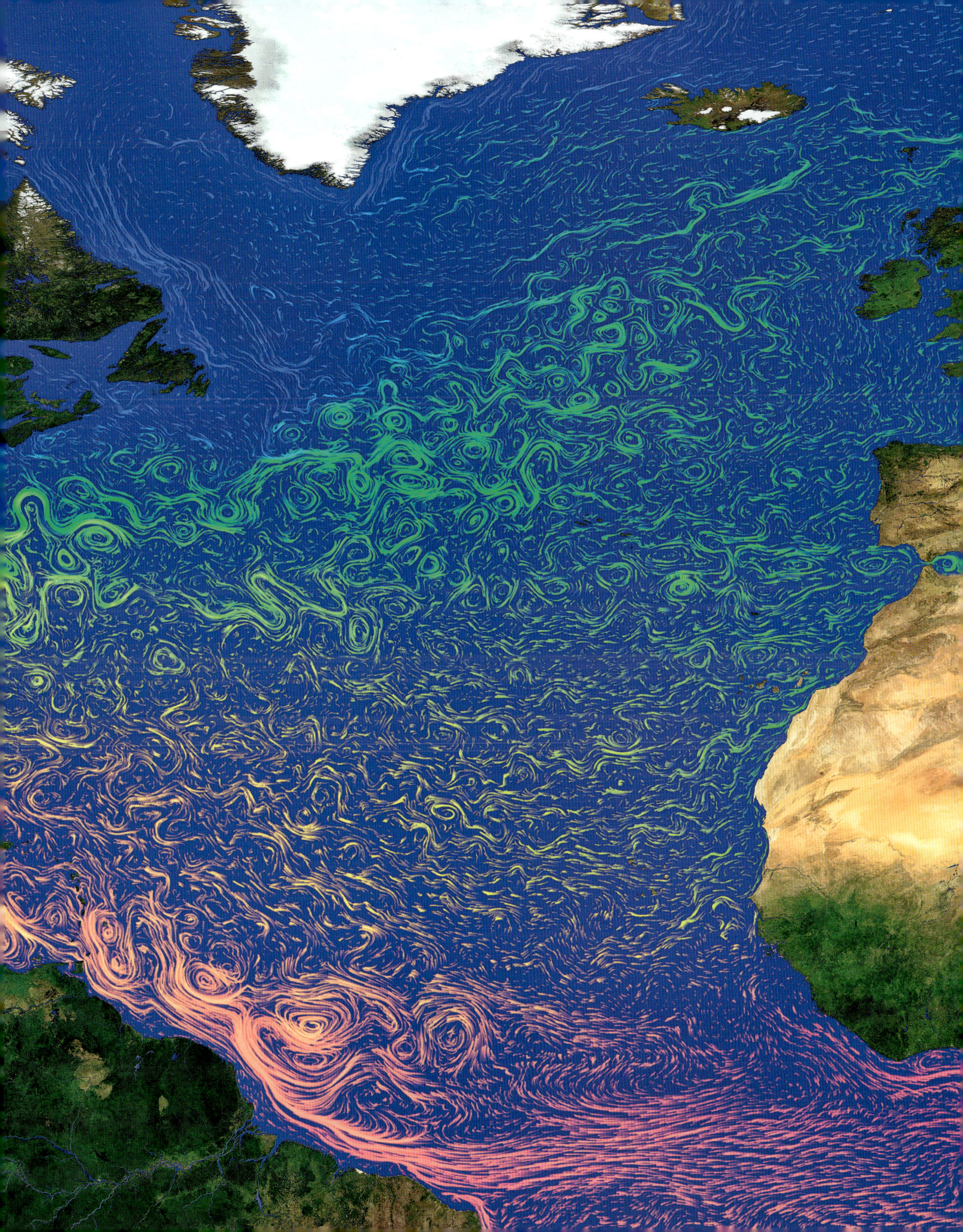

MOTO VERTICALE

La lenta risalita dell'acqua verso la superficie da diverse centinaia di metri di profondità è detta *upwelling*. L'acqua va a occupare lo spazio lasciato dallo spostamento dell'acqua superficiale verso il largo, causato dal vento, dalle correnti prevalenti e dall'effetto Coriolis dovuto alla rotazione terrestre. Dove venti e correnti si invertono, il moto dell'acqua è verso la costa e si ha il *downwelling*, in cui l'acqua superficiale è sospinta verso il basso.

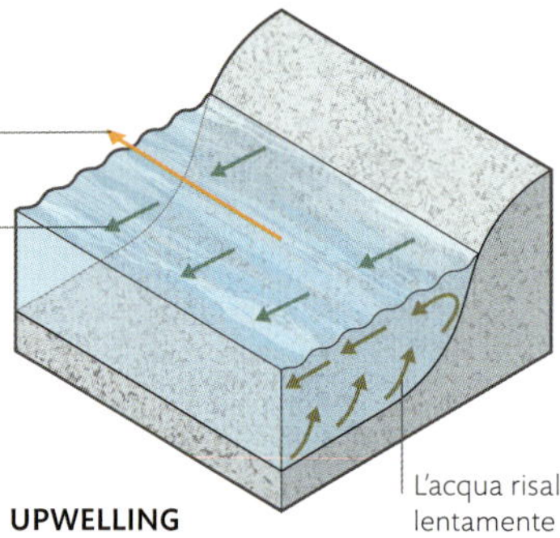

UPWELLING

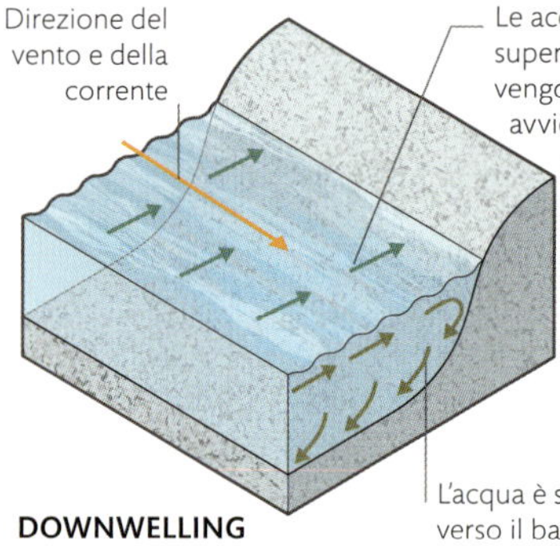

DOWNWELLING

risalita delle acque e fioriture di plancton

Le risalite sono correnti ascendenti che portano dalle profondità acqua ricca di sostanze nutritive. In superficie i minuscoli organismi che praticano la fotosintesi (fitoplancton), grazie a tali sostanze e alla luce solare, crescono. Il fitoplancton, che comprende alghe e cianobatteri, viene consumato da animali che vanno alla deriva, lo zooplancton. Nel loro insieme, i due tipi di plancton nutrono numerosissimi erbivori e carnivori marini.

Fioritura di fitoplancton
In primavera e in estate le risalite innescano fioriture, ossia esplosioni di popolazioni, di fitoplancton. Questa immagine satellitare coglie una vivace fioritura di fitoplancton verde nel mar Baltico, in vorticanti correnti superficiali al largo dell'Estonia. Il vortice spirale centrale ha un diametro di circa 30 km. Simili fioriture possono estendersi per centinaia o perfino migliaia di chilometri.

Fitoplancton
Il fitoplancton, che trascorre una vita breve nelle acque superficiali illuminate dal Sole, si compone di organismi unicellulari che galleggiano e vanno alla deriva. Sono in maggioranza microscopici, compresi i dinoflagellati, mentre alcuni, come le diatomee, hanno le dimensioni di granelli di sabbia. Molti sono abili scultori e si costruiscono scheletri intricati con calcio o silicio ricavati dall'acqua marina.

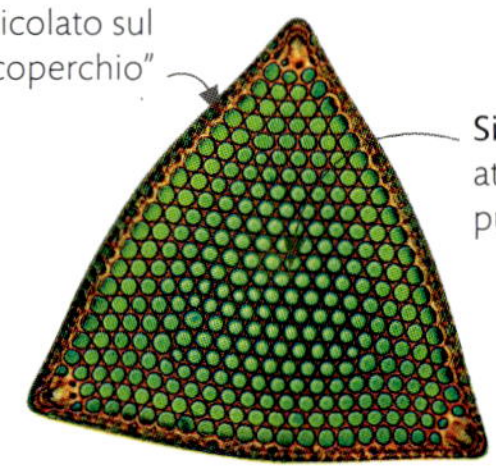

DIATOMEA CENTRICA
Triceratium favus

DINOFLAGELLATO
Noctiluca scintillans

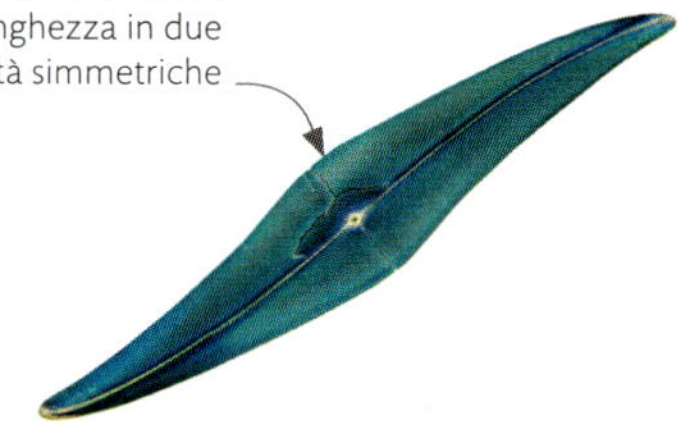

DIATOMEA PENNATA
Pleurosigma angulatum

Zooplancton
Dove fiorisce il fitoplancton abbonda anche lo zooplancton, che comprende alcuni dei più piccoli animali marini. Questi organismi sfruttano maree e correnti, anche se alcuni sono in grado di nuotare molto debolmente. L'oloplancton trascorre l'intera vita in superficie; il meroplancton è composto da larve di organismi che terminano il ciclo di vita in acque più profonde.

LARVA DI PESCE
Brotulotaenia nielseni

LARVA DI POLPO
Wunderpus photogenicus

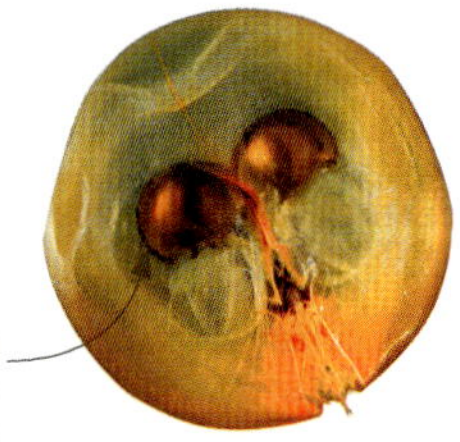

OSTRACODE
Gigantocypris muelleri

correnti profonde

Nelle ripide scarpate continentali dei bacini oceanici (v. p. 198) si incuneano stretti fossati, gole profonde e canali dai fitti meandri. Tutti, tranne quelli che si trovano in acque basse (figura grande), sono completamente nascosti alla vista. Alcuni sono più profondi del Grand Canyon dell'Arizona, altri si snodano lungo il fondo marino per oltre 3.000 km. Questi canali subacquei trasportano sedimenti dalla terraferma al mare profondo con le cosiddette correnti di torbida, aventi una larghezza fino a mezzo chilometro e una velocità di quasi 100 km/h. Altrove il fondo marino è disseminato di crateri, dove dai sedimenti ricchi di sostanze organiche esce gas metano, ed è eroso da enormi frane sottomarine che nelle acque soprastanti possono scatenare potenti tsunami. Le correnti profonde scolpiscono il fondo marino formando increspature, dune e giganteschi accumuli di sedimenti, configurando nel mondo subacqueo la circolazione termoalina (v. riquadro).

Rilievi del fondo marino nella baia di Monterey
Il canyon di Monterey forma un profondo abisso nella piattaforma californiana, per poi scendere lungo la scarpata ripida e intersecata da fossati. Si estende per 470 km fino alla piana abissale, a una profondità di oltre 4.000 m.

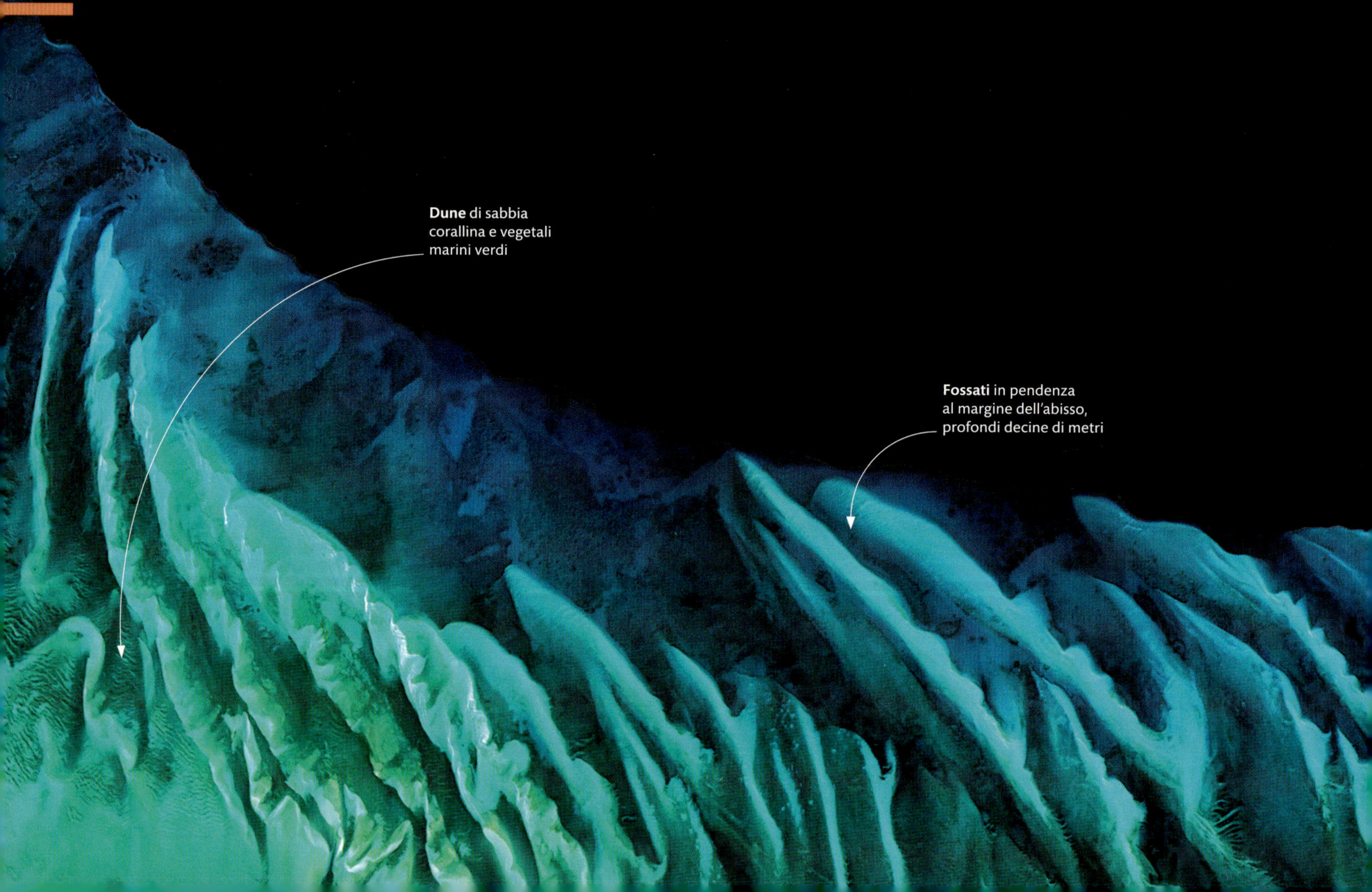

CIRCOLAZIONE TERMOALINA

Le correnti di mare profondo fanno parte della circolazione termoalina, che è dovuta alle differenze di densità dell'acqua (determinata da temperatura e salinità) ed è simile a un gigantesco nastro trasportatore. L'acqua fredda, densa e salata delle regioni polari sprofonda e viene sostituita da acqua di superficie più calda, meno densa e meno salata, che scorre dall'equatore verso i poli. Nelle profondità degli abissi le correnti formano cascate silenziose anche di 3 km di altezza, oppure infuriano come tempeste sul fondo marino, causando un turbinio invisibile.

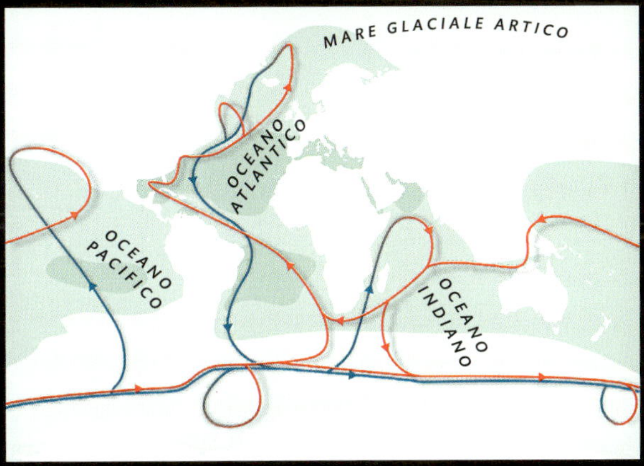

LEGENDA

- Correnti profonde fredde
- Correnti superficiali calde

Salinità (%)

3,4 3,6 3,9

Al margine
Questa immagine satellitare penetra nelle acque limpide rivelando il lembo della barriera di Gran Bahama, che scende per oltre 2.000 m in un recesso buio e nascosto definito Lingua dell'oceano. Le bellissime figure curve al margine della barriera sono fossati larghi fino a 2 km, scavati nel fondo marino da intense correnti.

Faraglioni di arenaria del Carbonifero, 340 milioni di anni fa

Mascheretto in Alaska
Il mascheretto si verifica quando una marea intensa risale verso un'insenatura o un fiume, procedendo contro corrente sotto forma di una o più onde. Nella località di Turnagain Arm, in Alaska, possono essere alte 3 m e spostarsi a 25 km/h.

Flowerpot Rocks, baia di Fundy
La marea di maggiore ampiezza (oltre 16 m) si registra nella baia di Fundy, in Canada. Il mare copre ed erode due volte al giorno la base di questi faraglioni di arenaria.

maree

Il ciclo di alte e basse maree avviene fin dalla formazione degli oceani, 4 miliardi di anni fa. Le maree sono onde di grande lunghezza che percorrono l'intero pianeta. L'alta marea è la cresta dell'onda, la bassa marea il ventre. Ma la realtà di questo moto continuo è complessa e variabile a causa di costrizioni dovute all'attrito e alla topografia, alla forma di bacini oceanici e mari marginali e, in tempi recenti, a interventi umani come il dragaggio dei fiumi. La differenza tra alta e bassa marea è definita ampiezza, e va da zero fino a ben 12-16 m in insenature chiuse ed estuari.

CICLO MENSILE DELLE MAREE

Il ciclo mensile delle maree è influenzato dalle forze gravitazionali dei sistemi Terra-Luna e Terra-Sole. Quando Sole e Luna sono allineati (plenilunio e novilunio) i due campi di forze agiscono nella stessa direzione e provocano maree sizigiali molto alte e basse. Quando sono perpendicolari (primo e ultimo quarto) attraggono in direzioni diverse, formando maree di quadratura di minore entità.

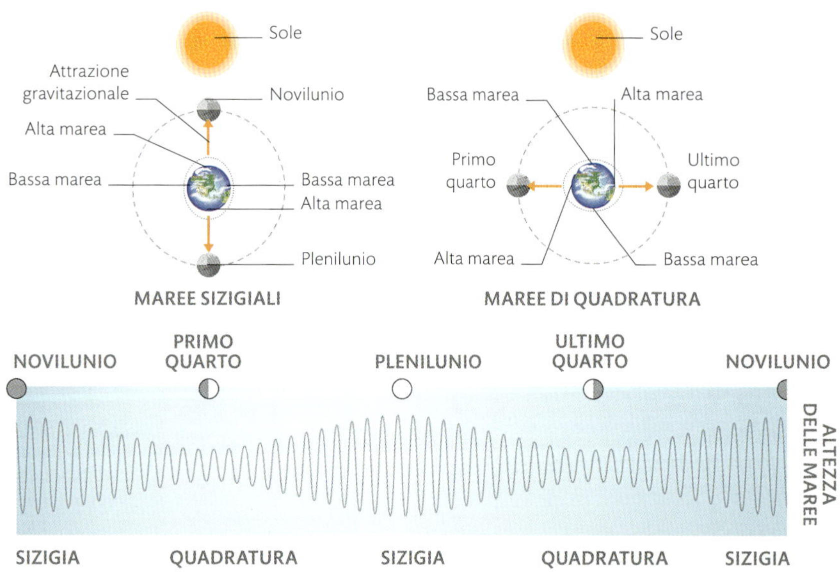

FORMAZIONE DELLE ONDE

Quando su un tratto di mare soffia il vento, si formano onde. Piccole increspature, dette onde capillari, a poco a poco si sviluppano creando un mare corto caotico. In mare aperto l'interazione fra onde dà una configurazione regolare e caratteristica, il mare lungo. Quando l'onda entra in acque basse, è frenata dal fondo marino. La sua altezza aumenta, finché si rovescia in avanti formando un frangente.

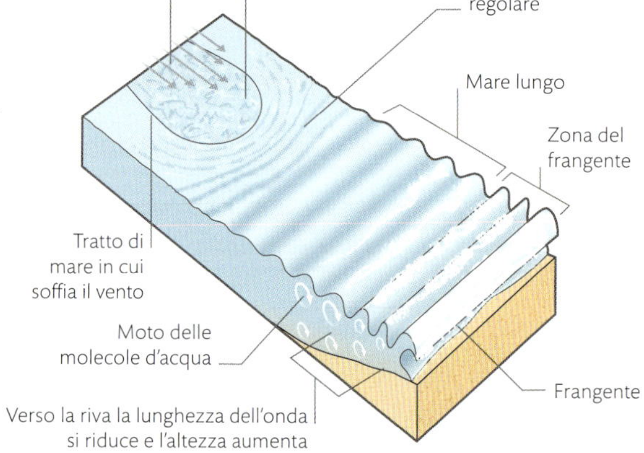

onde marine

Ben note e mutevoli come il colore del mare, con la loro potenza incessante le onde sferzano la costa ed erodono la terraferma. Sono causate dalla sollecitazione operata dal vento sulla superficie del mare. Maggiore è la forza del vento, più l'onda è grande, più energia viene accumulata e poi emessa quando l'onda si frange. Le onde delle mareggiate esercitano pressioni istantanee anche di 30 t/m^2, sufficienti a distruggere falesie, moli ed edifici costieri. Le tempeste in mare generano un treno di onde di lunghezza simile che, se non perturbate, mantengono le proprie caratteristiche spostandosi per migliaia di chilometri lungo un intero oceano.

Una nave vira per affrontare le onde di prua; essendo a pieno carico, rimane stabile contro l'onda anomala

L'onda anomala può raggiungere un'altezza di oltre 15 m

Onde anomale
A causa di certe condizioni del mare, talvolta le onde si uniscono a formare un'unica onda insolitamente grande, detta onda anomala, che in mare aperto è isolata e imprevedibile e costituisce un pericolo anche per le grandi navi.

Potenza delle onde
Un'onda riflessa si scontra in maniera spettacolare con un frangente in arrivo, formando spuma presso Cape Disappointment, nello Stato di Washington. Quando il treno di onde incontra la terraferma, la loro energia e il potere erosivo si concentrano su promontori come questo (v. p. 195).

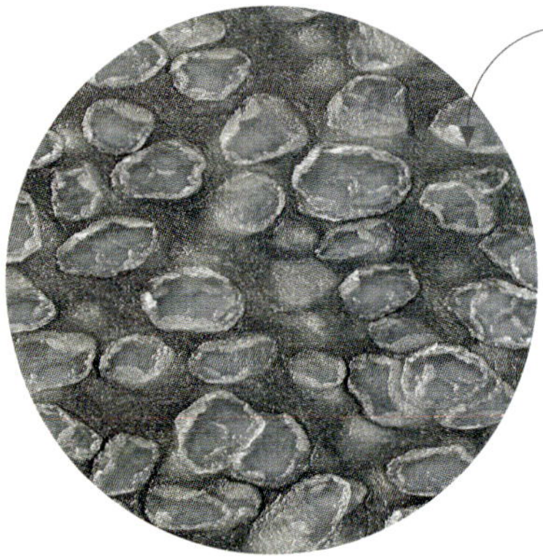

I bordi rialzati sono dovuti alle ripetute collisioni tra le "frittelle" di ghiaccio

"Frittelle" di ghiaccio
Sono dischi di ghiaccio con un diametro fra 0,3 e 3 m che si formano in condizioni di moto ondoso da moderato a forte.

Blocchi galleggianti
Questa rete di blocchi di ghiaccio galleggianti, simile a un puzzle, al largo di Höfn, nell'Islanda sudorientale, offre a una foca un luogo di riposo temporaneo e un punto di osservazione per la caccia. I blocchi, con uno spessore variabile da 0,5 a 5 m, si uniscono ripetutamente formando vaste zone di ghiaccio marino; poi, a causa del mare mosso e del parziale scioglimento, si spezzano.

mare gelato

Ostruiti dai ghiacci, gelidi e inospitali: tale è la natura dei mari polari. Il Polo Nord presenta un oceano coperto di ghiacci circondato da terraferma, il Polo Sud un continente ghiacciato in mezzo a un mare gelato. Nei bui inverni polari, quando le temperature scendono al di sotto dei -30 °C, il mare gela. Il ghiaccio, meno denso dell'acqua, galleggia. Circa il 7% della superficie degli oceani (un'area equivalente all'America del Nord) è coperto da ghiaccio galleggiante. Il ghiaccio stabile è quello ancorato alla costa, mentre i banchi vanno alla deriva con le correnti. Con la luce diurna continua delle estati polari, molto ghiaccio fonde e ritorna nel mare. Una parte rimane tutto l'anno, ma il cambiamento climatico sta riducendo l'area dei ghiacci permanenti.

GHIACCIO MARINO

A causa del gelo, presso la superficie del mare si sviluppano cristalli di ghiaccio. Quando soffia il vento, si aggregano formando uno strato melmoso (ghiaccio brillante) che, al calare della temperatura, si indurisce e si ispessisce. Il mare mosso spezza questo strato in "frittelle" arrotondate, che poi si uniscono a formare blocchi galleggianti. Anno dopo anno si accumulano strati di ghiaccio, soprattutto presso la costa.

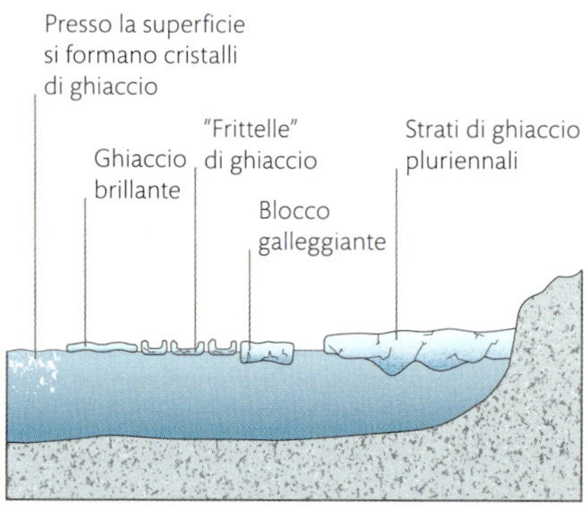

Aspetto ingannevole
La zattera di ghiaccio su cui riposano questi trichechi (*Odobenus rosmarus*) nella baia di Hudson, in Canada, è la parte emersa di un iceberg. Circa il 90% è nascosto sotto il pelo dell'acqua.

I trichechi sono isolati dal freddo grazie a uno strato di grasso sotto la pelle

L'iceberg galleggia di lato, con l'asse più lungo parallelo alla superficie; è di poco meno denso del mare, perciò rimane in gran parte sommerso

piattaforme di ghiaccio **e iceberg**

Calotte glaciali e ghiacciai, raggiungendo la costa, possono estendersi in mare formando vaste piattaforme galleggianti. Il ghiaccio, accumulato con ripetute nevicate nell'arco di migliaia di anni, progressivamente si è compresso. Con l'espulsione di minuscole bolle d'aria, il colore passa dal bianco a una sfumatura azzurrina. Le alghe marine gelate gli conferiscono un colore verde vivido, mentre la polvere di roccia (particelle staccatesi dalle rocce con il moto del ghiaccio sulla terraferma) apporta varietà di rosso, giallo e marrone. Un iceberg è una parte di piattaforma o di ghiacciaio che si stacca e galleggia in mare. Può avere una lunghezza che va dai 15 m alle dimensioni di un piccolo Stato come il Lussemburgo.

Iceberg con pinguini dal collare
Dopo il lungo inverno, i pinguini, tra cui quelli dal collare (*Pygoscelis antarcticus*), visitano gli iceberg e attendono l'abbondanza di cibo innescata dalla fioritura primaverile del plancton (v. p. 182). Gli iceberg stessi, con lo scioglimento, rilasciando sostanze nutritive raccolte sulla terraferma, favoriscono la crescita del plancton.

FORMAZIONE DEGLI ICEBERG

Le piattaforme di ghiaccio galleggianti e i ghiacciai sono sferzati da venti impetuosi e onde potenti, ma una sollecitazione ancora maggiore è causata dalle maree. Nel ghiaccio si formano nuove spaccature e quelle già esistenti si ingrandiscono. Alla fine si staccano grossi pezzi che precipitano in mare, formando blocchi di ghiaccio di acqua dolce galleggianti, gli iceberg.

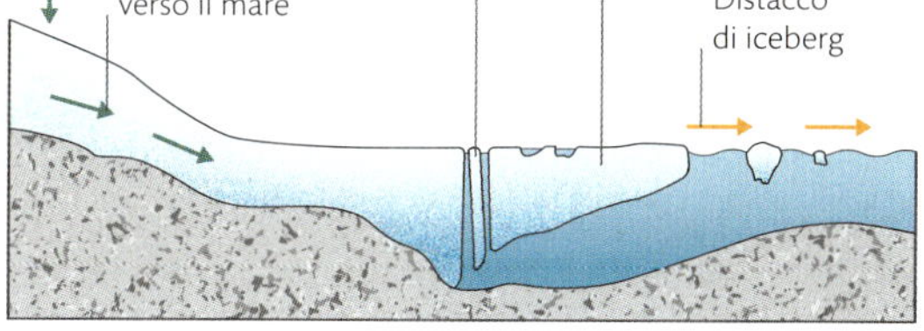

EROSIONE COSTIERA
Una tipica costa ad alta energia presenta falesie, scogli e promontori soggetti a rapida erosione. Quando il fronte d'onda raggiunge la costa, viene rifratto verso l'acqua bassa adiacente ai promontori, dove si concentra l'energia. La continua erosione provoca un bilancio negativo dei sedimenti, che vengono più rimossi che apportati, e scava grotte, archi e faraglioni. Nelle baie riparate fra un promontorio e l'altro si formano spiagge, dove invece si depositano più sedimenti di quanti ne vengano erosi.

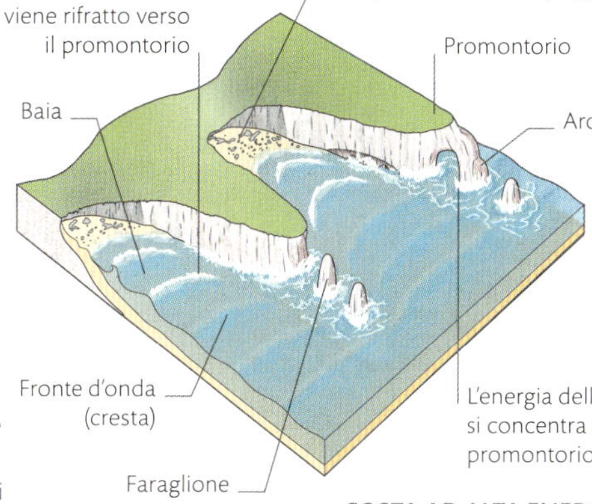

COSTA AD ALTA ENERGIA

tra mare e terraferma

Lungo la costa si svolge un duello dinamico tra mare e terraferma. L'acqua marina scolpisce e distrugge: erode le falesie, configura la costa rocciosa, arrotonda i ciottoli, macina la sabbia formando lunghe spiagge dorate che, alla fine, vengono portate via dal mare stesso. Le coste però si rinnovano grazie all'apporto di sedimenti da parte dei fiumi, pari a circa 20 miliardi di tonnellate l'anno, e altri ancora arrivano con la polvere portata dal vento e con il disgelo dei ghiacciai. Le coste sono di grande varietà e bellezza, dai fiordi intricati agli imponenti promontori sferzati dal mare, dai vasti delta fangosi alle paludi di mangrovie e alle bianche sabbie coralline.

Costa degli Scheletri in Namibia
Quattro delle più lunghe spiagge del mondo, ciascuna di oltre 100 km, si trovano lungo la costa degli Scheletri, dove il deserto di Namib incontra l'oceano Atlantico meridionale. Il deserto ha 60 milioni di anni e le sue dune (alcune alte 300 m) arrivano fin sulla costa.

Le diramazioni portano acqua e sedimenti del Gange verso il golfo del Bengala

Le mangrovie sono di colore verde scuro

Delta del Gange
Questo vasto delta è in parte ricco di mangrovie selvatiche e in parte densamente coltivato. Le piene monsoniche portano in mare i sedimenti di limo, formando nel golfo del Bengala un gigantesco delta sottomarino lungo 2.500 km.

La spiaggia di ciottoli è alta 30 m

Sollevamento del litorale in Nuova Zelanda
Nelle regioni soggette a terremoti, la crosta terrestre può venire sollevata o abbassata dalle forze tettoniche. Questa immagine (a destra) del Capo Turakirae, in Nuova Zelanda, raffigura tre antiche dorsali litoranee sulla terraferma sopra la spiaggia attuale. Si formarono tra i 160.000 (la più bassa) e i 5.000 anni fa (la più alta) e rappresentano la posizione di precedenti litorali sollevati da un'intensa attività sismica.

Spiaggia sopraelevata
Le calotte glaciali comprimono la massa continentale sottostante che, quando il ghiaccio fonde, a poco a poco si solleva. Il processo, detto correzione isostatica, ha formato questa spiaggia di ciottoli sopraelevata (a sinistra) sul lago Loch Tarbert nell'isola di Jura, in Scozia.

variazione del livello del mare

In tutta la storia della Terra, il livello del mare, ossia l'altezza media rispetto alla terraferma, ha subìto variazioni per cause tettoniche e climatiche. Quando le temperature erano molto più basse, una quantità maggiore di acqua era racchiusa in calotte glaciali e ghiacciai, riducendo il livello del mare anche di 120 m per quattro volte nell'ultimo milione di anni. Le piattaforme continentali divennero terraferma. Più indietro nel tempo, per l'espansione degli oceani e l'orogenesi il livello del mare era di 250-350 m più elevato e l'acqua copriva l'82% del pianeta. Oggi il cambiamento climatico fa espandere l'acqua marina e fondere il ghiaccio. Entro la fine del secolo, il livello del mare potrebbe salire di 30-50 cm.

INDIZI DI VARIAZIONE

Il frontespizio della nona edizione dei *Principi di geologia*, pubblicata nel 1853 da Charles Lyell, raffigura il tempio romano di Serapide (oggi ritenuto invece un mercato) a Pozzuoli, in Campania. Secondo Lyell, un caratteristico strato di perforazioni realizzate nelle colonne dai bivalvi marini *Lithophaga* indicano che un tempo erano sommerse e poi furono sollevate, corroborando così l'idea di cambiamento del livello del mare e la teoria geologica dell'attualismo. Studi recenti hanno grossomodo avvalorato le deduzioni di Lyell.

Perforazioni realizzate nelle colonne di marmo da bivalvi marini

TEMPIO DI SERAPIDE A POZZUOLI

DAL MARE BASSO ALL'OCEANO PROFONDO

I continenti sono circondati da piattaforme continentali dolcemente digradanti. Più avanti si trovano scarpate più ripide, segnate da canyon profondi e canali di scolo. Grandi fiumi subacquei detti correnti di torbida ed enormi frane sottomarine trasportano i sedimenti lungo la scarpata. Depositati sulla salita continentale, i detriti vengono poi trasportati da derive laterali, oppure si riversano nel bacino oceanico profondo formando conoidi sottomarini.

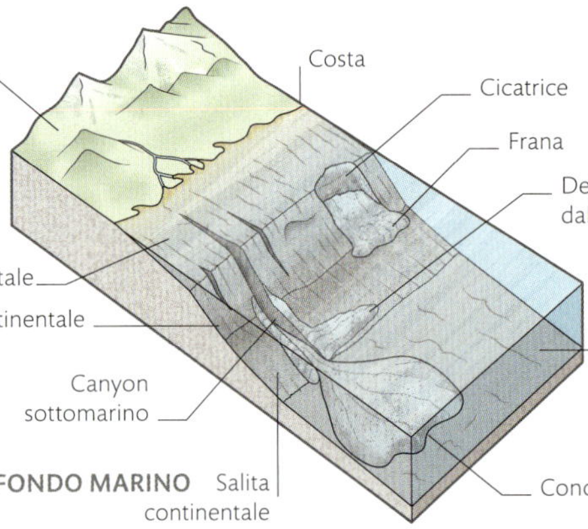

STRUTTURA DEL FONDO MARINO

mari bassi

I mari bassi si estendono dalla costa al margine della piattaforma continentale, con una profondità dell'acqua di circa 100 m. Inondati dalla luce solare e ricchi di sostanze nutritive, sono ideali per la fotosintesi e lo sviluppo di scogliere coralline e foreste di alghe. Inoltre, costituiscono habitat di crescita e fonti di alimentazione per numerose specie marine. Sono configurati sia dall'attività organica, sia dagli effetti dinamici di onde, maree, correnti e risalita di acqua lungo la costa. Increspature e dune che coprono il fondo sono una conseguenza del trasporto di sedimenti dalla terraferma alla piattaforma continentale.

I tentacoli secernono una sostanza irritante che allontana i predatori

Ingegnere del fondo marino
La lima ballerina (*Limaria hians*) apporta notevoli trasformazioni al fondo marino. I nidi che costruisce con conchiglie e pietre si uniscono a formare una densa struttura a scogliera che solleva e stabilizza il fondo marino, offrendo un habitat a una ricca comunità di organismi.

Foresta di alghe in California
In acque temperate e ricche di sostanze nutritive, come quelle della California, crescono foreste di alghe brune giganti (*Macrocystis pyrifera*). Provviste di uncini che le stabilizzano e di vesciche piene di gas che le tengono a galla, crescono anche di 60 cm al giorno. In queste foreste trovano rifugio numerosi animali marini.

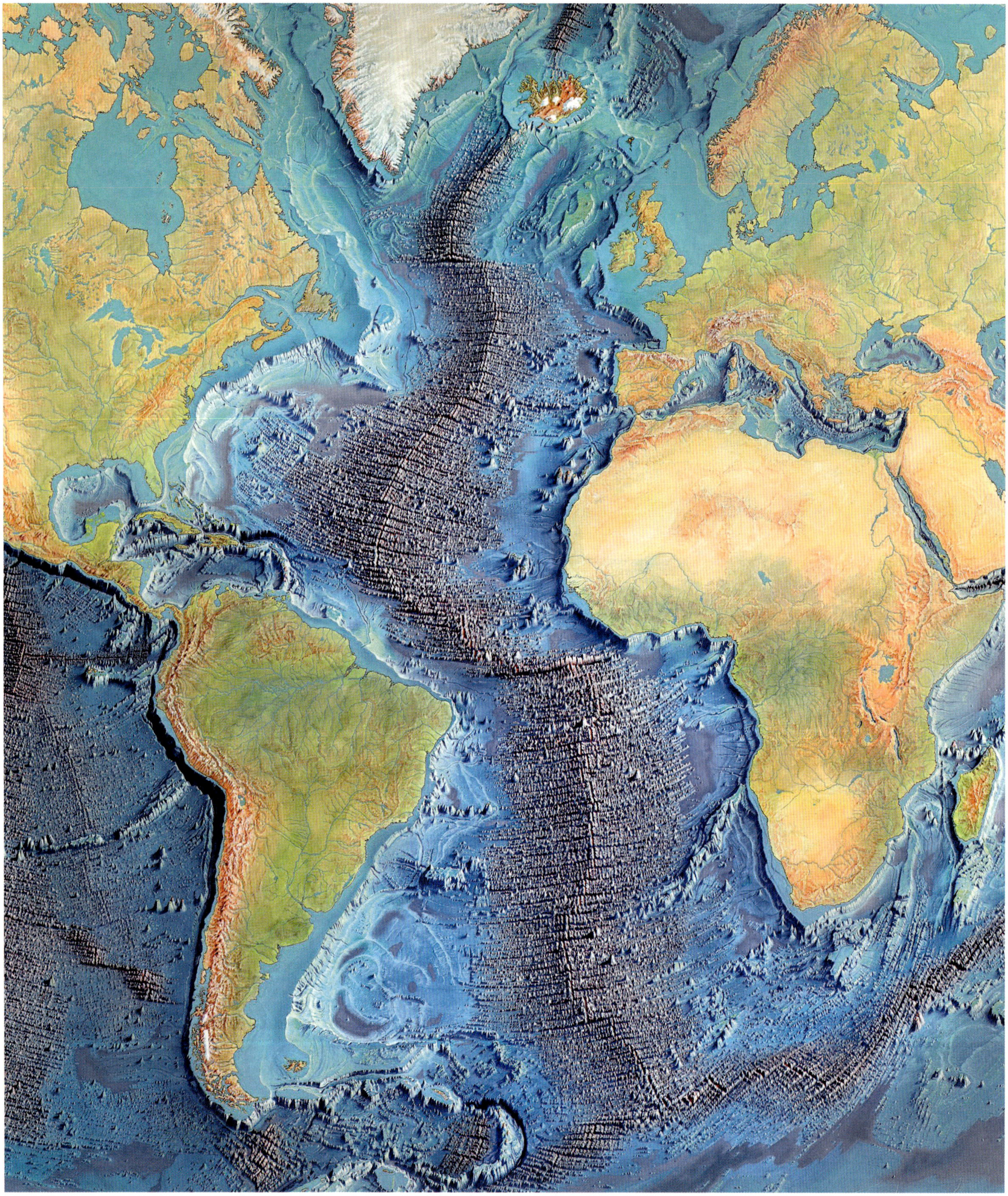

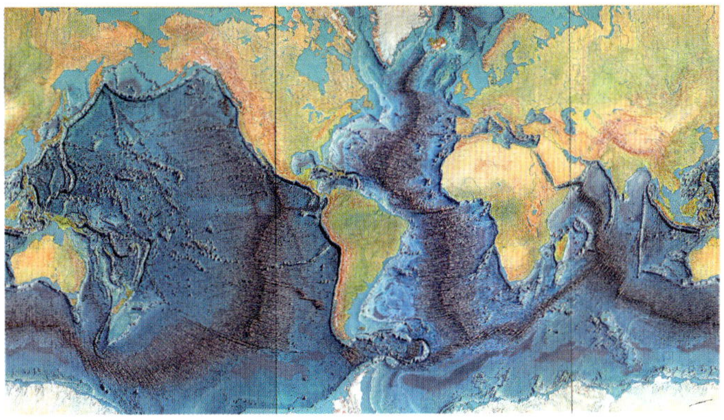

Fondo degli oceani
Marie Tharp pubblicò questa carta del fondo degli oceani nel 1977, poco dopo la morte del suo collega Bruce Heezen durante una spedizione oceanografica nell'Atlantico.

storia delle scienze della Terra

cartografia del fondo marino

Marie Tharp all'opera
Marie Tharp, qui ritratta all'osservatorio geologico Lamont, a New York, trascrisse minuziosamente i dati dell'ecogoniometro per realizzare l'innovativa carta del fondo degli oceani.

Probabilmente la più importante mappa del XX secolo fu una riproduzione completamente nuova del fondo marino, compilata fra il 1957 e il 1977 dai geologi americani Marie Tharp e Bruce Heezen. Per la prima volta veniva svelato agli scienziati e al vasto pubblico il fondo degli oceani (che occupa il 71% della Terra e in precedenza era rimasto in gran parte ignoto), offrendo informazioni fondamentali per capire la natura del nostro pianeta.

Le carte Heezen-Tharp disegnavano la topografia del fondo marino, svelando la più grande catena montuosa terrestre, il sistema di dorsali oceaniche, che si innalza per 3.000 m dal fondo del mare e si estende per 60.000 km su tutto il pianeta, mentre oscuri abissi raggiungono una profondità di oltre 1 km. Ai margini dei continenti le piattaforme sono intersecate da profondi canyon, che trasportano sedimenti dalla terraferma verso giganteschi conoidi estesi sulle piane abissali. Vi sono innumerevoli montagne, nonché vulcani attivi che si innalzano fino alla superficie e formano isole contornate da scogliere. L'opera dei due studiosi offrì indizi fondamentali a favore della teoria della tettonica a zolle, che venne generalmente accettata solo negli anni '60. Per realizzare le carte usarono analisi del fondo marino mediante ecogoniometro. La carta del fondo marino e la sua bellissima versione dipinta nel 1977 da Heinrich Berann costituirono un vero punto di svolta. Oggi i metodi sono sempre più avanzati e precisi, con l'uso di immagini satellitari per affinare la cartografia oceanica mondiale e di ecogoniometri rimorchiati in profondità per una risoluzione assai precisa delle strutture del fondo marino, tra cui accumuli di sedimenti, punti di uscita di gas, scogliere coralline in acque profonde e perfino la dislocazione di faglia nella fossa di Sumatra, causa del devastante tsunami del 2004.

La carta che sconvolse il mondo
La carta della Tharp e di Heezen, che svelava la dorsale medio-atlantica (p. a fronte), rivoluzionò l'oceanografia, ma inizialmente fu accolta con scetticismo. La successiva esplorazione della dorsale con un batiscafo da parte di Jacques Cousteau, che intendeva smentire i loro risultati, confermò invece l'esistenza della fossa tettonica in cui avviene l'espansione del fondo marino.

> “Apparve chiaro che le spiegazioni esistenti per la formazione della superficie terrestre non valessero più.”
>
> HALI FELT, *SOUNDINGS: THE STORY OF THE REMARKABLE WOMAN WHO MAPPED THE OCEAN*, 2012

Il colore rosso è invisibile in profondità

Predatori in mare aperto
Gli albatri sono predatori pelagici che trascorrono in mare aperto vari mesi, e talvolta più di un anno, prima di ritornare su isole remote per riprodursi. Questi albatri dai sopraccigli neri (*Thalassarche melanophrys*) perlustrano le acque turbolente e ricche di sostanze nutritive del mar Glaciale Antartico in cerca di prede.

Abitante degli abissi
Il mare profondo è un habitat buio, freddo e soggetto ad alta pressione. I polpi dumbo (genere *Grimpoteuthis*) vivono a profondità anche di 4.000 m o più. Si librano sopra il fondo marino in cerca di bivalvi, crostacei e vermi.

acque in mare aperto

Il mare aperto è una vasta estensione che ricopre due terzi del pianeta. Qui la produttività primaria è scarsa e le acque sono poco abitate. Gli oceani sono stratificati in base a temperatura, salinità e penetrazione della luce e suddivisi in zone dalle correnti. Quando tali barriere impercettibili vengono perturbate da tempeste, risalite o incontri di masse d'acqua, le sostanze nutritive raggiungono la superficie e favoriscono la fioritura del plancton, che attira gli animali di cui costituisce il cibo. Tuttavia qui non vi sono nascondigli e, per evitare i predatori, si sono evolute varie strategie: corpo trasparente e mimetizzazione, migrazioni di massa dello zooplancton dalla superficie verso le acque profonde, nuoto in grandi banchi.

TERMOCLINO OCEANICO

Il termoclino indica la base di uno strato caldo superficiale, dello spessore di 50-1.000 m, diffuso in tutti i mari temperati e tropicali. Ai tropici la calma di vento stabilizza il termoclino impedendo la miscelazione, perciò le acque superficiali gradualmente perdono sostanze nutritive. Alle medie latitudini temperate invece le tempeste favoriscono la miscelazione, agitando il termoclino e trasportando in superficie le sostanze nutritive: le acque verdi ricche di fitoplancton brulicano di vita.

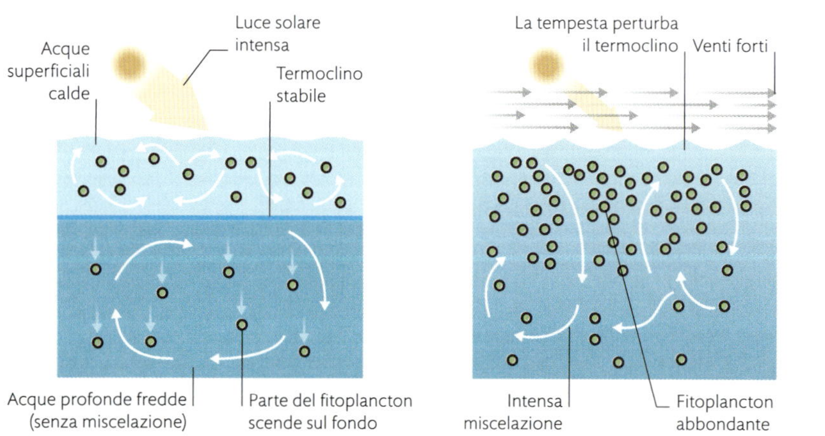

MARE TROPICALE

MARE TEMPERATO

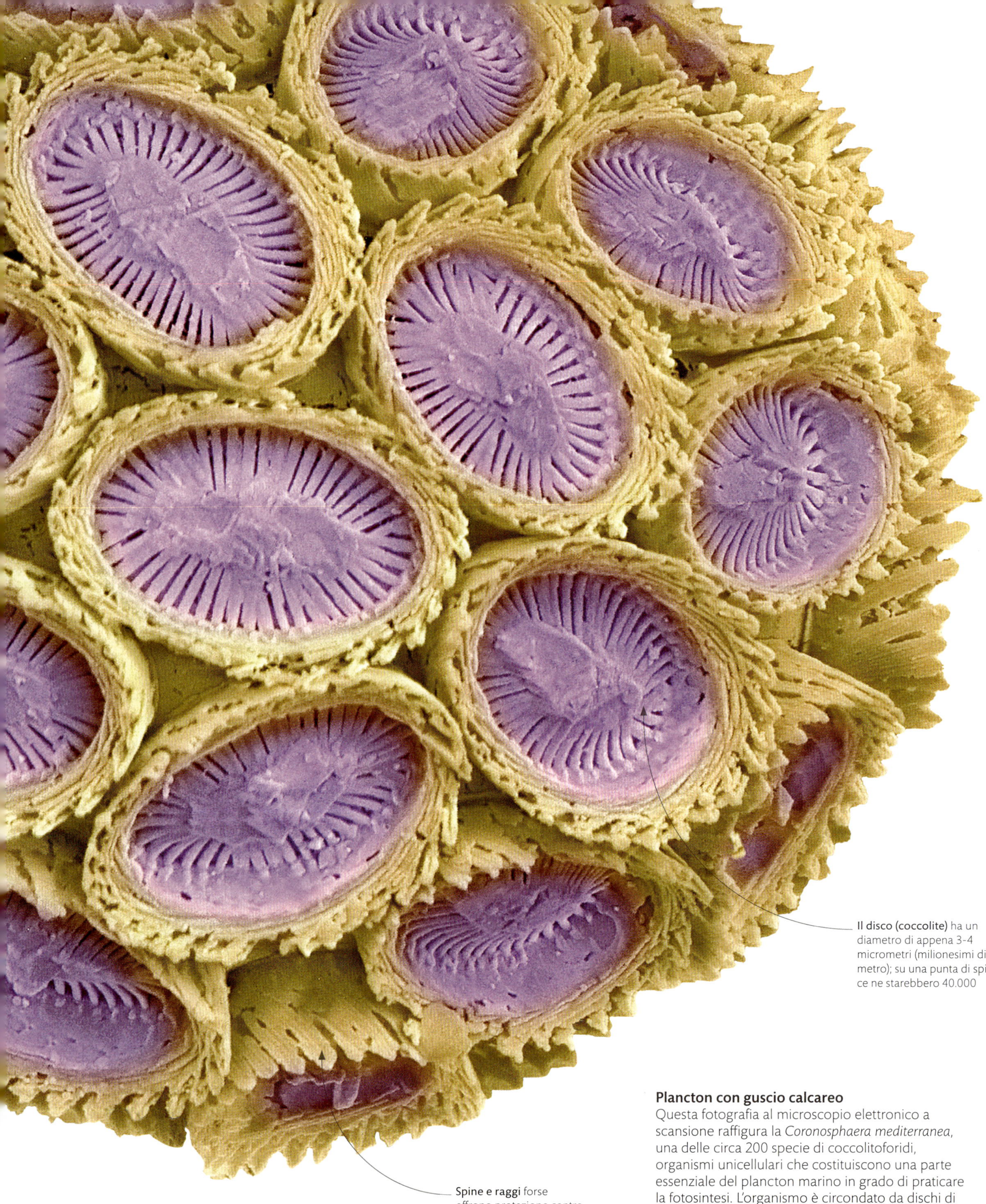

Plancton con guscio calcareo
Questa fotografia al microscopio elettronico a scansione raffigura la *Coronosphaera mediterranea*, una delle circa 200 specie di coccolitoforidi, organismi unicellulari che costituiscono una parte essenziale del plancton marino in grado di praticare la fotosintesi. L'organismo è circondato da dischi di carbonato di calcio, con delicate configurazioni, che alla morte si depositano sul fondo marino. I dischi fanno parte dei sedimenti calcarei organici.

arabeschi sul fondo marino

Il fondo marino è quasi interamente coperto di sedimenti, che sui fianchi delle dorsali oceaniche formano un sottile rivestimento della crosta, ma lungo i margini continentali e sotto i grandi delta possono avere uno spessore di oltre 15 km. Ogni particella di sedimento narra una differente storia di processi, climi e ambienti. Alcuni granuli sono trasportati dalla terraferma al fondo marino da venti, fiumi, ghiacciai e correnti sottomarine. Altri sono i resti di organismi planctonici come foraminiferi, coccolitoforidi, radiolari e diatomee (v. p. 182). I sedimenti possono anche contenere depositi di minerali e metalli che precipitano da acqua salmastra concentrata o da emissioni vulcaniche, e perfino pulviscolo cosmico che cade sul fondo marino.

Microfossili di foraminiferi
I foraminiferi, delle dimensioni di granelli di sabbia medio-grandi, sono protozoi unicellulari, spesso con un guscio di carbonato di calcio. Delle oltre 50.000 specie conosciute, la maggior parte vive sul fondo marino, altre sono importanti componenti dello zooplancton.

BENTONICO
(*Elphidium crispum*)

PLANCTONICO
(*Orbulina universa*)

BENTONICO
(*Cribroelphidium poeyanum*)

Microfossili di radiolari
Come i foraminiferi, i radiolari fanno parte dello zooplancton. Questi minuscoli protozoi predatori del mare aperto hanno un diametro che va da 0,03 a 2 mm. Hanno un guscio vitreo di silice con pori, da cui escono gli pseudopodi.

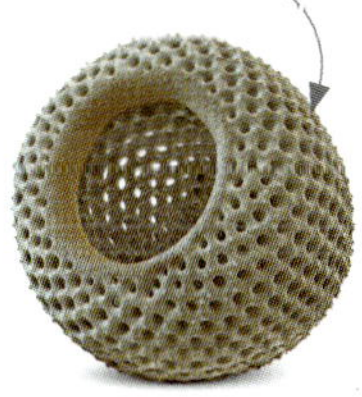

FORMA SFERICA APERTA
(genere *Theocapsa*)

FORMA LISCIA A NOCE
(genere *Tripospyris*)

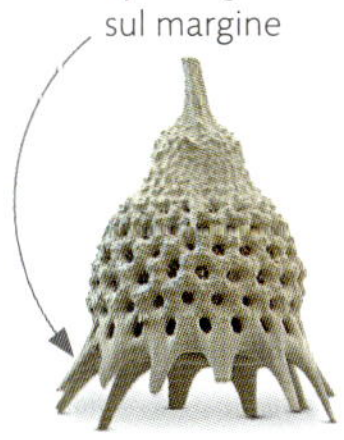

FORMA A ELMO
(*Anthocyrtidium ligularia*)

SEDIMENTI SUL FONDO MARINO
Attorno alla terraferma e presso i poli il fondo marino è coperto da sedimenti di ghiacciai e altri agenti erosivi. I sedimenti silicei sono presenti in zone in cui la risalita delle acque favorisce la fioritura di plancton ricco di silice. I sedimenti calcarei riflettono la pioggia di plancton microscopico, ma si preservano solo fino alla profondità di 4-5 km. Al di sotto, l'acqua più acida discioglie il carbonato di calcio, lasciando soltanto una fine argilla rossa.

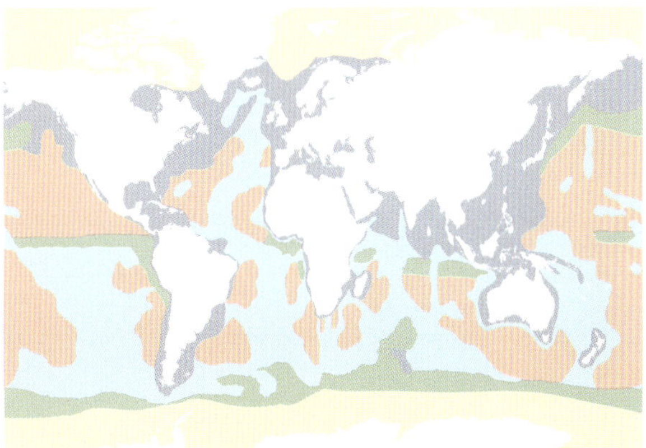

ORIGINE DEI SEDIMENTI DEL FONDO MARINO

Cuscini rocciosi arrotondati, normalmente di diametro 0,5-1,5 m

Lava a cuscino delle Hawaii
Quando la lava fusa esce nell'acqua marina fredda, forma una crosta esterna solida. La continua pressione accumula sulla crosta altra lava, che poi si raffredda e si solidifica dando origine sul fondo marino a masse simili a cuscini.

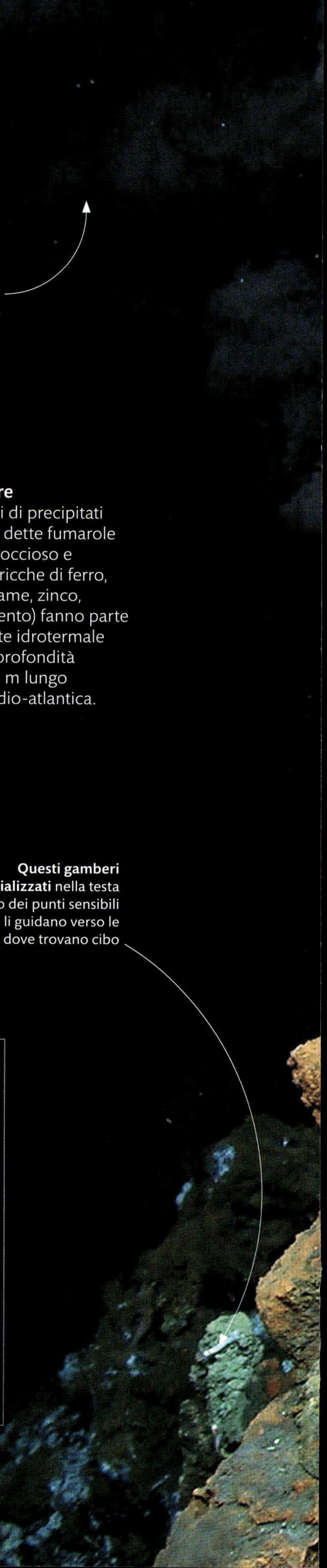

Quando la sorgente calda esce nell'acqua marina gelida si formano nubi scure di precipitati metallici

tettonica oceanica

Le dorsali oceaniche (v. p. 117) sono focolai di vulcanismo sottomarino. Qui il magma basaltico in risalita allontana fra loro le zolle tettoniche e si riversa sul fondo stesso sotto forma di lava, dando origine a nuova crosta oceanica. Nel loro insieme le dorsali ospitano circa 300 sorgenti idrotermali, dove l'acqua surriscaldata dal magma esce nell'oceano a 300-450 °C. A contatto con l'acqua marina fredda, i minerali disciolti precipitano, formando nubi nere di ossidi metallici e dando origine ad alti camini di solfuri metallici. Attorno alle sorgenti vivono microrganismi che ricavano energia dall'acido solfidrico dei getti idrotermali e dall'ossigeno del mare circostante. Sono alla base di un intero ecosistema di forme di vita adattate a questo ambiente estremo.

Fumarole nere
Le grosse nubi di precipitati minerali sono dette fumarole nere. Il cono roccioso e le alte guglie (ricche di ferro, manganese, rame, zinco, piombo e argento) fanno parte di una sorgente idrotermale situata a una profondità di quasi 3.000 m lungo la dorsale medio-atlantica.

Questi gamberi specializzati nella testa hanno dei punti sensibili che li guidano verso le sorgenti, dove trovano cibo

SORGENTI IDROTERMALI

L'acqua marina fredda penetra in crepe e spaccature del fondo marino fino in profondità nella crosta oceanica, emettendo un cocktail di sostanze chimiche. Quando l'acqua incontra il magma caldo, si surriscalda e risale in superficie, dove costituisce una sorgente calda. I minerali disciolti precipitano e formano fumarole nere, depositano sedimenti ricchi di metalli e costruiscono un "paesaggio urbano" con camini, guglie e faraglioni. Attorno alle sorgenti vivono varie comunità di bivalvi, cirripedi, anemoni di mare, patelle, granchi, vermi, gamberi e pesci, che si nutrono di microrganismi.

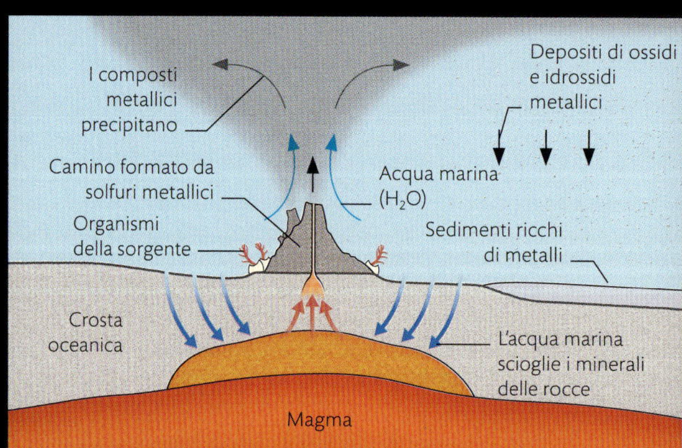

DEPOSIZIONE DI MINERALI IN UNA SORGENTE IDROTERMALE

isole nel mare

Le isole sono come oasi marine: rifugi per forme di vita terrestri e acquatiche. Inoltre, ci parlano dei mari del passato e del presente. Le centinaia di migliaia di isole del mondo si possono classificare in quattro tipi principali. Le isole vulcaniche e le scogliere coralline sono spesso piccole ed effimere, soggette a erosione, sprofondamento e modifiche biotiche. Le isole continentali, di dimensioni variabili, sono frammenti staccatisi dalla terraferma a causa di un innalzamento del livello del mare o di una separazione tettonica. Le isole complesse sono grandi e di lunga durata, formate da vari processi; alcune, come Cipro nel Mediterraneo, hanno un nucleo di ofiolite, roccia di crosta oceanica profonda, sospinto in superficie dalla collisione fra zolle tettoniche.

Fusione tra isole
Nel 2013 l'isola vulcanica giapponese di Nishinoshima è cresciuta, fondendosi con una nuova isola emersa dopo alcune eruzioni. Si trova sopra una zona di subduzione (v. pp. 114-115), dove la zolla del Pacifico scivola sotto quella delle Filippine.

Atollo corallino in Indonesia
L'isola di Pulau Ndaa, nel mare di Banda, è un atollo, una scogliera corallina che circonda una laguna. Si trova sopra un vulcano spento che si è abbassato, diventando una montagna sottomarina. Se la scogliera cresce rapidamente compensando l'abbassamento del vulcano, l'atollo rimane in superficie; altrimenti sprofonda con il vulcano, scomparendo fra le onde.

EVOLUZIONE DELLE ISOLE VULCANICHE

Alcune isole vulcaniche, come le Hawaii e le Galápagos, emergono su punti caldi (v. p. 138); altre, fra cui le Tonga e le Marianne, si formano sopra zone di subduzione (v. pp. 114-115). L'isola vulcanica, nata da lava accumulatasi sul fondo marino, quando emerge in superficie diventa esplosiva. Se sopravvive all'iniziale erosione, può crescere formando un ampio cono, contornato in acque tropicali da scogliere coralline. Quando si arresta il flusso di lava, l'isola sprofonda formando una montagna sottomarina. Frattanto i coralli continuano a crescere verso l'alto in direzione delle acque basse illuminate dal Sole, dando origine a una scogliera ad anello, un atollo.

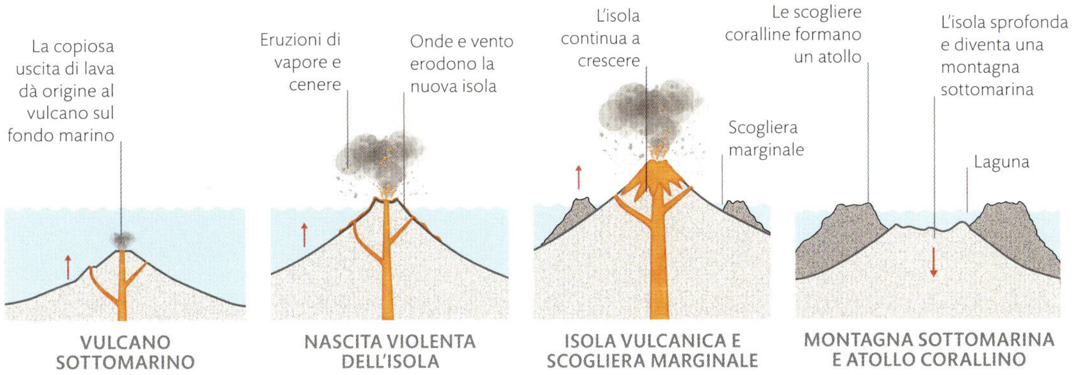

STRATI DELL'ATMOSFERA

L'atmosfera presenta vari strati distinti con caratteristiche differenti. La troposfera, lo strato più basso, è sede dei fenomeni meteorologici ed è la zona in cui volano gli aerei; la concentrazione del gas ozono presenta un massimo nella stratosfera; la mesosfera e la termosfera ospitano invece fantastici sciami meteorici e spettacolari aurore polari. La linea di Kármán indica l'inizio dello spazio ed è il limite ufficiale dello spazio aereo di uno Stato. La termosfera e l'esosfera situate al di là sono troppo rarefatte per consentire il volo.

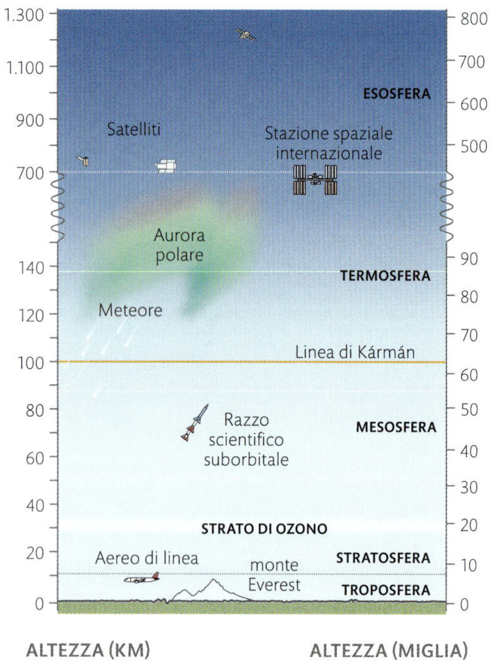

Le Leonidi sono uno sciame meteorico annuale costituito da detriti lasciati dalla cometa Tempel-Tuttle

SCIAMI METEORICI

I meteoroidi sono piccoli corpi rocciosi o metallici provenienti dallo spazio. Se entrano nell'atmosfera terrestre bruciano, formando strie luminose dette meteore. Secondo le stime, ogni giorno entrano nell'atmosfera 25 milioni di meteoroidi, pulviscolo cosmico e altri detriti.

LIMITE DELLO SPAZIO

Oltre ai gas che ne sono i componenti principali, lo strato più basso dell'atmosfera (troposfera) contiene vapore acqueo ed è sede dei fenomeni meteorologici alimentati dal calore solare. All'aumentare della distanza dalla Terra l'atmosfera a poco a poco si dirada, fino a rendersi indistinguibile dal mezzo interplanetario, ossia dallo spazio.

atmosfera terrestre

Originatosi con i gas eruttati dai vulcani della Terra primordiale (v. pp. 28-29), nel sistema solare l'abbinamento oceani-atmosfera del nostro pianeta è unico. Ogni strato atmosferico si compone per il 78% di azoto, per il 20,9% di ossigeno, per lo 0,9% di argo, più tracce di altri gas. Negli strati inferiori il gas ozono assorbe gli ultravioletti del Sole, che altrimenti danneggerebbero il DNA di piante e animali e impedirebbero la fotosintesi. I gas serra, tra cui anidride carbonica e metano, trattenendo gli infrarossi mantengono il pianeta a una temperatura adatta alla vita. Le attività umane hanno però incrementato la quantità di tali gas nell'atmosfera fino a livelli pericolosi, con l'esito di un riscaldamento del pianeta.

CAMPO MAGNETICO TERRESTRE

La Terra è un gigantesco magnete. Il nucleo esterno, ricco di ferro parzialmente fuso, è in moto continuo e genera attorno al pianeta un vasto campo magnetico che si estende nello spazio per migliaia di chilometri. Questo scudo, definito magnetosfera, protegge la Terra contro il nocivo vento solare. Quando le particelle del vento solare che penetrano nella magnetosfera vengono attirate verso i poli magnetici si verificano aurore polari.

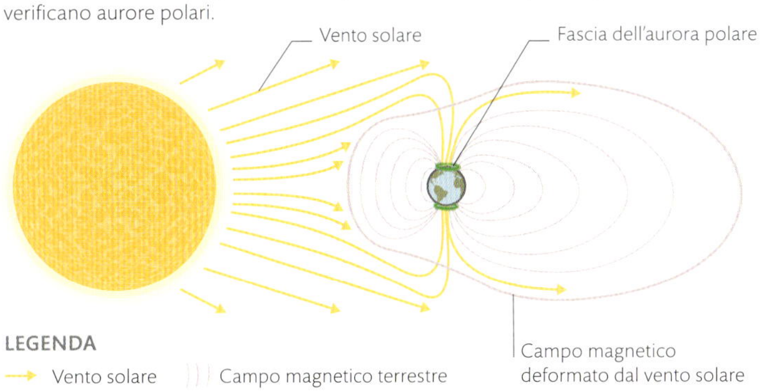

aurore polari

L'atmosfera terrestre è soggetta a un bombardamento costante da parte del vento solare, flusso di elettroni e protoni dotati di carica elettrica emessi dal Sole. Per la maggior parte queste particelle vengono deviate dal campo magnetico del pianeta, ma alcune penetrano presso i poli magnetici. Quando entrano in collisione con atomi di azoto e ossigeno dell'atmosfera, viene emessa energia sotto forma di luce e nel cielo si osserva uno spettacolo fantastico di luci danzanti, che viene definito aurora boreale nell'emisfero nord e aurora australe in quello sud.

Aurora boreale
I colori emessi dall'aurora dipendono dal tipo di atomo investito dalle particelle di vento solare e dalla quota a cui avviene il fenomeno. I colori più comuni sono sfumature di verde e di rosso, qui sopra l'Islanda, ma sono possibili anche giallo, viola, azzurro e rosa.

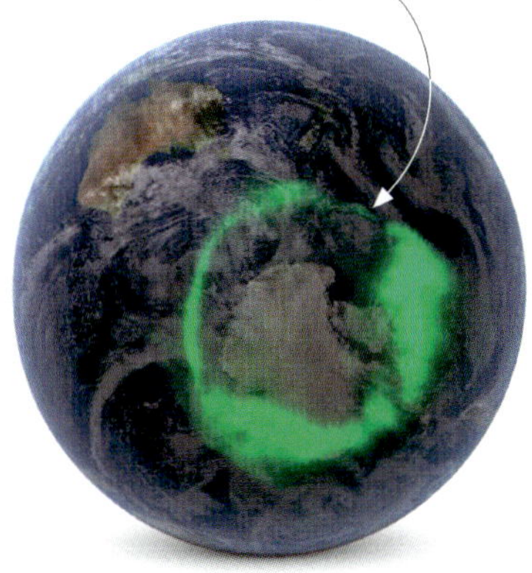

Fascia attorno ai poli
Molte aurore, come questa attorno all'Antartide, si verificano in una fascia di 3-6° di ampiezza situata a 10-20° dal Polo Nord o Sud.

vento

Dalla brezza leggera agli uragani, l'aria della troposfera (v. pp. 210-211) è in moto continuo attorno alla Terra a causa delle differenze di pressione e temperatura. Poiché il Sole riscalda parti diverse del pianeta, nelle zone a temperatura più alta si riscalda anche l'aria, che poi sale verso il cielo, formando così un'area di bassa pressione. L'aria fredda, che è più densa, scende e riempie tale spazio. Questa circolazione continua fra zone di alta e bassa pressione genera i venti. Quelli della bassa atmosfera, detti venti planetari o prevalenti, fanno parte delle tre grandi celle che dominano ciascun emisfero (v. a destra). I venti locali, che soffiano su un'area più ristretta e per un minor periodo di tempo, sono l'esito del ciclo di brezze di mare e di terra nelle zone costiere.

Venti incessanti
I venti occidentali detti *roaring forties* (i ruggenti quaranta) rendono stentato e deformato lo sviluppo di questi alberi nella località di Slope Point all'estremità meridionale della Nuova Zelanda. Questi venti impetuosi soffiano nell'emisfero australe fra le latitudini di 40° e 50°, quasi senza ostacoli da parte di masse continentali in grado di ridurne la velocità. Il continuo bombardamento d'aria da una sola direzione disidrata e uccide i germogli e le gemme su un lato degli alberi, impedendone la crescita, mentre l'altro lato è in grado di svilupparsi normalmente, dando l'illusione di un piegamento nella brezza.

CIRCOLAZIONE ATMOSFERICA

All'equatore l'intenso calore solare riscalda l'aria, che poi sale. Ai due lati dell'equatore viene aspirata altra aria che sostituisce quella ascendente, provocando i venti alisei che soffiano sui tropici. L'aria ascendente si sposta verso i poli e si raffredda rapidamente, dopo di che scende. Questa circolazione continua genera ai due lati dell'equatore una cella di aria (cella di Hadley). Altre coppie di celle si presentano alle medie latitudini e nelle regioni polari, causando i venti prevalenti da ponente e da levante.

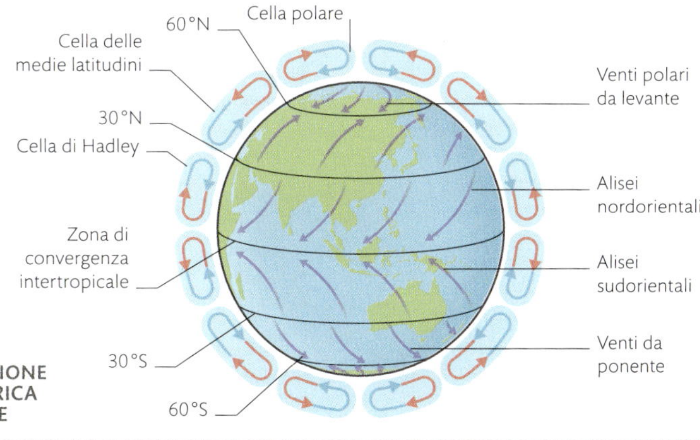

CIRCOLAZIONE ATMOSFERICA MONDIALE

Le cortine di polvere possono raggiungere i 3 km di altezza

Haboob

Un *haboob*, come questo che si avvicina a Khartum in Sudan, è un'intensa tempesta di vento, diffusa nelle regioni aride di tutto il mondo. Il vento forte può arrivare quasi senza preavviso, sollevando una cortina di sabbia e polvere larga anche 100 km.

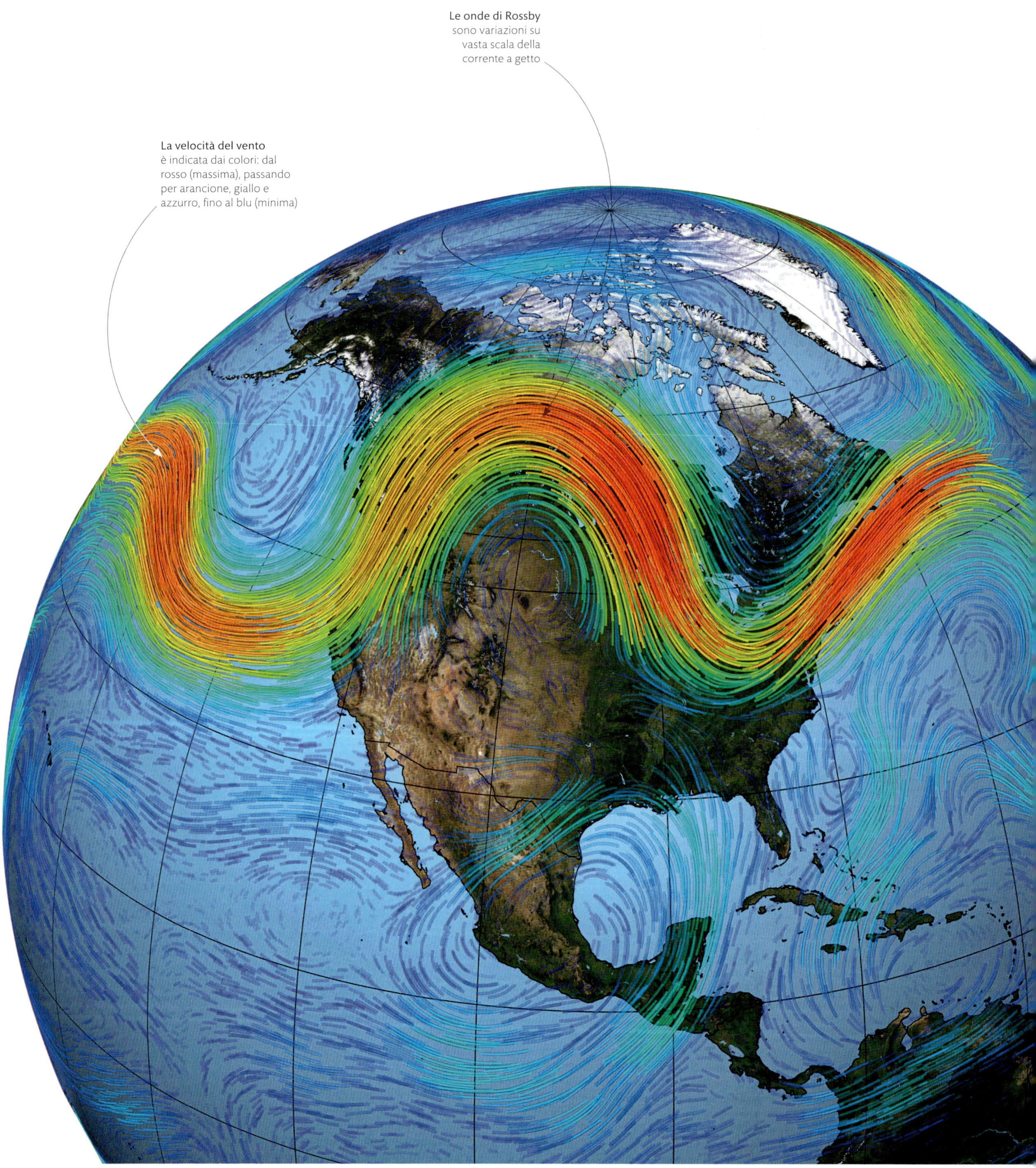
Le onde di Rossby
sono variazioni su vasta scala della corrente a getto
La velocità del vento
è indicata dai colori: dal rosso (massima), passando per arancione, giallo e azzurro, fino al blu (minima)

Buco nell'ozono
Le mappe satellitari a colori (a destra) svelano i livelli di riduzione dell'ozono nell'atmosfera sopra l'Antartide. Il colore blu indica l'area di massimo assottigliamento, ossia il buco nell'ozono, che dopo il 1987 ha continuato a crescere, raggiungendo nel 2000 i 28 milioni di km²; poi però si è stabilizzato e si è ridotto.

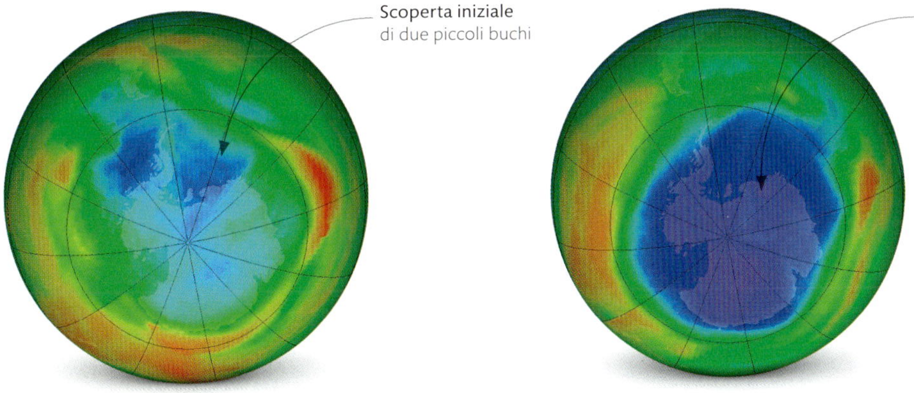

storia delle scienze della Terra

studio dell'atmosfera

Occhi nello spazio
Nel 1979-1980 i sensori a bordo dello storico satellite Nimbus-7 rilevarono basse concentrazioni anomale dell'ozono sopra l'Antartide, contribuendo alla scoperta del buco nell'ozono.

Immagine della corrente a getto
Questa raffigurazione della corrente a getto, fascia di venti in moto verso est nell'alta troposfera, si basa su osservazioni satellitari dei livelli di vapore acqueo sull'America del Nord. La posizione della corrente a getto svolge un ruolo importante nei fenomeni atmosferici, provocando frequenti tempeste e altre conseguenze legate alla bassa pressione.

Dagli anni '60, i satelliti dotati di strumenti per studiare l'atmosfera terrestre ci hanno consentito di osservare varie parti del mondo contemporaneamente, nonché di monitorare più a lungo zone specifiche. Le immagini satellitari hanno permesso di individuare i buchi nello strato di ozono e di sollecitare interventi per affrontare il problema, e ci hanno aiutato a capire le variazioni dell'atmosfera che probabilmente influenzano la vita sulla Terra.

Nei settori delle scienze che si occupano di oceani e atmosfera si usano continuamente satelliti, ormai essenziali per le previsioni meteorologiche e il preannuncio di eventi estremi. Le osservazioni a lungo termine rilevano gli effetti dell'inquinamento dovuto a vulcani, incendi boschivi e traffico urbano e ci consentono di capire la natura e gli effetti delle oscillazioni naturali del clima, come El Niño (v. p. 243).

Per le osservazioni meteorologiche si collocano satelliti in orbite geostazionarie a quasi 36.000 km di quota, mentre il telerilevamento scientifico si esegue da quote fra i 150 e i 2.000 km. Queste "orbite basse" hanno varie inclinazioni rispetto al piano equatoriale e periodi di 90-120 minuti, ma con una traiettoria diversa per ogni orbita. È possibile un'osservazione dell'intero globo in circa 12 ore. Dagli anni '70 i satelliti osservano l'atmosfera mediante strumenti sensibili agli infrarossi, alla luce visibile e alle microonde. Alcuni esaminano l'alta atmosfera in senso verticale, rilevando le variazioni di gas, temperatura e pressione. Altri misurano i venti ad alta quota mediante l'effetto Doppler.

Per analizzare la composizione dell'atmosfera, i sensori per spettrometria di massa identificano i gas in base al modo in cui assorbono o emettono radiazioni di particolari lunghezze d'onda. Per individuare l'assottigliamento dello strato di ozono sono stati essenziali i dati spettrometrici di satelliti come Nimbus-7. Da qui, nel 1987 derivò la sigla del Protocollo di Montreal, che avviò i provvedimenti per stabilizzare e ridurre il buco nell'ozono. Un altro contributo fondamentale delle immagini satellitari è la misurazione del livello di gas serra per monitorare gli effetti degli interventi di contrasto al cambiamento climatico.

> "Le immagini satellitari [...] hanno rivoluzionato il nostro modo di intendere oceani e atmosfera."
>
> IAN ROBINSON, CENTRO NAZIONALE DI OCEANOGRAFIA, SOUTHAMPTON, GB

fenomeni atmosferici

Ciclone bomba sulla costa orientale
Questa immagine satellitare della costa orientale degli Stati Uniti riprende le spettacolari nubi rotanti di un ciclone bomba, che è causato da un drastico calo della pressione atmosferica dall'esterno all'interno di un'area ciclonica, per la collisione fra masse di aria fredda continentale e aria calda oceanica.

Sole o nubi, pioggia o neve, venti forti o calma piatta: questi fenomeni atmosferici locali e variabili sono l'esito dell'interazione dell'energia solare con oceani, atmosfera e terraferma. La luce solare riscalda la Terra in alcuni luoghi più che in altri, causando differenze di pressione atmosferica e generando i venti (v. pp. 214-215); inoltre alimenta il ciclo dell'acqua (pp. 224-225). Le varie parti del globo presentano climi molto vari: tropicale, monsonico, temperato, polare. Le regioni temperate sono soggette a depressioni (cicloni) tipiche delle medie latitudini, che si formano e si dissipano nell'arco di alcuni giorni, spostandosi in successione da ovest a est. Sono aree di bassa pressione generate dalle onde di Rossby, gigantesche variazioni delle correnti a getto ad alta quota causate dalla rotazione terrestre (pp. 216-217).

Ciclone delle medie latitudini
Sospinta dai venti prevalenti da ponente, l'aria fredda polare in moto rapido scende al di sotto dell'aria calda tropicale, più lenta, che viene così sospinta verso l'alto e genera un'area di bassa pressione. Nell'emisfero boreale (in figura), l'aria che affluisce in questa zona presenta una rotazione antioraria, mentre nell'emisfero australe la rotazione è in senso orario.

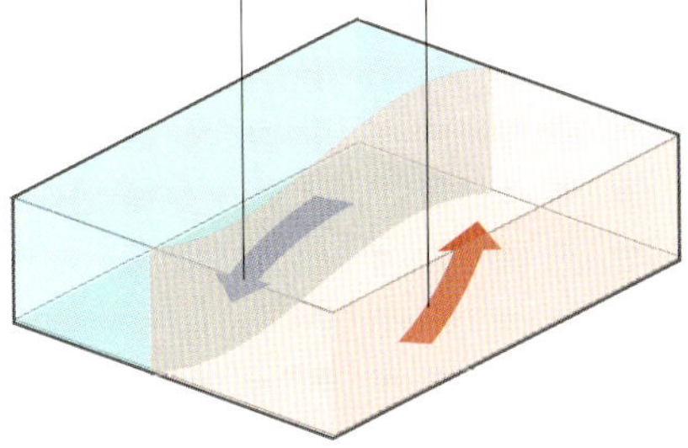

Fase 1
Quando una massa di aria fredda avanza verso una di aria calda, le due masse interagiscono. È la fase iniziale della formazione di un ciclone.

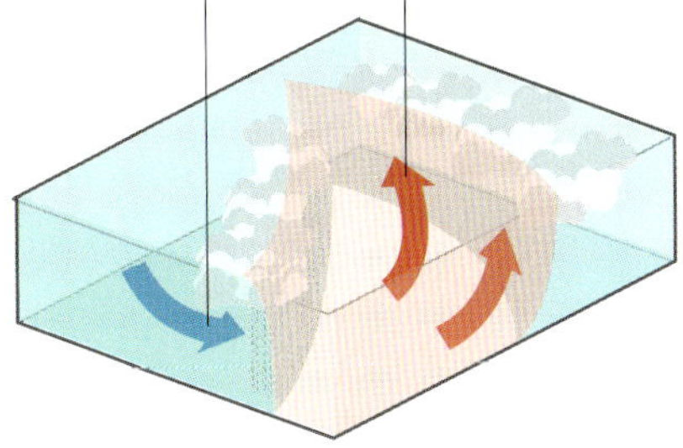

Fase 2
L'aria fredda sospinge in alto l'aria calda. La risultante rotazione delle due masse dà luogo a un moto a spirale.

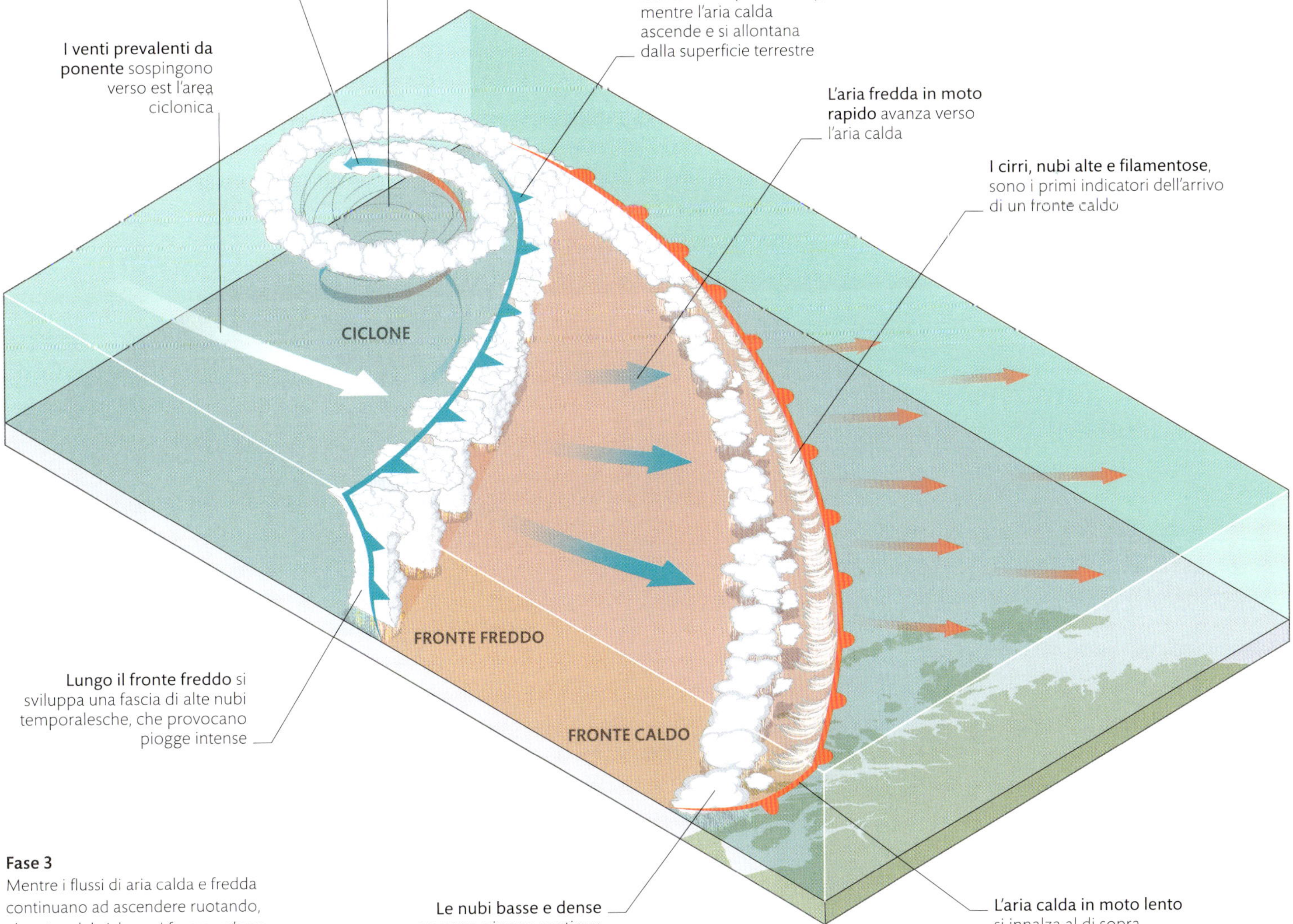

Fase 3
Mentre i flussi di aria calda e fredda continuano ad ascendere ruotando, al centro del ciclone si forma un'area di bassa pressione.

Occhio del ciclone
Sebbene al centro della tempesta (l'occhio, qui nell'uragano Florence del 2018) vi sia una zona calma con aria fredda discendente, in un ciclone tropicale i venti più intensi salgono ruotando verso l'alto attraverso la parete dell'occhio, un anello con le nubi più alte, potenti tempeste e fulmini frequenti.

La regione calma dell'occhio ha di solito un diametro di 30-60 km

cicloni tropicali

I cicloni tropicali sono le più grandi e violente tempeste della Terra, con velocità del vento costante di 120-250 km/h e raffiche anche di oltre 400 km/h. Cambiano nome a seconda della zona di origine: uragani nell'Atlantico settentrionale e nel Pacifico nordorientale, tifoni nel Pacifico nordoccidentale, semplicemente cicloni nel Pacifico meridionale e nell'oceano Indiano. L'energia emessa da un singolo ciclone tropicale equivale a 10.000 bombe termonucleari. Sebbene si formino sopra i mari tropicali caldi, queste tempeste violente e rotanti poi raggiungono le coste e avanzano verso l'interno, infliggendo devastazioni diffuse: l'insieme di venti forti e piogge intense abbatte case e alberi e provoca un catastrofico aumento del livello del mare.

FORMAZIONE DEI CICLONI TROPICALI

I cicloni tropicali si sviluppano dove la temperatura del mare in superficie supera i 27 °C. L'acqua evapora dalla superficie surriscaldata, ascende e si condensa formando cumulonembi che si espandono fino alla sommità della troposfera (v. pp. 210-211) a un'altezza di 10-15 km. L'aria fredda penetra colmando il vuoto lasciato dall'aria umida ascendente, e la rotazione terrestre fa sì che i venti soffino in senso antiorario nell'emisfero boreale e in senso orario in quello australe. L'aria fredda e secca discende nell'occhio, regione calma e sgombra di nubi al centro della tempesta.

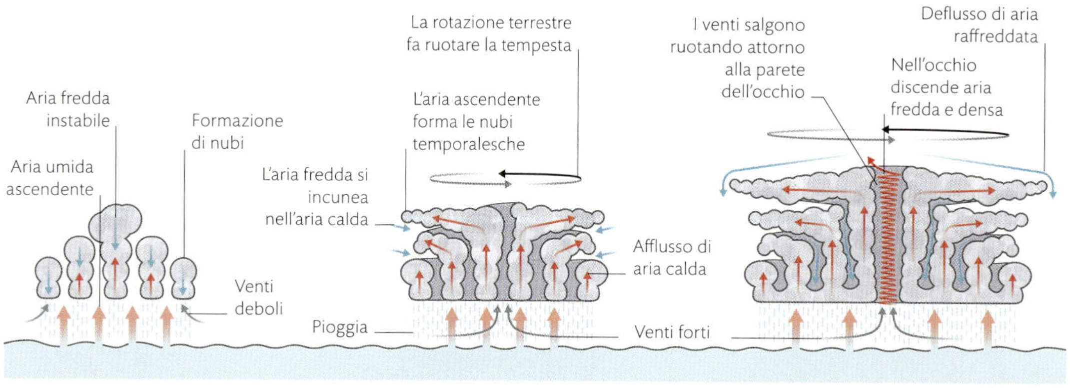

Uragani atlantici
Per tutta l'estate, nella regione tropicale dell'Atlantico settentrionale e dei Caraibi, le temperature superficiali del mare aumentano e così danno inizio alla stagione degli uragani, che va da giugno a novembre. Come molti altri cicloni che colpiscono questa zona, l'uragano Joaquin (qui raffigurato), nel suo spostamento sopra i Caraibi, nell'ottobre del 2015 ha causato vasti danni.

Nubi alte
Sebbene alcune nubi, tra cui le nottilucenti e le madreperlacee, si trovino anche nella mesosfera e nella stratosfera (v. p. 210), di solito si formano nella troposfera. Qui le nubi di più alta quota sono a 7.000-12.000 m dal suolo. Normalmente sono a filamenti o a forma di pompon e sono costituite interamente da cristalli di ghiaccio. I cumulonembi a sviluppo verticale (v. pp. 232-233) possono estendersi sull'intera altezza della troposfera.

NOTTILUCENTI

MADREPERLACEE

Nubi medie
Situate fra i 2.000 e i 7.000 m dal suolo, le nubi medie sono dominate dai comuni altostrati lamellari e dagli altocumuli globulari od ondulati. Fra i tipi insoliti vi sono gli strani altocumuli lenticolari e le nubi mammeolari, caratteristiche sacche arrotondate che possono sporgere dal lato inferiore delle formazioni nuvolose.

ALTOSTRATI

ALTOCUMULI

Nubi basse
Nelle giornate nuvolose, al di sotto dei 2.000 m l'intera bassa troposfera può sembrare piena di strati bassi e lamellari, cumuli fioccosi o stratocumuli di forma mista, nonché delle basi degli imponenti nembostrati e cumulonembi che portano pioggia. A questo livello le nubi sono piene di goccioline d'acqua. Si possono formare anche altre nubi di forma lenticolare, tubolare e globulare. Quelle stratiformi a livello della superficie sono dette nebbia e foschia.

ASPERITAS

STRATOCUMULI

tipi di **nubi**

Da filamenti iridescenti a sacche bulbose, le nubi variano molto per forma, colore e dimensioni. Si formano quando l'aria umida riscaldata dal suolo o sospinta sui rilievi del terreno comincia ad ascendere e si raffredda, riducendo la propria capacità di trattenere l'umidità. Alla cosiddetta temperatura di rugiada l'aria si satura e il vapore acqueo si condensa attorno a particelle dette nuclei di condensazione, per esempio polvere, polline o spore. In tal modo, si formano goccioline oppure cristalli di ghiaccio che costituiscono la base di una nube. Condensandosi, l'acqua emette calore latente, permettendo così all'aria di continuare a salire e formare grandi banchi di nubi. Il tipo di nube dipende da temperatura, umidità e stabilità dell'aria.

Sono nubi sottili e filamentose legate al bel tempo, ma possono anche preannunciare una tempesta

CIRRI

Nubi a forma di lente, spesso molto lisce con sommità a bulbo

ALTOCUMULI LENTICOLARI

Insolita formazione di sacche globulari sul lato inferiore di una formazione nuvolosa

NUBI MAMMEOLARI

Nubi fioccose a bambagia che spesso formano piccoli globuli

CUMULI

Nubi basse lamellari che si possono estendere su tutto il cielo

STRATI

Spettacolari nubi arrotolate formate dalle correnti che scendono dai cumulonembi temporaleschi

ARCUS

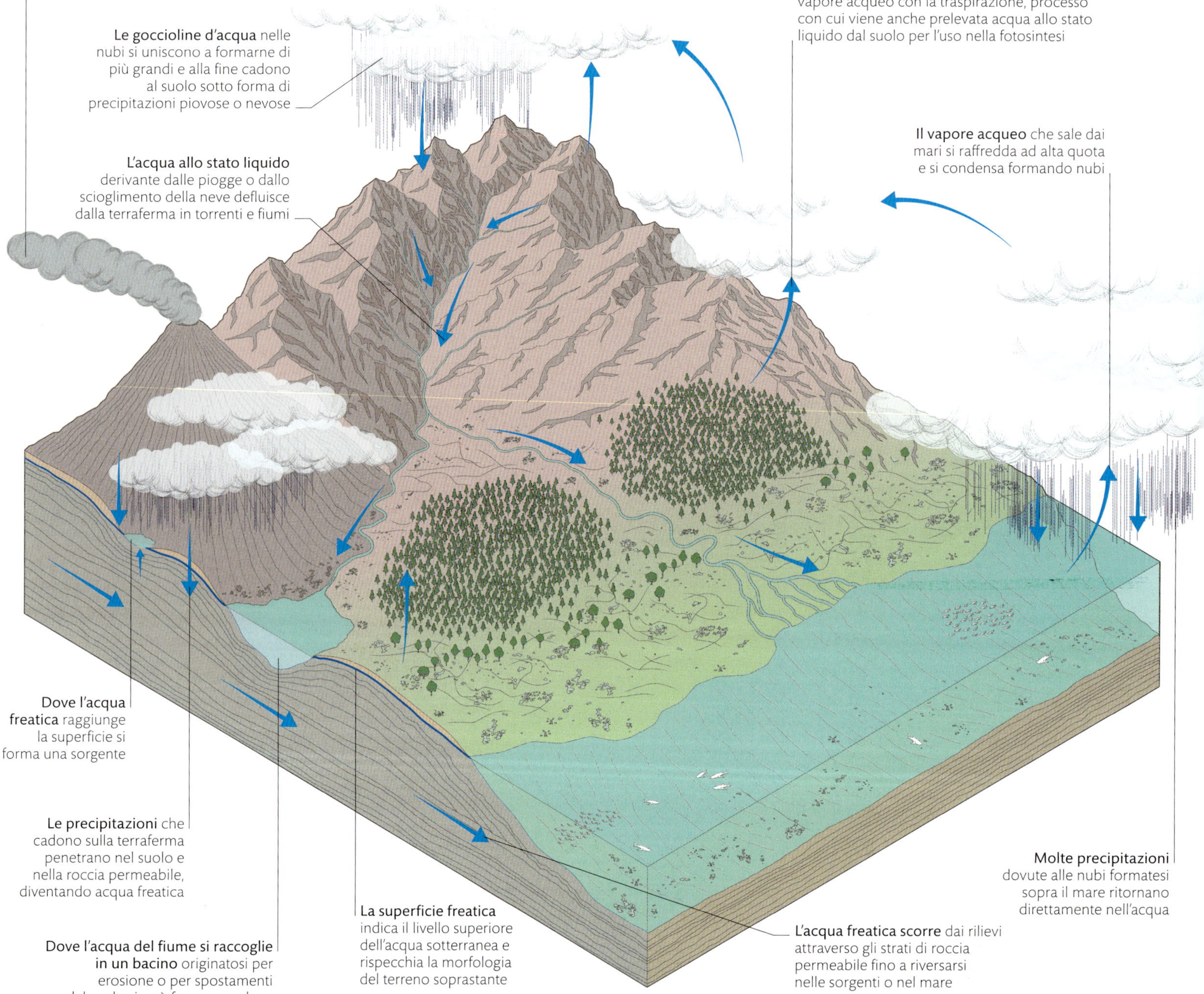

Circolazione perpetua

Il calore solare provoca l'evaporazione dell'acqua dai mari e dalla terraferma e, con la traspirazione, anche dalle piante. Il vapore acqueo sale, si raffredda e forma nubi. Alla fine, l'acqua dell'atmosfera ritorna sulla Terra con le precipitazioni. Lo scioglimento di neve e ghiaccio, il deflusso superficiale dei fiumi e l'infiltrazione nel suolo trasportano l'acqua allo stato liquido dalla terraferma verso i mari.

Acqua freatica intrappolata

L'acqua delle precipitazioni può penetrare in rocce permeabili verso strati rocciosi più profondi, dove può venire intrappolata da strati di roccia impermeabile. La pressione dell'acqua nelle rocce permeabili può sospingere l'acqua in superficie, formando una sorgente naturale. In certi casi gli esseri umani vi attingono mediante un pozzo artesiano.

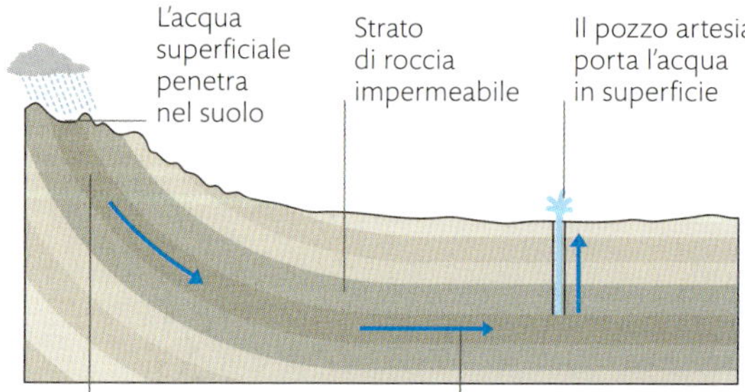

ciclo dell'acqua

Il ciclo dell'acqua è uno dei più importanti fattori che modellano la superficie terrestre e ne regolano l'atmosfera ed è alimentato dall'energia solare. È essenziale per la vita vegetale e animale, provoca i fenomeni meteorologici e fa circolare l'energia tra mari, atmosfera e terraferma. Inoltre, l'acqua lubrifica il moto delle zolle tettoniche e può scatenare terremoti. Il suo volume totale sulla Terra è di 1,4 miliardi di km^3, distribuiti sopra e sotto la superficie terrestre. I mari ne costituiscono quasi il 96%, ghiacciai e calotte glaciali circa il 3%, l'acqua freatica sotterranea circa l'1%. Tutti i fiumi e i laghi del mondo, l'atmosfera e la biosfera messi assieme ne contengono una piccola frazione (meno dell'1%). Una molecola d'acqua può trascorrere nell'atmosfera soltanto pochi giorni e in un fiume alcune settimane, ma in una calotta glaciale può rimanere imprigionata per un milione di anni.

Ciclo stagionale
Nella Groenlandia orientale, lo scioglimento della neve durante l'estate alimenta un ripido torrente di acqua e sedimenti dal ghiacciaio Syltoppene, attraverso un roccioso delta a ventaglio, fino al fiordo Re Oscar, oltre 2.700 m più in basso. Le intense nevicate invernali riavviano il ciclo.

GOCCE DI PIOGGIA

La forma delle gocce di pioggia dipende dalle dimensioni, ma non è a pera come nell'immaginario popolare. Le gocce piccolissime, di diametro fino a 1 mm, sono grossomodo sferiche. Quelle un po' più grandi, appiattite dalla resistenza dell'aria durante la caduta, più ovoidali. Quando raggiunge i 4,5 mm, la goccia comincia a dividersi e alla fine forma due gocce sferiche separate.

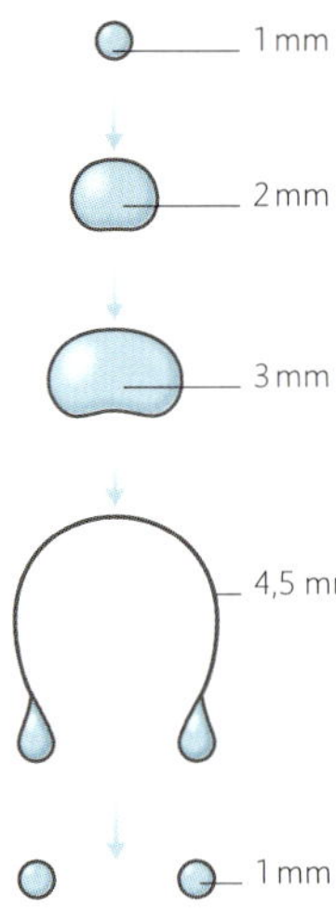

EVOLUZIONE DI UNA GOCCIA D'ACQUA

Acquazzone
Nel mar Nero una nave fugge dal diluvio causato da un grande cumulo congesto. La cortina apparentemente impenetrabile sotto la nube in realtà è la pioggia che cade e scroscia sulla superficie del mare. Se le correnti d'aria ascensionali sono troppo intense o la temperatura elevata provoca evaporazione, la pioggia può anche non raggiungere mai la superficie terrestre.

pioggia

Quando il vapore acqueo dell'atmosfera si condensa attorno a minuscole particelle, dette nuclei di condensazione (v. pp. 222-223), le goccioline che si formano si uniscono a formare nubi, il cui moto continuo le induce a crescere per coalescenza finché sono abbastanza pesanti da cadere al suolo. In quanto principale fonte di acqua dolce, la pioggia è essenziale per la vita sulla Terra, e ogni anno sul pianeta ne cade un volume inimmaginabile: oltre 500.000 miliardi di m^3. L'acqua piovana, oltre a essere una preziosa fonte idrica, contribuisce a ridurre l'accumulo di gas serra, poiché l'anidride carbonica dell'atmosfera si scioglie nell'acqua.

PRECIPITAZIONI INVERNALI

A basse temperature, di solito in inverno, nelle nubi l'aria fredda anziché pioggia provoca la formazione di neve. Il tipo di precipitazione che raggiunge il suolo, però, dipende dalle masse d'aria calde e fredde incontrate durante il tragitto, come qui illustrato. L'area rossa indica una massa d'aria calda che penetra nell'aria fredda.

Neve
Nell'aria fredda la neve cade fino a raggiungere il suolo

Nevischio
Nell'aria calda la neve fonde parzialmente, poi gela di nuovo prima di raggiungere il suolo

Pioggia ghiacciata
La neve fonde nell'aria calda e gela di nuovo al contatto con il suolo freddo

Pioggia
La neve fonde nell'aria calda e non gela più prima di raggiungere il suolo

Ogni anno, amanti del sole e del surf sciamano a milioni verso le isole tropicali Hawaii ma, forse sorprendentemente, queste isole vantano uno dei luoghi più umidi del pianeta: la vetta del monte Wai'ale'ale, sull'isola di Kauai. Questo vulcano spento a scudo raggiunge i 1.569 m di altezza e, a causa delle elevate precipitazioni, possiede una rigogliosa foresta pluviale e paludi melmose annidate nel profondo cratere.

in evidenza Monte Wai'ale'ale

Il monte Wai'ale'ale, il cui nome significa "acqua gorgogliante" o "acqua traboccante", ha uno dei tassi di piovosità più elevati del mondo, di solito fra 9,5 e 11,4 m annui. Piove dai 335 ai 360 giorni l'anno e nel solo 1982 sulla vetta è caduta la quantità sbalorditiva di 17,3 m di pioggia.

Kauai, l'isola più settentrionale delle Hawaii, è circondata dal mare ed è esposta agli alisei carichi di umidità che portano pioggia da nord-est. Favorita dalla forma conica della montagna, l'aria marina umida in arrivo viene rapidamente sospinta lungo le scoscese pareti orientali del Wai'ale'ale, salendo fino a 900 m di quota su una distanza di soli 800 m. Ascendendo e raffreddandosi, l'aria si condensa formando nubi. Il fattore forse più importante che rende il Wai'ale'ale uno dei luoghi più umidi non solo delle Hawaii, ma di tutto il mondo, è l'altezza. La cima del monte si trova subito sotto lo strato di inversione degli alisei, il livello oltre il quale i venti non possono più salire. Pertanto, le nubi cariche d'acqua si ammassano in un piccolo spazio e sono costrette a lasciar cadere gran parte della pioggia su un unico punto concentrato: la vetta del monte Wai'ale'ale.

Dubautia waialealae

La forma compatta a cupola e i densi verticilli delle foglie consentono a questa pianta, endemica del monte Wai'ale'ale, di crescere rigogliosa nel clima umido della montagna

Muro del pianto
Le abbondanti precipitazioni del monte Wai'ale'ale alimentano numerose cascate, fra cui queste che precipitano da un fianco scosceso del cratere vulcanico. La parete verdeggiante, uno degli spettacoli più noti del monte, è chiamata Muro del pianto o Muro di lacrime.

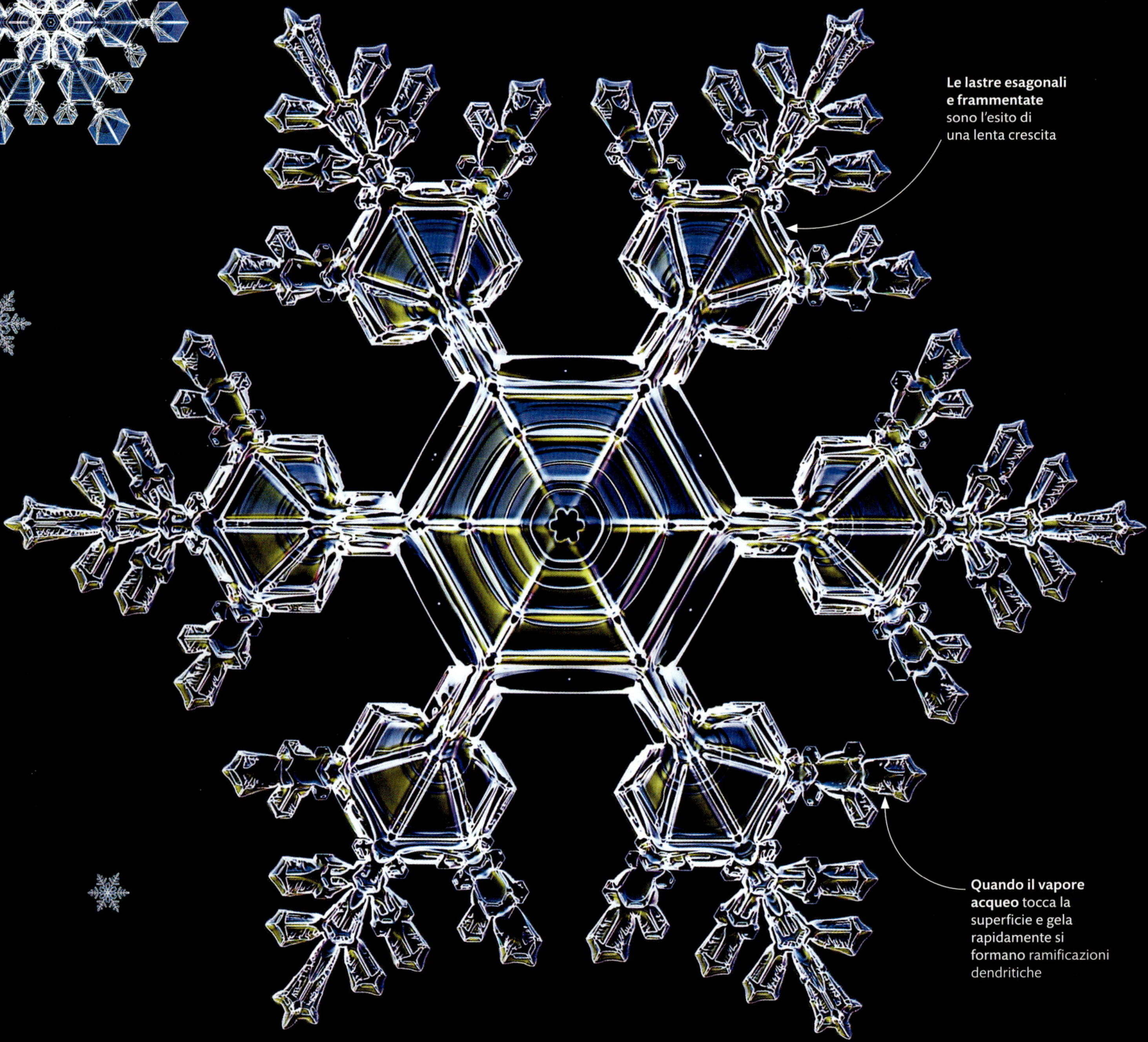

neve

Quando fa freddo, il vapore acqueo che si condensa attorno a particelle di polvere e di altro tipo forma minuscoli cristalli di ghiaccio. Quando su questi cristalli primari le goccioline surraffreddate delle nubi gelano, si formano fiocchi di neve che, crescendo, assumono configurazioni uniche ed elaborate, di dimensioni fra i 2 i 10 mm. A causa della struttura interna dei cristalli di ghiaccio primari da cui derivano, i fiocchi di neve sono sempre esagonali. Spostandosi nell'aria turbolenta, si scontrano e si aggregano, fino a formare i fiocchi di neve vaporosi che alla fine cadono al suolo.

Questo fiocco di neve ha forma quasi interamente dendritica, perciò ha avuto una crescita rapida

MORFOLOGIA DEI FIOCCHI DI NEVE

Le forme assunte dai fiocchi di neve dipendono anche dalla temperatura e dall'umidità dell'aria. Con scarsa umidità si formano lastre solide e prismi, con un'umidità maggiore emergono elaborate forme dendritiche e delicate strutture ad ago. I fiocchi più grandi e le nevicate più intense si hanno fra 0 °C e -5 °C, quando l'aria contiene più umidità. A temperature molto inferiori l'aria è più secca, con meno neve e fiocchi più piccoli.

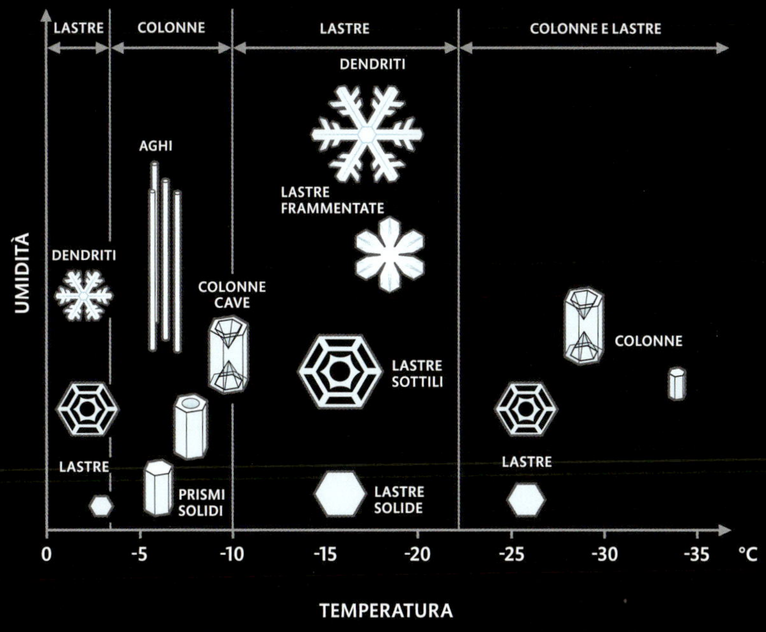

Fiocchi di neve

Anche nei fiocchi di neve più comuni vi sono magnifici e delicati disegni ornamentali, come illustrano queste microfotografie. La crescita lenta può dare origine a lastre esagonali e frammentate, mentre con una crescita più rapida e meno stabile si hanno sottili ramificazioni dendritiche. La varietà di condizioni può produrre fiocchi di forme molto differenti.

Prisma esagonale molto sottile

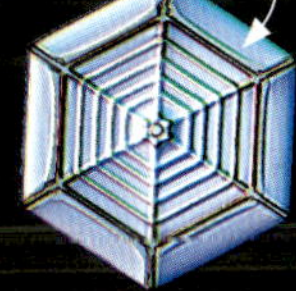

LASTRA ESAGONALE

Lastra con ampi bracci e creste

LASTRA FRAMMENTATA

Cristallo sottile, simile a un capello

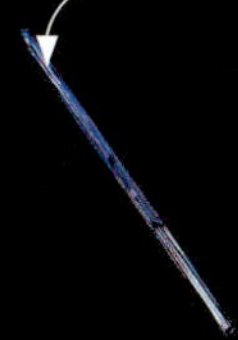

AGO

Zona cava a ciascuna estremità

COLONNA CAVA

Esito della crescita di lastre su una colonna

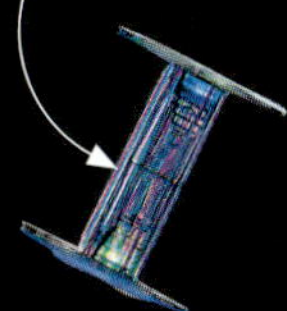

COLONNA TAPPATA

Più colonne che crescono assieme

ROSETTA

Il centro di questo fiocco di neve è formato da una semplice lastra esagonale

Forme di fiocchi di neve

La forma definitiva dei fiocchi di neve, che sono cristalli di ghiaccio simmetrici ed esagonali, dipende dalle condizioni in cui crescono. Se le forme dendritiche sono le più note, i fiocchi possono formare anche lastre, aghi, colonne o rosette.

Supercella
Talvolta in un cumulonembo le correnti ascensionali e discensionali si separano e ruotano le une attorno alle altre, formando un fronte temporalesco più vasto detto supercella. Questo esempio del Nebraska presenta un fulmine a zigzag, una tromba d'aria vorticante e intense precipitazioni.

Grandine
La grandine, che si forma nelle intense correnti ascensionali dei cumulonembi, è costituita da sfere arrotondate di ghiaccio compatto formate dal congelamento e dall'accumulo di strati di acqua surraffreddata.

La grandine in crescita bagnata si forma quando si scontrano e si aggregano cristalli di ghiaccio più piccoli

temporali

I temporali si generano all'interno dei cumulonembi, gigantesche nubi con una base scura e minacciosa situata a poche centinaia di metri dal suolo e colonne vaporose che possono raggiungere la sommità della troposfera (strato inferiore dell'atmosfera terrestre) a una quota di 12 km. Provocano improvvisi e brevi diluvi con pioggia, grandine o neve, accompagnati da fulmini, tuoni e perfino trombe d'aria. Possono accumulare un'energia pari a 10 bombe atomiche di Hiroshima e causare notevoli danni. I temporali sono comuni in particolare nella zona equatoriale calda e umida ma, a parte le regioni polari, sulla Terra si verificano ovunque.

FORMAZIONE DI UN TEMPORALE

Quando l'aria calda e umida sale, si condensa formando goccioline d'acqua. Se la massa d'aria è fortemente instabile, questo moto di convezione può essere rapido, causando la formazione di cumulonembi. Inoltre emette calore, provocando ulteriori correnti ascensionali di aria calda, che possono superare i 150 km/h, e analoghe correnti discensionali di aria fredda. Se la nube raggiunge la tropopausa, si forma una struttura piatta a incudine. Talvolta le correnti ascensionali ad alta velocità oltrepassano la superficie, formando una cupola.

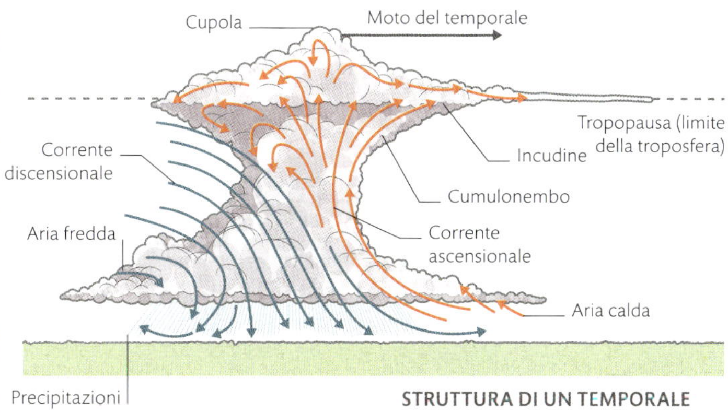

STRUTTURA DI UN TEMPORALE

Le Grandi Pianure dell'America del Nord si estendono dal Texas al Canada. Queste terre, caratterizzate da condizioni meteorologiche estreme, ospitano la cosiddetta Tornado Alley (pista dei tornado), regione nota per l'elevato numero di trombe d'aria. Sebbene la zona abbia più tornado di ogni altro luogo del mondo, secondo gli scienziati i più intensi, pericolosi e di lunga durata devastano regioni situate più a sud e a est.

in evidenza Tornado Alley

Una tromba d'aria ha inizio presso la sommità di un cumulonembo, dove l'aria calda ascendente inizia a ruotare, formando al centro una sorta di imbuto. Le correnti discensionali di aria fredda sospingono in basso questo imbuto vorticante, che fuoriesce dalla base della nube. Al ridursi del raggio, l'imbuto ruota sempre più rapidamente e quando tocca terra diventa una tromba d'aria o un tornado, che può durare da pochi secondi a oltre un'ora. Per valutarne l'intensità, i meteorologi usano la scala Fujita avanzata, da EF0 a EF5. I venti più forti mai registrati a livello EF5 hanno raggiunto la sbalorditiva velocità di 480 km/h. Le trombe d'aria possono raggiungere i 7 km di larghezza e percorrere oltre 300 km.

L'area della Tornado Alley, che si estende grossomodo dal Texas a sud al South Dakota a nord, registra circa 1.000 trombe d'aria l'anno. Questa zona è ideale per lo sviluppo di intense tempeste da cui emergono i tornado, poiché l'aria calda e umida che si sposta verso nord dal golfo del Messico incontra quella fredda e secca proveniente dal Canada e dalle montagne Rocciose, dando origine a condizioni atmosferiche instabili.

Percorso di distruzione

La devastazione totale o un pericolo scampato è la lotteria che devono affrontare gli abitanti della Tornado Alley

Aria violenta
Di solito, nell'emisfero boreale le trombe d'aria ruotano in senso antiorario a causa della rotazione terrestre. Quelle che ruotano in senso orario, dette anticicloniche, sono rare. Questo tornado anticiclonico presso Simla, nel Colorado, ha sollevato tonnellate di polvere e detriti dalle pianure e sta per devastare una sventurata fattoria.

Vetro naturale con l'elettricità
La folgorite è un tipo di vetro naturale dovuto alla fusione di sabbia e limo a causa del calore intenso, come quando un fulmine raggiunge il suolo. Questa folgorite blu ha avuto origine quando un albero caduto ha incanalato per diverse ore l'energia delle linee elettriche verso il suolo, riscaldandolo e formando vetro.

elettricità nell'aria

In media nel mondo ci sono ogni giorno 3 milioni di fulmini, il 70% dei quali sopra i tropici. Il fulmine è l'esito spettacolare di un'improvvisa scarica di elettricità statica da parte delle nubi temporalesche. Quando la carica elettrostatica si accumula determinando una differenza di potenziale di decine di milioni di volt, l'atmosfera non riesce più a fungere da isolante, perciò si scatenano fulmini diffusi tra nube e nube o fulmini lineari che raggiungono il suolo. I fulmini, normalmente larghi due dita e lunghi 2-3 km, emettono una luce abbagliante causata dal surriscaldamento dell'aria fino a 30.000 °C in meno di un secondo. Il calore fa espandere rapidamente l'aria, provocando un'onda d'urto acustica, il tuono.

Fulmini vulcanici
Durante grandi eruzioni (come questa del vulcano Eyjafjallajökull, in Islanda) nell'atmosfera si riversano cenere, acqua e gas. Il moto turbolento delle particelle nella nube di cenere può far accumulare elettricità statica e causare fulmini, come nelle nubi temporalesche.

FORMAZIONE DEI FULMINI

Le particelle di pioggia, neve, ghiaccio e grandine, trascinate in su e in giù dalle correnti d'aria in una nube, entrano in collisione. Si staccano ioni positivi che migrano verso particelle più piccole in moto ascendente, come i cristalli di ghiaccio, mentre gli ioni negativi vanno verso chicchi di grandine più pesanti presso la base della nube. Alla fine, l'accumulo di cariche elettriche opposte provoca il fulmine all'interno della nube o fra una nube e l'altra, ma anche verso il suolo.

Spiritelli rossi
Più fiochi, più rapidi e notevolmente più grandi dei lampi dei fulmini, gli spiritelli rossi sono eventi ottici sfuggenti, di breve durata, che si verificano molto al di sopra dei temporali attivi. Il colore rosso è dovuto alla luce emessa dall'azoto ionizzato. I filamenti discendendo possono diventare di colore verde-azzurro. Questi sono stati fotografati dall'osservatorio McDonald nel Texas.

Getto gigante
Osservati qui dall'Osservatorio internazionale Gemini delle Hawaii, i getti giganti schizzano verso l'alto da nubi temporalesche molto cariche di elettricità. I colori bianco e azzurro del getto iniziale terminano con una fontana rossa presso la termosfera (v. p. 210).

Folletti, getti, elfi

I resoconti di piloti che furono testimoni oculari di queste luci inspiegabili all'inizio non furono presi sul serio dai meteorologi, finché nel 1989 i fenomeni furono videoregistrati. Questi eventi luminosi transitori, che fanno parte di una famiglia di fenomeni di scariche elettriche su vasta scala, sono detti folletti o spiritelli rossi, getti ed elfi, e illuminano l'atmosfera come fuochi d'artificio. Si stima che ce ne siano diversi milioni ogni anno, ma da terra si osservano raramente, poiché si verificano a quote di 40-100 km e in genere durano appena un millisecondo. I più comuni sono i folletti, che producono delicati filamenti pendenti sotto un alone.

EVENTI LUMINOSI TRANSITORI
Questi fenomeni sono innescati da una normale scarica di fulmine verso il suolo nella troposfera (v. p. 210), ma si verificano principalmente nella stratosfera e nella mesosfera e sono forme di plasma luminoso (particelle cariche) dovute all'induzione elettrica. I folletti si spostano verso il basso dall'alta mesosfera, mentre il bagliore rosso in espansione degli elfi si verifica ancora più in alto. I getti (scariche elettriche fra nube e aria simili ai fulmini) si estendono verso l'alto per decine di chilometri. Altri eventi transitori, tra cui troll, fate, fantasmi e gnomi, sono ancora poco compresi.

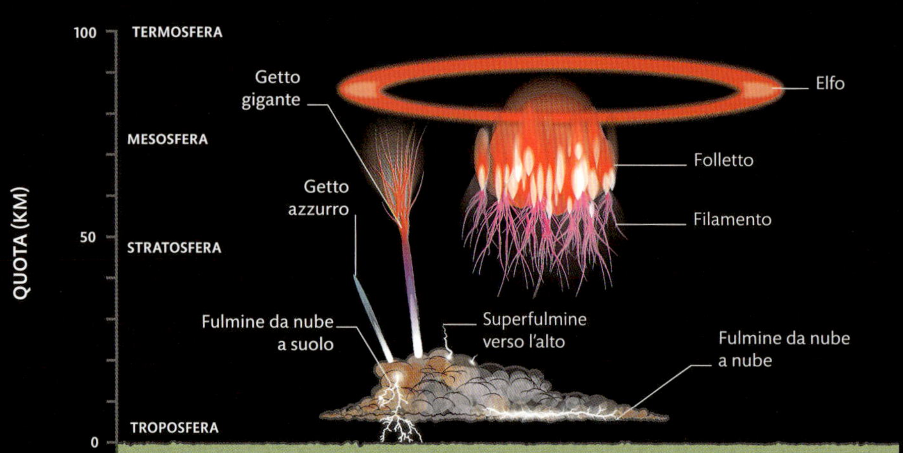

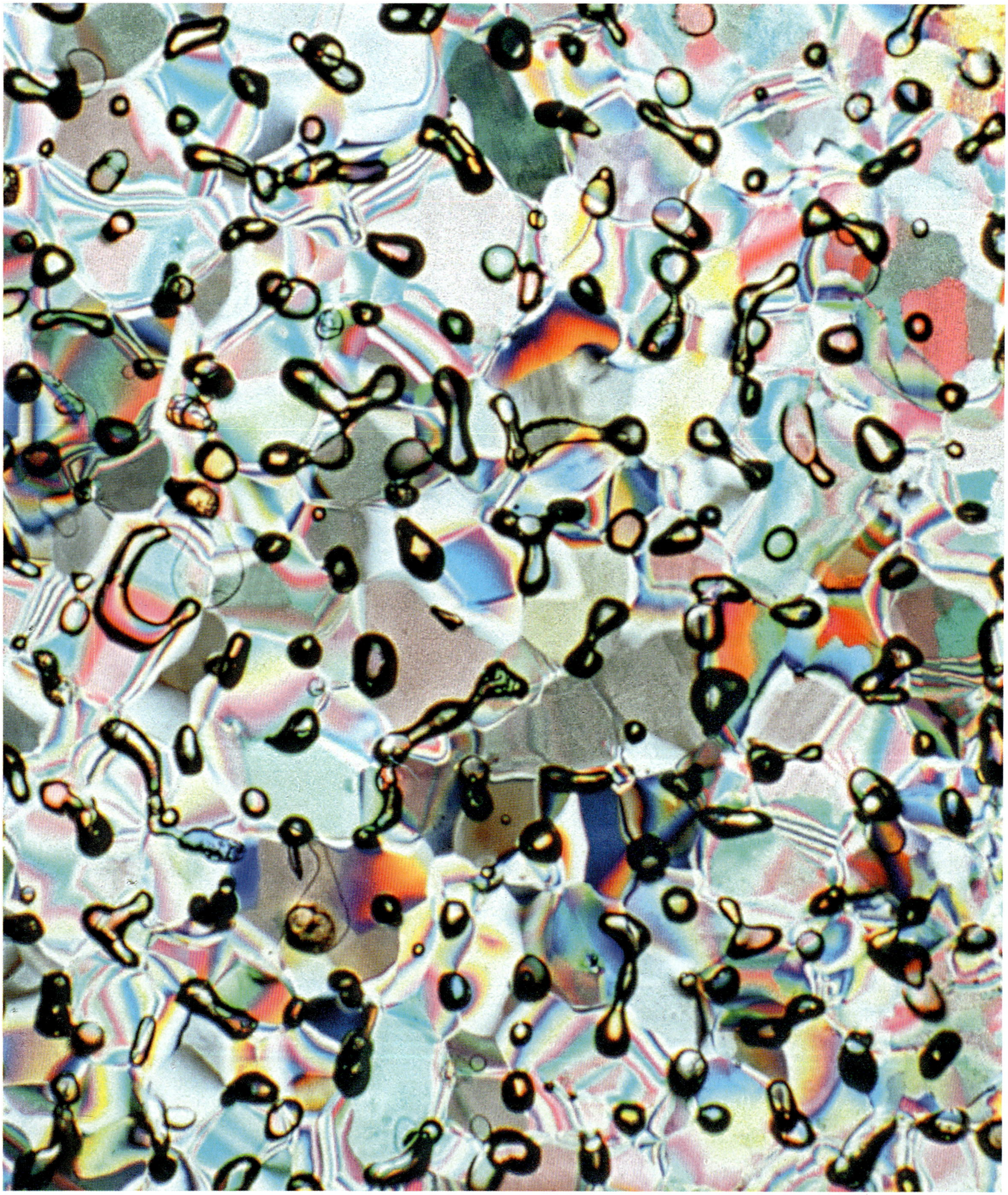

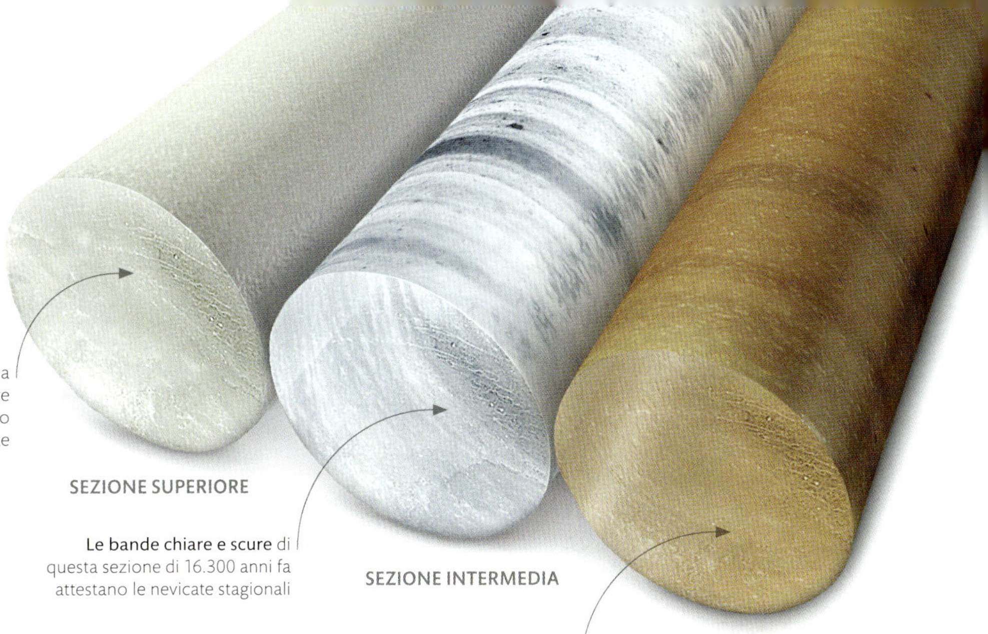

Carote di ghiaccio dalla Groenlandia
Con trivelle rotanti termiche che fanno fondere il ghiaccio si estraggono sottili cilindri. Le carote vengono conservate in giganteschi congelatori, poi esaminate e campionate. Qui tre sezioni estratte dalla calotta glaciale della Groenlandia contengono informazioni svelate da ghiaccio prelevato a profondità differenti.

storia delle scienze della Terra

carote di ghiaccio

Studio della calotta glaciale in Groenlandia
Il glaciologo tedesco Ernst Sorge (1899-1946) durante una spedizione in Groenlandia negli anni 1930-1931. Nel corso della sua missione scavò un pozzo profondo 15 m per eseguire le prime registrazioni di densità e temperatura del ghiaccio sepolto.

Le carote di ghiaccio contengono piccole bolle di gas atmosferici del passato che sono state intrappolate e sepolte sotto ghiacciai e calotte glaciali, perciò registrano il clima di un arco di tempo fino a 800.000 anni. Alcune carote contengono ghiaccio di oltre 2 milioni di anni fa. Le più profonde, prelevate nell'Antartide, penetrano fino a oltre 3.000 m e contengono testimonianze della correlazione fra i livelli di gas serra e i cambiamenti climatici.

Da tempo gli scienziati sono curiosi di scoprire i segreti celati sotto gli spessi strati di ghiaccio presenti nei ghiacciai e nelle regioni polari. Louis Agassiz (1807-1873), americano di origine svizzera e pioniere delle teorie sulle glaciazioni, usava verghe di ferro per scavare nei ghiacciai alpini. All'inizio del XX secolo, per esaminare il ghiaccio antartico si usavano la trivellazione con pozzo non rivestito, pozzi verticali e scavi a trincea. Metodi simili furono impiegati negli anni '30 da Ernst Sorge (sopra a sinistra) per lo studio della calotta glaciale in Groenlandia.

Le prime carote (o testimoni) di ghiaccio profondo furono prelevate negli anni '50 in Groenlandia e in Antartide. Da allora ne sono state estratte numerose, poi conservate per le ricerche. Gli scienziati rilevano il livello di elementi fondamentali per datare con precisione i campioni. Nel ghiaccio formatosi durante i periodi glaciali e interglaciali sono presenti forme diverse di ossigeno. I dati offrono testimonianze precise sul clima del passato, indicando accumulo di neve, variazioni di temperatura, regresso dei ghiacciai e mutamenti nella composizione dei mari e dell'atmosfera. Il particolato delle carote di ghiaccio attesta anche le principali eruzioni vulcaniche e gli incendi boschivi. L'analisi dei carotaggi provenienti dai ghiacciai di tutto il mondo consente inoltre di capire meglio le variazioni naturali del clima.

Bolle d'aria del passato
Questa fettina sottilissima di ghiaccio antartico presenta centinaia di piccole bolle d'aria intrappolate fra i cristalli di ghiaccio. Le bolle contengono azoto, ossigeno, argo, anidride carbonica e metano e forniscono dati essenziali sulla composizione dell'atmosfera all'epoca in cui rimasero intrappolate. L'effetto colorato è causato da un'illuminazione polarizzata del ghiaccio.

> "L'era di freddo intenso che ha preceduto quella attuale [...] è stata solo un'oscillazione temporanea della temperatura terrestre."
>
> LOUIS AGASSIZ, 1837

Periodo attuale
Durante le glaciazioni la Terra oscilla fra periodi freddi, con vaste calotte glaciali polari, e periodi interglaciali più caldi, con meno ghiaccio e mari più alti. Oggi viviamo in un periodo interglaciale all'interno dell'attuale era glaciale. Il ghiaccio si è ritirato dopo l'ultima glaciazione, che giunse all'apice 22.000 anni fa. Ciò nonostante, la calotta antartica ha uno spessore di 2.100 m e copre intere montagne, lasciandone visibili solo le vette, dette *nunatak*.

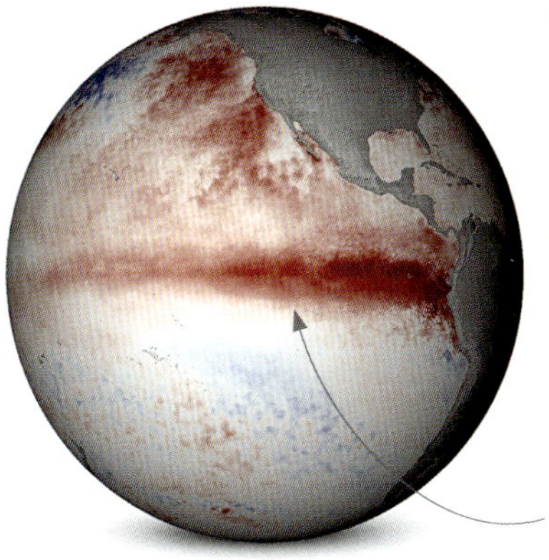

L'acqua superficiale del Pacifico orientale subisce un eccesso di calore (in rosso), provocando un clima più arido e caldo nell'America del Nord

Fenomeno El Niño
A intervalli di qualche anno, una periodica oscillazione naturale del sistema oceano-atmosfera riscalda in maniera significativa le acque superficiali del Pacifico. Questa fase, definita El Niño, influenza profondamente il clima terrestre e può riscaldare il pianeta anche di 0,7 °C.

cambiamento climatico

Circa 100 milioni di anni fa, nei pressi del Polo Nord vivevano palme e coccodrilli; oggi la regione è coperta dal ghiaccio. Il clima terrestre si alterna fra due stati, simili a una serra e a una ghiacciaia. Le ere glaciali presentano basse temperature, ghiacciai sui continenti e calotte glaciali nelle regioni polari, mentre i periodi interglaciali sono caratterizzati dall'aumento delle temperature mondiali e dal regresso dei ghiacci. Questi cambiamenti naturali del clima planetario sono causati dalle variazioni della radiazione solare, dalla posizione di continenti e oceani e dai gas serra.

CICLI DI MILANKOVIĆ

Le fluttuazioni della rivoluzione attorno al Sole e della rotazione della Terra sul proprio asse provocano regolari cambiamenti climatici. I cicli prendono il nome da Milutin Milanković, il matematico serbo che per primo ne descrisse l'effetto, e causano l'alternanza dei periodi glaciali e interglaciali. L'attuale glaciazione del Quaternario ebbe inizio poco più di 2,5 milioni di anni fa.

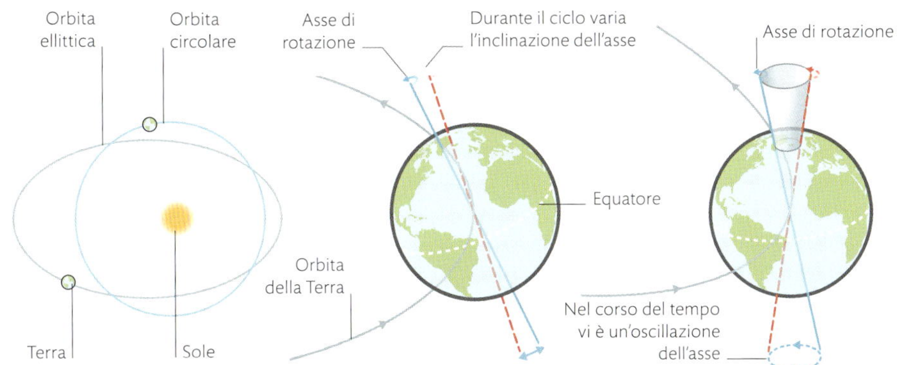

ECCENTRICITÀ
Nell'arco di circa 100.000 anni l'orbita della Terra passa da quasi circolare a nettamente ellittica (eccentrica).

INCLINAZIONE
In un periodo di 42.000 anni l'inclinazione dell'asse terrestre varia tra i 24,5° e i 22,1°.

PRECESSIONE
L'asse terrestre oscilla leggermente con un ciclo di quasi 26.000 anni, definito precessione.

pianeta vivente

La parte vivente della Terra, la biosfera, forma sulla superficie una sottile pellicola che misura meno di 2 millesimi del diametro terrestre. Nondimeno, negli ultimi 4 miliardi di anni questo piccolo strato ha avuto un influsso profondo sullo sviluppo del pianeta. I processi biologici hanno trasformato l'atmosfera terrestre, e gli organismi viventi hanno lasciato resti fossili che ci consentono di ripercorrere il cammino dell'evoluzione e di ricostruire in dettaglio la storia geologica.

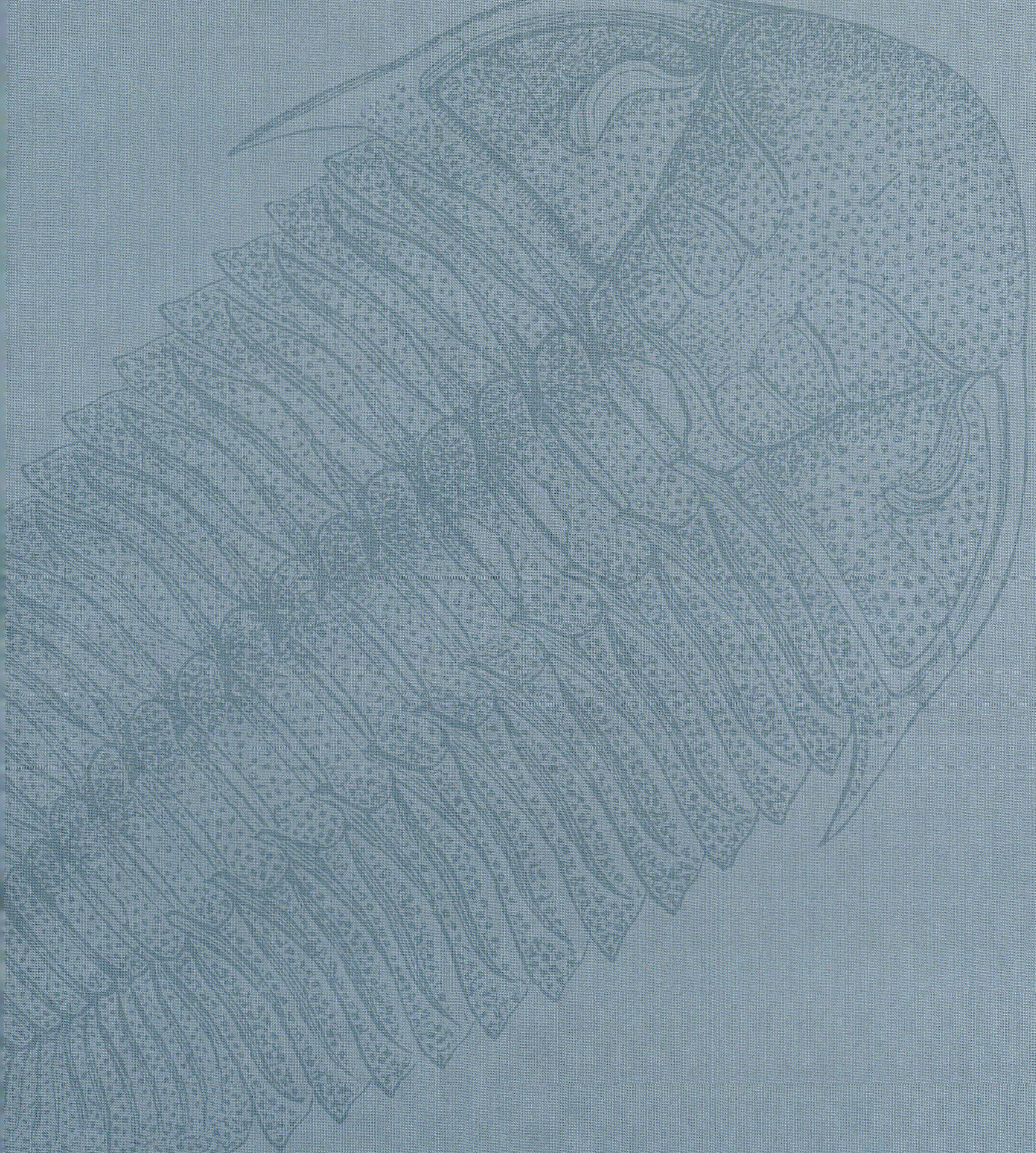

biosfera

Le parti della Terra adatte alla vita si limitano alla superficie, ossia a uno strato di roccia, acqua e aria definito biosfera, il cui spessore equivale a meno dello 0,2% del diametro terrestre. Questo straordinario rivestimento vivente è l'unico esempio finora scoperto nell'universo. Penetra nelle fosse oceaniche e raggiunge le montagne più alte. A questi estremi le forme di vita sono poche e specializzate per poter affrontare l'ambiente ostile. Ma più in prossimità del livello del mare, sulla terraferma e negli oceani, vi è vita brulicante in foreste, deserti, fiumi, laghi e nel vasto mondo marino. Quasi tutte le forme di vita sono legate alla luce solare, poiché le piante e le alghe, che con la fotosintesi producono sostanze nutritive, sono alla base di complesse catene alimentari.

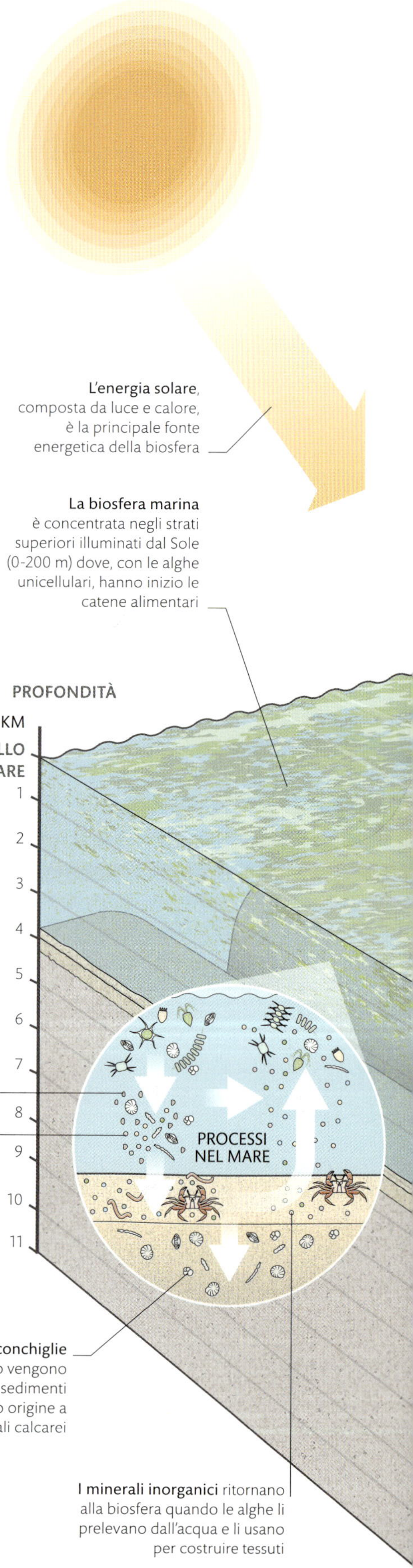

Minerali, non luce solare
Nelle profondità degli oceani alcuni organismi vivono senza l'energia del Sole. Qui le sorgenti idrotermali vulcaniche emettono flussi caldi di acqua marina ricca di minerali. I batteri per alimentarsi ricavano energia dai minerali, mentre gli invertebrati si nutrono di tali batteri e, a loro volta, costituiscono il cibo dei predatori come i pesci.

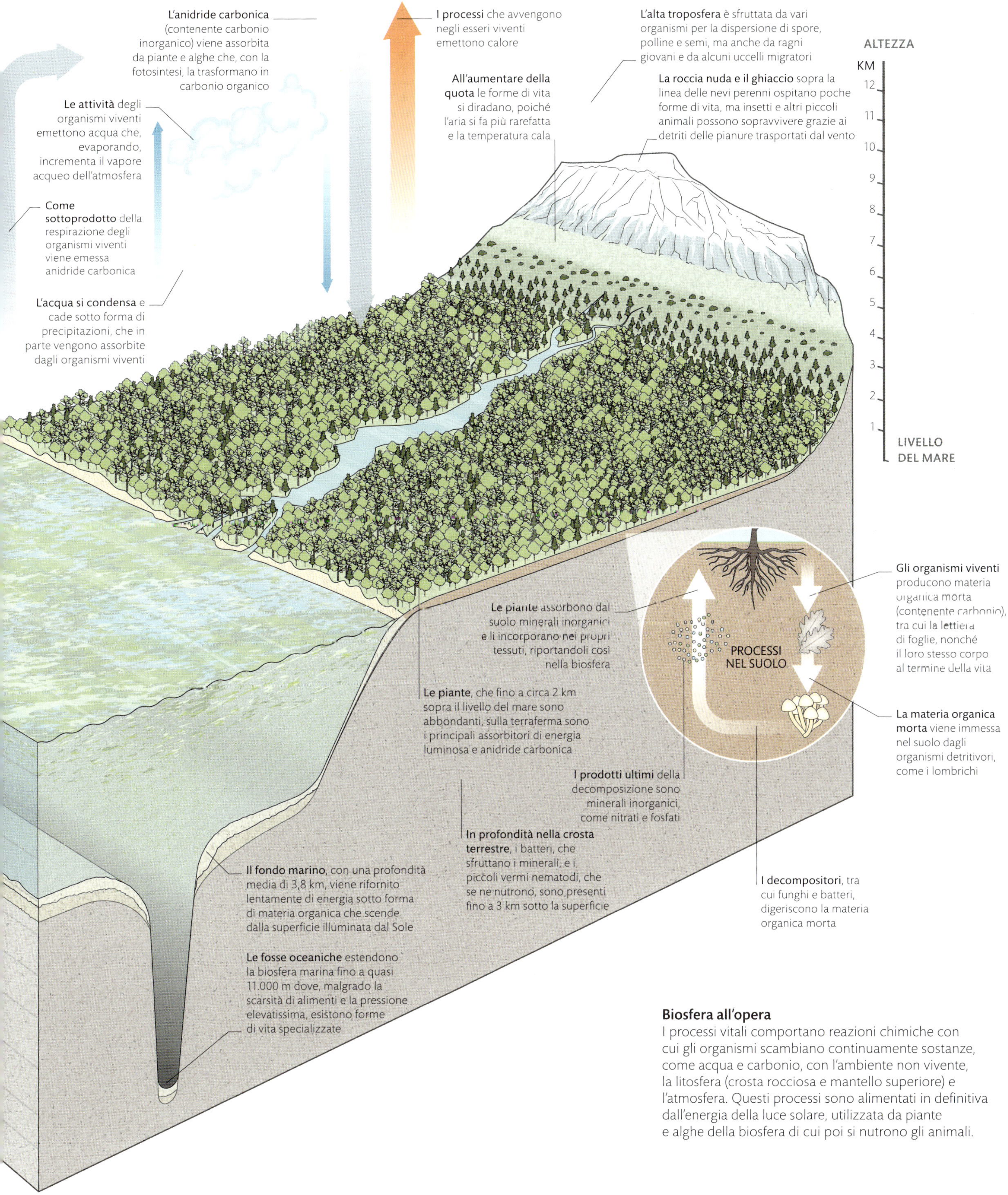

Biosfera all'opera

I processi vitali comportano reazioni chimiche con cui gli organismi scambiano continuamente sostanze, come acqua e carbonio, con l'ambiente non vivente, la litosfera (crosta rocciosa e mantello superiore) e l'atmosfera. Questi processi sono alimentati in definitiva dall'energia della luce solare, utilizzata da piante e alghe della biosfera di cui poi si nutrono gli animali.

milioni di specie

La Terra è l'unico pianeta conosciuto a possedere forme di vita, e la sua biosfera (v. pp. 246-247) presenta una strabiliante varietà di colori, forme e movimenti. Ogni specie ha sviluppato un proprio modo di sopravvivere e di riprodursi, e tutte discendono per evoluzione da un unico antenato che, 4 miliardi di anni fa, era formato da una sola cellula. Oggi la diversità di microrganismi, piante e animali è massima nelle foreste antiche e nelle scogliere coralline, ma esistono forme di vita ovunque sia possibile alimentarsi e assorbire ossigeno (trovando un metodo adatto), dalle montagne più alte alle più profonde fosse oceaniche.

Compagni di impollinazione
Insetti e piante da fiore sono gli elementi più ricchi di specie della biodiversità terrestre. La farfalla galatea, *Melanargia galathea*, succhia il nettare del fiordaliso vedovino, *Centaurea scabiosa*, e ne trasmette il polline, portando avanti una collaborazione tra insetti e piante da fiore evolutasi milioni di anni fa, il cui esito è la strabiliante diversità degli uni e delle altre.

Diversità preistorica
Questa lastra di roccia di 420 milioni di anni fa è un'istantanea della biodiversità antica. Presenta fossili di una comunità di scogliera, con antenati degli attuali animali marini.

EVOLUZIONE DELLE SPECIE PER SEPARAZIONE GEOGRAFICA

Nell'arco di milioni di anni le forme di vita mutano per evoluzione: le popolazioni si dividono e le loro caratteristiche possono divergere al punto che nascono specie diverse. In ogni momento la diversità deriva dall'equilibrio fra la comparsa di nuove specie e l'estinzione di altre, le cui popolazioni non sono sopravvissute.

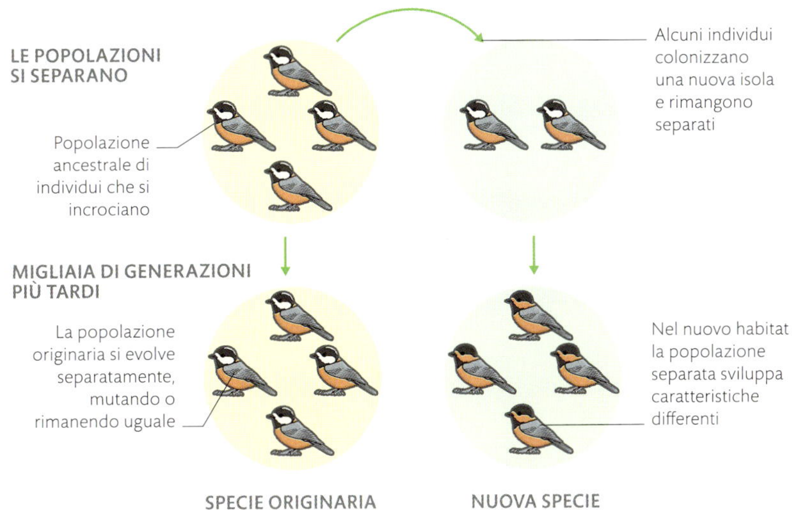

vita primordiale

Per oltre mezzo miliardo di anni dall'inizio della sua esistenza, la Terra fu priva di vita. Dato però il tempo lunghissimo a disposizione, le rare reazioni chimiche possibili sulla superficie ricca di minerali divennero probabili, forse inevitabili. A loro volta, le reazioni produssero la prima materia organica complessa, e alla fine alcune molecole in grado di autoreplicarsi, avvolte in membrane oleose, divennero le prime cellule viventi. Non si sa di preciso dove siano comparse le prime forme di vita, anche se un'ipotesi fondata indica le sorgenti idrotermali sul fondo marino. Ma almeno 3,4 miliardi di anni fa tali forme di vita avevano ormai colonizzato i mari bassi, lasciando strani cumuli rocciosi fossili detti stromatoliti.

Queste piccole forme scure verticali sono impronte lasciate da ciuffi di alghe cresciute verso la luce solare

I "rami" laterali nacquero quando le alghe unicellulari si spostarono verso l'alto su uno strato di mucillagine

Stromatoliti viventi
Le stromatoliti, come queste della Baia degli Squali nell'Australia occidentale, continuano a crescere ancora oggi. Sono presenti solo in luoghi inospitali per gli animali predatori dei microrganismi che le producono, per esempio zone in cui l'acqua è troppo salata.

Sullo strato superficiale rimangono microrganismi attivi

La parte inferiore è formata da residui di precedenti comunità microbiche di superficie

DA BIOFILM A STROMATOLITE

Ancora oggi molti microrganismi (tra cui batteri e alghe) producono una mucillagine appiccicosa che mantiene le loro cellule ammassate in sottili colonie, dette biofilm. I cianobatteri, che praticano la fotosintesi, necessitano di luce, perciò migrano continuamente verso l'alto, lasciando al di sotto strati morti di biofilm. La mucillagine lega i sedimenti, che si accumulano in strati e nell'arco di migliaia di anni si cementano, formando stromatoliti rocciose.

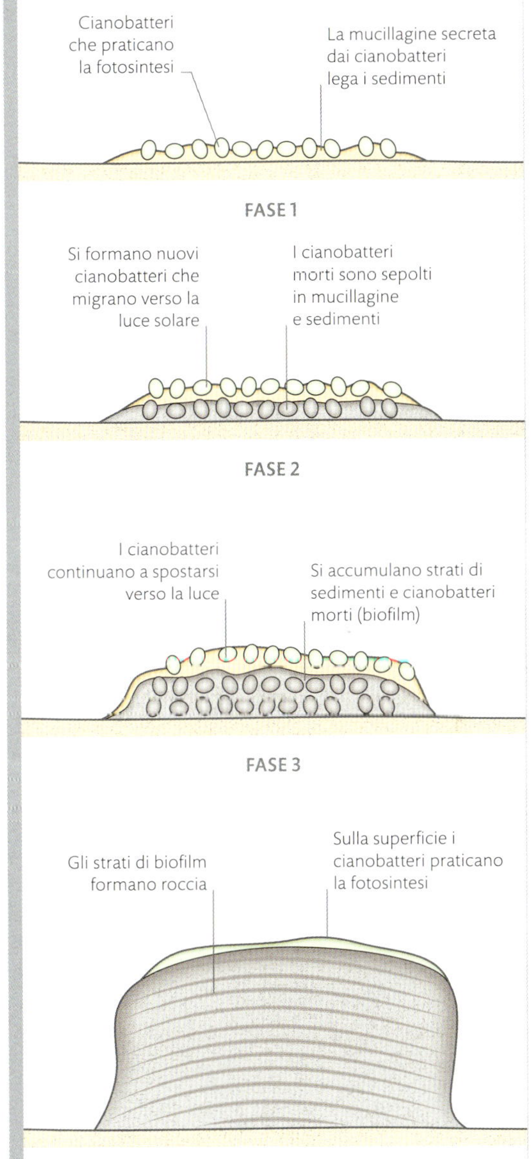

Strati a cupola accumulatisi su residui di ciuffi di alghe

Gli strati inferiori si formarono a partire da alghe morte quando al di sopra ne crebbero di nuove, occultando la luce

Da microrganismi a marmo
Questo calcare stromatolitico risalente alla prima epoca dei dinosauri (miliardi di anni dopo la nascita delle prime stromatoliti) indica che dei semplici microrganismi hanno scolpito le rocce per tutta la storia della vita sulla Terra. Le grosse strie nero-azzurre un tempo erano ciuffi appiccicosi di alghe viventi che costruivano cumuli di fango; nell'arco di migliaia di anni sono solidificate diventando calcare, che poi è cristallizzato dando origine al marmo.

Roccia con ferro a bande

Il minerale di ferro si sviluppa da ossidi prodotti dalla reazione tra sali di ferro solubili e ossigeno. Nel tempo, con l'aumento e la diminuzione di microrganismi produttori di ossigeno, nelle rocce sedimentarie del fondo marino si formarono bande, corrispondenti alle variazioni stagionali dell'attività dei microrganismi. Il moto della crosta terrestre le ha portate in superficie, come questa trovata nelle zone minerarie dell'Australia occidentale.

VITA PREISTORICA E OSSIGENAZIONE

I primi organismi in grado di praticare la fotosintesi furono i microbi che costruivano le stromatoliti (v. pp. 250-251) in mari bassi soleggiati. I sali di ferro che risalivano dal mare profondo reagirono con l'ossigeno depositando bande di ossido di ferro solido, ossia ruggine. Con l'esaurirsi dei sali di ferro nell'acqua, l'ossigeno della fotosintesi si riversò nell'atmosfera, accumulandosi fino al livello attuale pari al 21%.

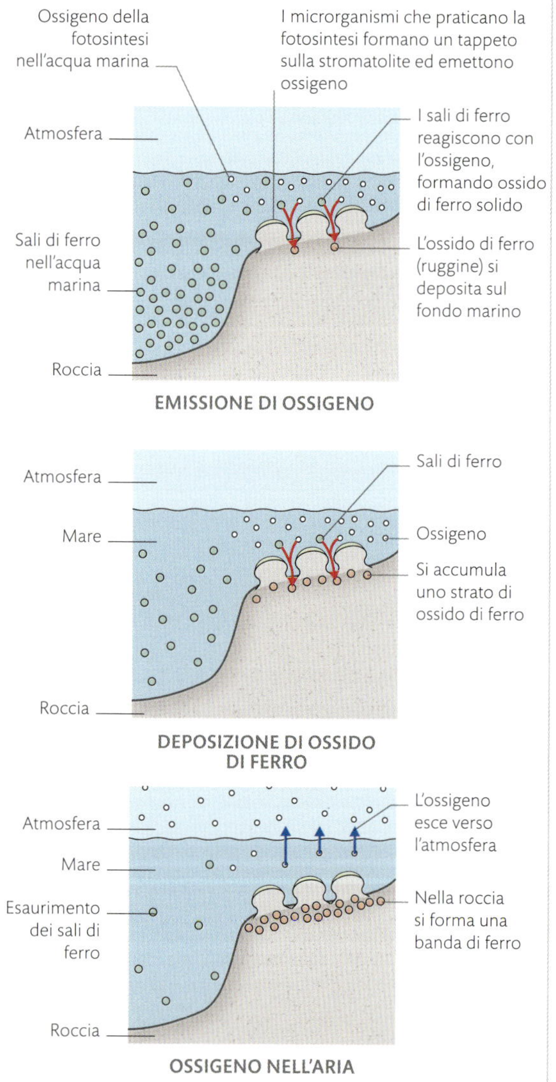

Le bande di colore più chiaro sono composte principalmente da granuli sparsi di calcedonio, minerale a base di silice contenente ossido di ferro

Le bande più scure hanno la massima concentrazione di ossido di ferro e sono costituite da magnetite ed ematite

Le bande dorate, dette "occhio di tigre", contengono una quantità intermedia di ferro

Le minuscole cellule di *Nostoc* formano catene legate da strutture ramificate

Bolle di ossigeno
Le appiccicose colonie sottomarine di cianobatteri *Nostoc* producono bolle di ossigeno. Oggi questi organismi che praticano la fotosintesi, assieme ad alghe e piante più complesse, arricchiscono di ossigeno aria e acqua

la vita trasforma la Terra

Oltre 2 miliardi di anni fa i primi microrganismi in grado di praticare la fotosintesi produssero ossigeno, dando origine a fantastiche configurazioni rocciose e influenzando per sempre il corso dell'evoluzione. Alcune delle più ricche concentrazioni di minerale di ferro del pianeta sono l'esito di questo evento agli albori della storia della vita. L'ossigeno reagì con le particelle di ferro disciolte nell'acqua marina, producendo minerali che si depositarono negli oceani preistorici sotto forma di minerale solido rosso. Quando il ferro solubile dei mari si esaurì, l'ossigeno dei microrganismi fuoriuscì verso l'aria, formando l'atmosfera respirabile oggi essenziale per la vita.

la vita si diversifica

Quando gli organismi unicellulari diedero origine a più grandi strutture pluricellulari, le forme di vita iniziarono a esercitare un effetto fisico maggiore sul mondo circostante. Gli animali possiedono nervi e muscoli, perciò hanno reazioni e movimenti rapidi ed energici, con cui agitano sedimenti e acqua in cerca di sostanze nutritive nella colonna d'acqua o nella materia morta sul fondo marino. I primi animali semplici si svilupparono circa 600 milioni di anni fa, nel periodo detto Ediacarano, dal nome delle colline di Ediacara nell'Australia Meridionale, dove i loro fossili sono particolarmente abbondanti.

Movimento in avanti
Lunga appena 3-5 cm, la *Spriggina* era un animale complesso il cui corpo presentava estremità differenti. Pertanto si muoveva in una sola direzione: dalla parte della testa.

FONDO MARINO MODIFICATO DAGLI ORGANISMI

Il moto dei primi animali dotati di muscoli modificò l'ambiente anche al di là del piatto fondo marino, rendendo adatte alla vita anche altre parti del mare. Alcuni animali spianavano la superficie, altri scavavano cunicoli. Gli uni e gli altri agitavano i sedimenti marini, ossigenando il fango e trasferendo sostanze nutritive nelle acque soprastanti.

SEZIONE TRASVERSALE DEL FONDO MARINO

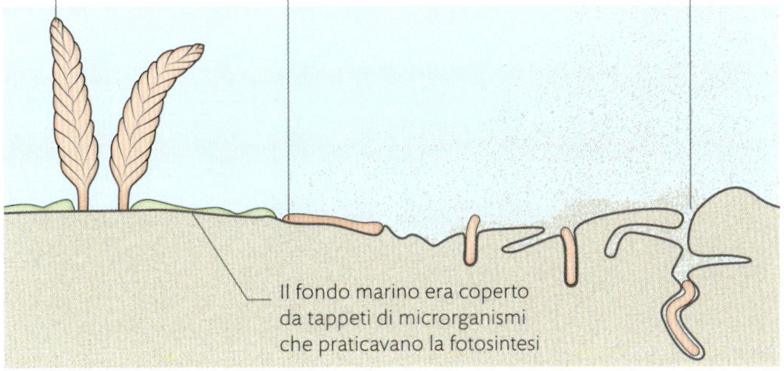

Vita sul fondo marino
Le impronte simili a foglie nervate di questi fossili di *Dickinsonia* indicano che tali organismi vivevano sul fondo marino. Le nervature lasciano supporre che il corpo fosse sostenuto da una dura sostanza cornea. Le tracce fossili sulla roccia potrebbero essere state lasciate da questi esseri viventi con il moto da un luogo all'altro.

Le "braccia" simili a piume catturano le particelle di cibo

CRINOIDE
Ordine Comatulidi

Guscio in due parti simile a quello dei molluschi bivalvi come i mitili

BRACHIOPODE
Lingula hians

Origine nel Cambriano
L'esplosione del Cambriano, quando ebbero origine molte strutture corporee animali, fu un'epoca di evoluzione intensa. Gli attuali crinoidi (parenti delle stelle marine) sono molto simili ai loro equivalenti del Cambriano. Alcuni animali, come i brachiopodi, in mezzo miliardo di anni sono cambiati tanto poco che sono detti "fossili viventi".

esplosione del Cambriano

Con l'avvento dei primi animali in grado di muoversi, che agitavano il fango e sfruttavano i minerali marini per costruirsi lo scheletro, le forme di vita iniziarono a influenzare i cicli di sedimenti e rocce anche al di là della biosfera. Gli animali che costruivano conchiglie e formavano scogliere accumulavano nel proprio corpo calcio e silice, e molti di loro sfruttavano la potenza muscolare per nuotare verso l'alto nella colonna d'acqua. All'inizio del Cambriano, circa 539-520 milioni di anni fa, ci fu un'esplosione nel loro sviluppo, colmando i mari preistorici con i lontani antenati degli attuali crostacei, gasteropodi ed echinodermi.

Fauna corazzata
Esoscheletri e conchiglie si preservano meglio rispetto al corpo molle, ed è proprio la prevalenza di fauna corazzata a spiegare la ricca diversità dei resti fossili del Cambriano. Qui si vedono i tubi conici di *Archotuba* (al centro), che forse racchiudevano un anemone di mare dal corpo molle e munito di tentacoli, e una trilobite (in alto), artropode dalle zampe articolate (v. pp. 278-279).

DIVERSITÀ MARINA DEL CAMBRIANO

I fossili degli animali marini del Cambriano rivelano componenti fisici, come gli apparati buccali e gli arti, che sono indizi importanti non solo delle abitudini alimentari, ma anche del movimento. La diversità indica una comunità di organismi nuotatori o striscianti, saprofagi e predatori, tutti legati fra loro nelle prime complesse catene alimentari. Diffondendosi verso l'alto dal fondo marino, dove ebbero origine i primi animali, colonizzarono il mare aperto, alcuni trasportati dalle correnti e formando il primo plancton, altri nuotando contro corrente.
In tal modo, la vita animale espanse la biosfera nelle tre dimensioni del mare.

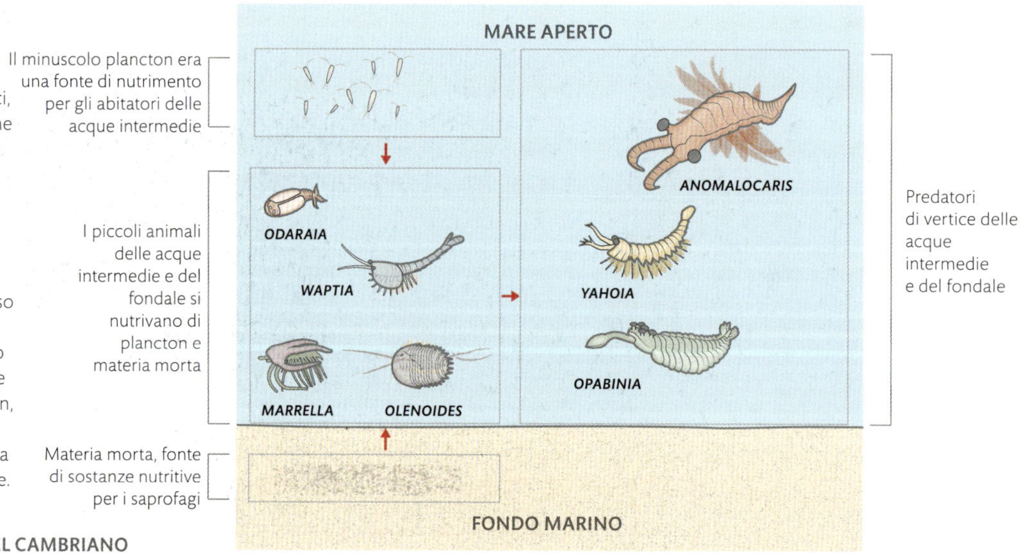

CATENA ALIMENTARE MARINA DEL CAMBRIANO

formazione di scogliere

Le scogliere coralline sono le più grandi strutture costruite da esseri viventi e si vedono dallo spazio. Sono opera di organismi che nell'arco di millenni depositano roccia sedimentaria. Le scogliere attuali sono costruite da polipi che usano minerali estratti dall'acqua di mare. Questi animali coloniali sono cugini di anemoni di mare e meduse, i cui antenati risalgono a mezzo miliardo di anni fa. Tuttavia la storia delle scogliere preistoriche è molto più ricca: quando le stromatoliti (v. pp. 250-251) furono consumate e quasi scomparvero, al loro posto giunsero esseri viventi diversificati, tra cui vari microrganismi, spugne, e in seguito tetracoralli.

Grande barriera corallina
Estesa lungo metà della costa orientale dell'Australia, la Grande barriera corallina è il più grande sistema odierno di questo genere. La sua complessa geografia di dorsali e isole subacquee forma un mosaico di habitat sottomarini. Come le scogliere del passato preistorico, è un focolaio di biodiversità marina: un luogo in cui un numero enorme di specie costruisce colonie e si evolve.

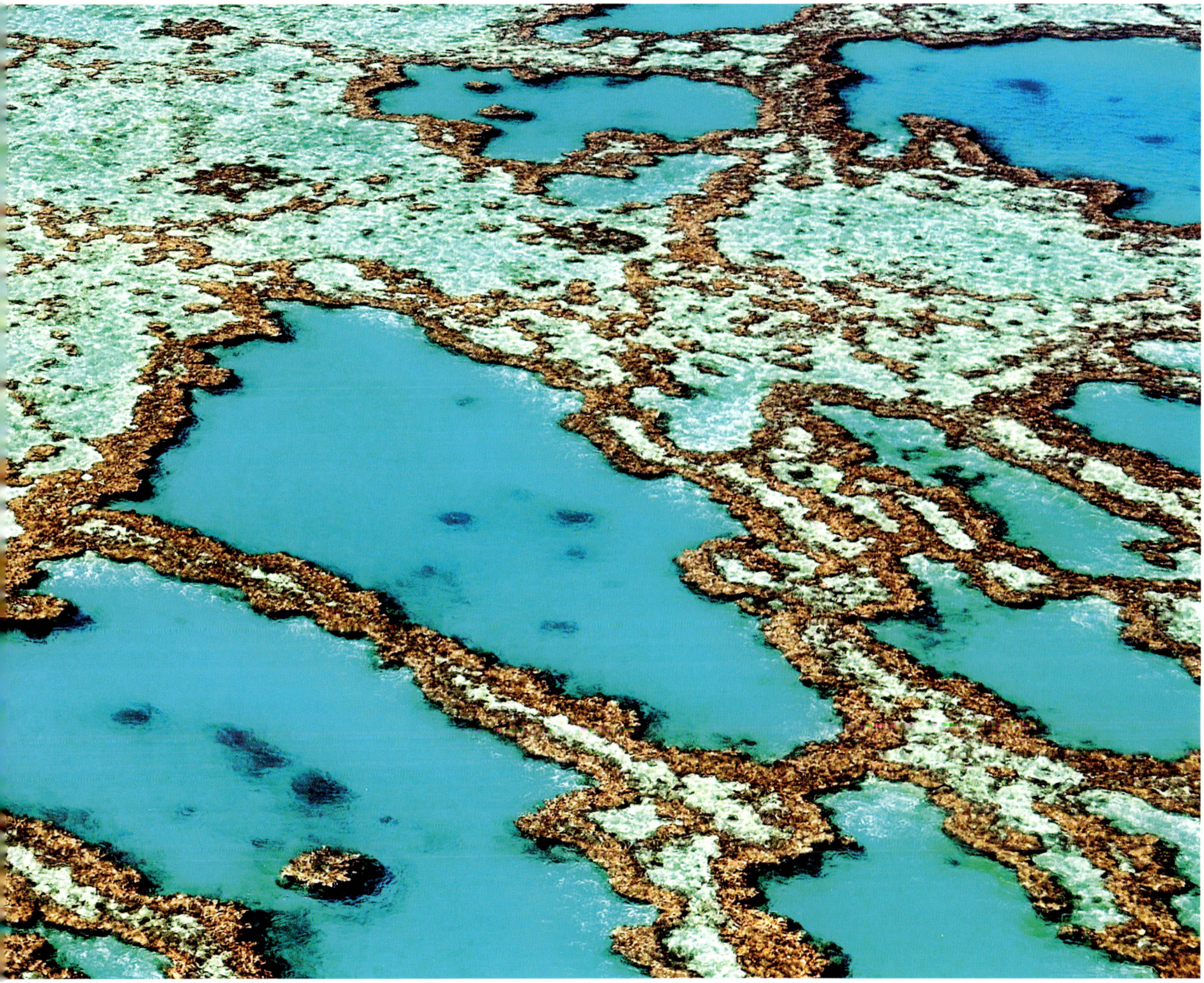

Scogliera fossile
Alcune delle prime scogliere della Terra furono costruite nel Cambriano dalle spugne archeociatidi, le cui colonie rocciose si sviluppavano a partire da una serie di coni cavi.

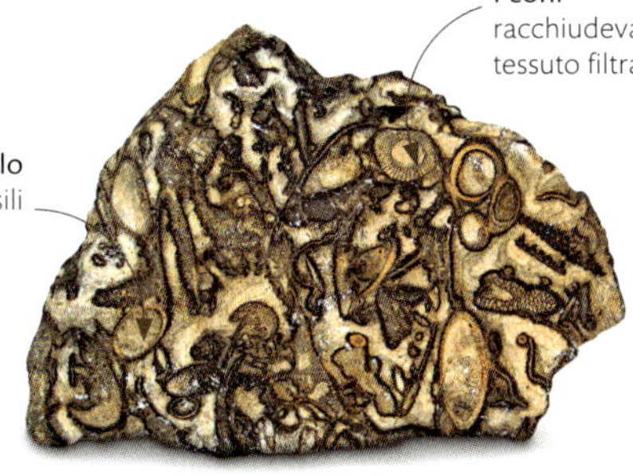

COSTRUTTORI DI SCOGLIERE DEL PASSATO E DEL PRESENTE

Gli attuali coralli esistono dall'epoca dei dinosauri, ma le scogliere precedenti furono costruite da vari tipi di organismi. Le prime erano formate da biofilm o spugne, che in seguito furono in gran parte sostituiti dai tetracoralli cornei e poi dai coralli odierni.

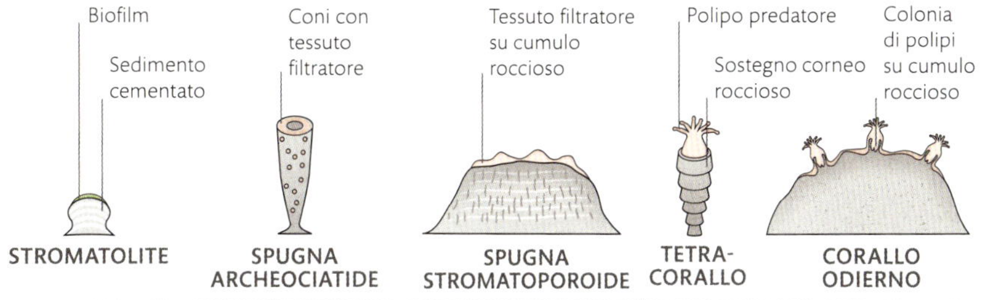

SVILUPPO DEI PESCI

I vertebrati hanno uno scheletro costituito da cartilagine e osso. I loro antenati invertebrati simili a pesci, risalenti a oltre 500 milioni di anni fa, possedevano invece lungo il dorso una struttura gommosa, detta notocorda, che consentiva movimenti laterali più energici per il nuoto. Con il tempo, la notocorda si rafforzò con cartilagine e osso che, oltre a sostenere le branchie, proteggevano il cervello e la spina dorsale. Gli archi branchiali tenevano aperte le branchie per l'assorbimento di ossigeno. In seguito, gli archi branchiali anteriori divennero mascelle articolate che consentivano di afferrare e mordere il cibo.

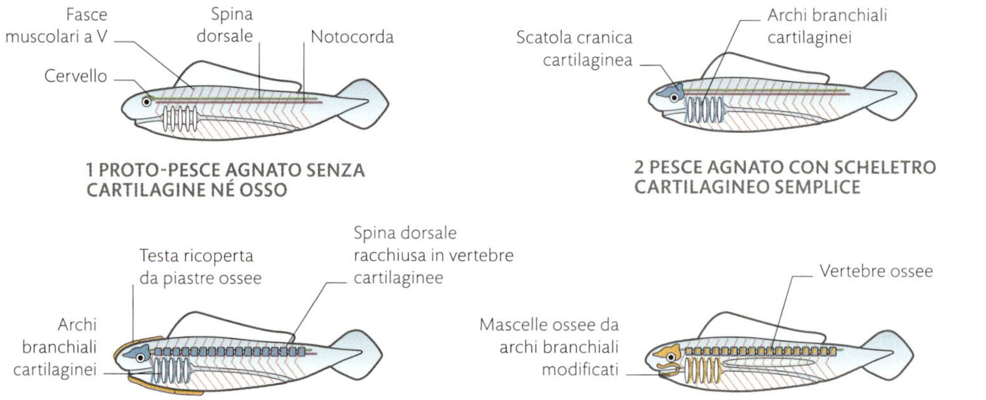

1 PROTO-PESCE AGNATO SENZA CARTILAGINE NÉ OSSO

2 PESCE AGNATO CON SCHELETRO CARTILAGINEO SEMPLICE

3 PESCE AGNATO CON SCHELETRO CARTILAGINEO COMPLESSO

4 PESCE GNATOSTOMO CON SCHELETRO OSSEO

Pesci agnati
I primi pesci, come gli ostracodermi, non avevano mascelle e probabilmente scavavano nel fondo marino. Questo *Zenaspis* del primo Devoniano viveva in mari bassi e nelle foci dei fiumi.

Predatore gigante
Questo fossile di *Dunkleosteus*, gigantesco pesce corazzato del tardo Devoniano, indica che verso i 400 milioni di anni fa i vertebrati si erano evoluti dando origine alle più grandi specie dell'epoca in grado di mordere, perciò erano i predatori di vertice delle catene alimentari sempre più complesse. *Dunkleosteus* appartiene ai pesci placodermi, i primi vertebrati dotati di mascelle.

epoca dei pesci

Con il diffondersi degli esseri viventi nelle acque, evolvendosi, gli animali divennero più grandi, veloci e robusti, specialmente i primi vertebrati: i pesci. Il loro scheletro sosteneva il corpo in crescita e in certi gruppi divenne un'armatura protettiva. I pesci discendevano da piccoli invertebrati dal corpo molle che usavano le branchie per nutrirsi filtrando l'acqua, ma ora i pesci risucchiavano con la gola muscolosa bocconi più grandi, perciò le branchie si dedicarono all'estrazione di ossigeno dall'acqua. Nel Devoniano, 400 milioni di anni fa, vi erano numerosi gruppi di pesci, in alcuni dei quali le strutture di sostegno delle branchie si erano evolute formando un'altra innovazione fondamentale: le mascelle.

Pesce con mascelle e pinne carnose
Tristichopterus era un pesce del tardo Devoniano imparentato più strettamente con gli attuali vertebrati gnatostomi che con i placodermi. In seguito, alcuni suoi cugini acquisirono arti per camminare e divennero vertebrati terrestri.

L’articolazione del collo consentiva alla testa di muoversi verso l’alto, aprendo meglio la bocca prima di mordere
Il margine frastagliato della mascella offriva una superficie tagliente simile ai denti, poi evolutisi in altri pesci dotati di mascelle, come gli squali
L’articolazione fra le mascelle superiore e inferiore era dotata di forti muscoli in grado di esercitare un morso potente

Condotti vegetali
Questa sezione trasversale fossile di un'antica pianta simile a muschio, *Rhynia major*, mostra un fascio conduttore (xilema) al centro di un fusto dotato di midollo. Come nelle moderne piante terrestri, lo xilema trasportava acqua dalle radici e rafforzava il fusto verticale.

Vegetazione pioniera
La *Thursophyton*, una delle prime piante terrestri, aveva un fusto ramificato lungo quanto una mano. Le piante abbarbicate al suolo come questa offrivano riparo e nutrimento ai primi animali terrestri, dando inizio alle prime catene alimentari complesse sulla terraferma.

invasione della terraferma

Per le prime forme di vita, evolutesi in acqua, terraferma e aria erano inospitali. Poiché gli organismi viventi sono costituiti per almeno il 70% d'acqua, per avventurarsi sulla terraferma è necessario evitarne la perdita per evaporazione. I primi a riuscirci (i batteri) probabilmente colonizzarono rocce più di 3 miliardi di anni fa. Quando forme di vita più grandi invasero la terraferma, per rimanere verticali piante e animali richiedevano tessuti di rinforzo. Le prime piante terrestri, discendenti delle alghe acquatiche, comparvero oltre 400 milioni di anni fa e possedevano gemme e foglie cerose e impermeabili, condotti interni rigidi e radici che offrivano stabilità.

COMUNITÀ A VARI LIVELLI

L'evoluzione della vegetazione terrestre eretta e ramificata consentiva alle piante come la *Cooksonia* di assorbire più energia luminosa per la fotosintesi e di disperdere nel vento le spore riproduttive. La *Cooksonia* apparteneva però solo al livello più basso delle nuove comunità terrestri. Le nematofitali (tra cui *Germanophyton*, *Mosellophyton* e *Prototaxites*), erano molto più alte. Note solo dai resti fossili, anziché con le piante forse erano imparentate con i funghi, che non praticano la fotosintesi.

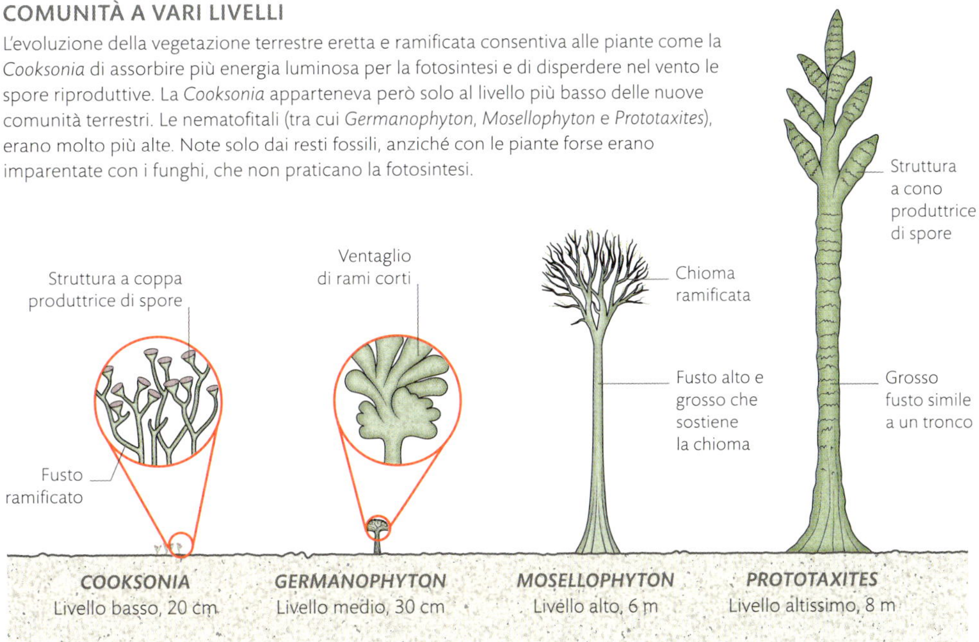

Successione primaria in atto
Anak Krakatau, isola vulcanica al largo di Giava e Sumatra, in Indonesia, comparve nel 1927. Le ripetute eruzioni hanno limitato la crescita della vegetazione, ma come si vede in questa immagine satellitare le piante a poco a poco occupano il territorio.

successione

La sequenza di organismi che colonizzano i nuovi habitat è prevedibile ed è definita successione ecologica. In zone in cui in precedenza non esistevano forme di vita, come colate laviche o ghiacciai in ritirata, la successione è ritenuta primaria, mentre dopo perturbazioni che distruggono la vegetazione ma non il suolo, come gli incendi boschivi, è secondaria. In entrambi i tipi, i primi colonizzatori (specie pioniere) tendono a crescere e a riprodursi rapidamente, sfruttando l'abbondanza di sostanze nutritive. Le specie che arrivano dopo hanno una crescita più lenta ma sono più resistenti, garantendosi così la sopravvivenza. Le specie iniziali possono facilitare l'arrivo delle successive modificando l'ambiente, oppure ostacolare gli invasori finché non vengono superate nella competizione.

FASI DELLA SUCCESSIONE PRIMARIA

La successione primaria avviene quando emergono habitat completamente nuovi, come una colata lavica raffreddata. Microrganismi, licheni e alghe disgregano la roccia brulla, formando un suolo adatto alle piante a crescita rapida. Con la decomposizione di varie generazioni di piante, l'incremento del terreno disponibile consente la crescita di altre specie e la formazione di ecosistemi più complessi, che poi si stabilizzano costituendo la fase definita climax.

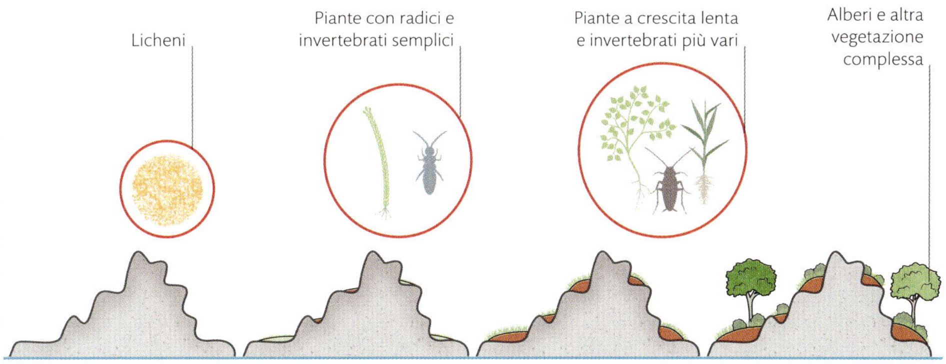

Roccia nuda
Tra gli organismi viventi che colonizzano la roccia nuda vi sono batteri, alghe e licheni.

Suolo sottile
Le piante vascolari a crescita rapida mettono radici nel suolo sottile. Sono presenti popolazioni di invertebrati.

Sviluppo di comunità
Con l'accumulo di terreno compaiono piante a crescita più lenta e si forma un ecosistema più complesso.

Climax
Si insedia una vegetazione matura e complessa, che forma un ecosistema stabile con varie forme di vita animale.

RICOSTRUZIONE DI UNA FORESTA DI CLADOXILACEE

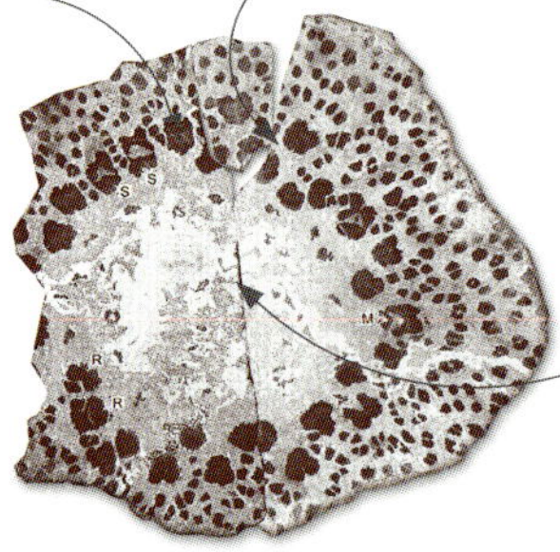

SEZIONE TRASVERSALE DI TRONCO FOSSILE DI CLADOXILACEA

Foreste del Devoniano
I fossili indicano che le prime foreste emersero nel Devoniano, quasi 400 milioni di anni fa, con lontane cugine delle felci dette cladoxilacee, tra le prime piante a sviluppare un grosso fusto sostenuto da rigidi condotti per il trasporto dell'acqua.

nascita delle foreste

Le piante che espongono all'energia dei raggi solari una quantità maggiore di foglie, con la fotosintesi generano una maggiore quantità di sostanze nutritive per la crescita. Le prime piante terrestri erano distese al suolo, ma competendo per la luce alcune svilupparono fusti più alti, che consentivano di evitare l'ombra proiettata dalle piante vicine. Nella gara a crescere verticalmente verso la luce, rafforzarono il fusto con legno, dando origine ai primi alberi, che oggi sono i più grandi organismi non coloniali del pianeta e formano gli habitat terrestri più complessi in assoluto, le foreste, il cui fogliame può raggiungere l'altezza di un palazzo di 15 piani.

Foresta pluviale attuale
Nei tropici caldi e umidi, sotto la volta della foresta il clima è umido con precipitazioni regolari, perciò sui rami degli alberi possono crescere piccole piante (epifite). Qui, lontano dal terreno in ombra, può svilupparsi un'enorme diversità di specie, fra cui bromeliacee, orchidee e felci, offrendo un ricco habitat ad animali arborei della foresta pluviale, come insetti, ragni, rane e uccelli.

STRATI DELLA FORESTA

Gli alberi proiettano ombra e formano microclimi bui e umidi vicino al suolo. Alberi e arbusti, con i rampicanti e le epifite, formano vari strati, specie nella foresta pluviale dove un numero enorme di specie è adattato a varie condizioni. Gli alberi dello strato inferiore e del sottobosco tollerano meglio l'ombra e spesso completano qui il proprio ciclo di vita, mentre quelli della volta e dello strato emergente per produrre semi richiedono la piena esposizione alla luce solare.

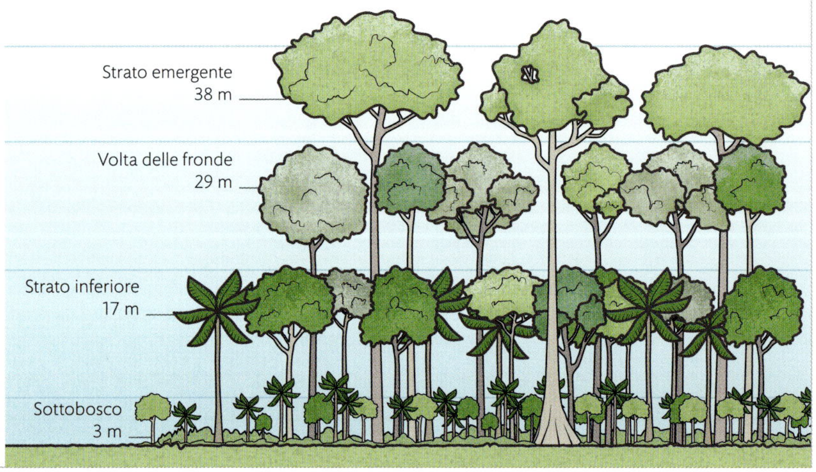

STRATI DELLA FORESTA PLUVIALE

fossilizzazione

La fossilizzazione, il processo che trasforma gli organismi non più viventi in resti di lunga durata, di solito comporta la sostituzione dei tessuti originari con minerali più duraturi. Può avvenire in vari modi, a seconda dell'ambiente in cui rimangono sepolti gli animali o le piante, e la sostituzione dei minerali di uno scheletro può richiedere milioni di anni. I resti risultanti resistono alle forze distruttive del seppellimento e dell'erosione e preservano la forma originaria e le caratteristiche dei tessuti fino al livello delle strutture cellulari, offrendo agli scienziati odierni una miniera di informazioni.

Formazione di fossili
Le due principali varietà di fossili sono i resti corporei (parti della forma di vita vera e propria) e le tracce (indizi del comportamento). Nei resti fossili, come ossa o denti, i tessuti sono stati sostituiti da minerali con la cosiddetta permineralizzazione. Le tracce fossili preservano segni dell'attività di un animale, come orme o cunicoli.

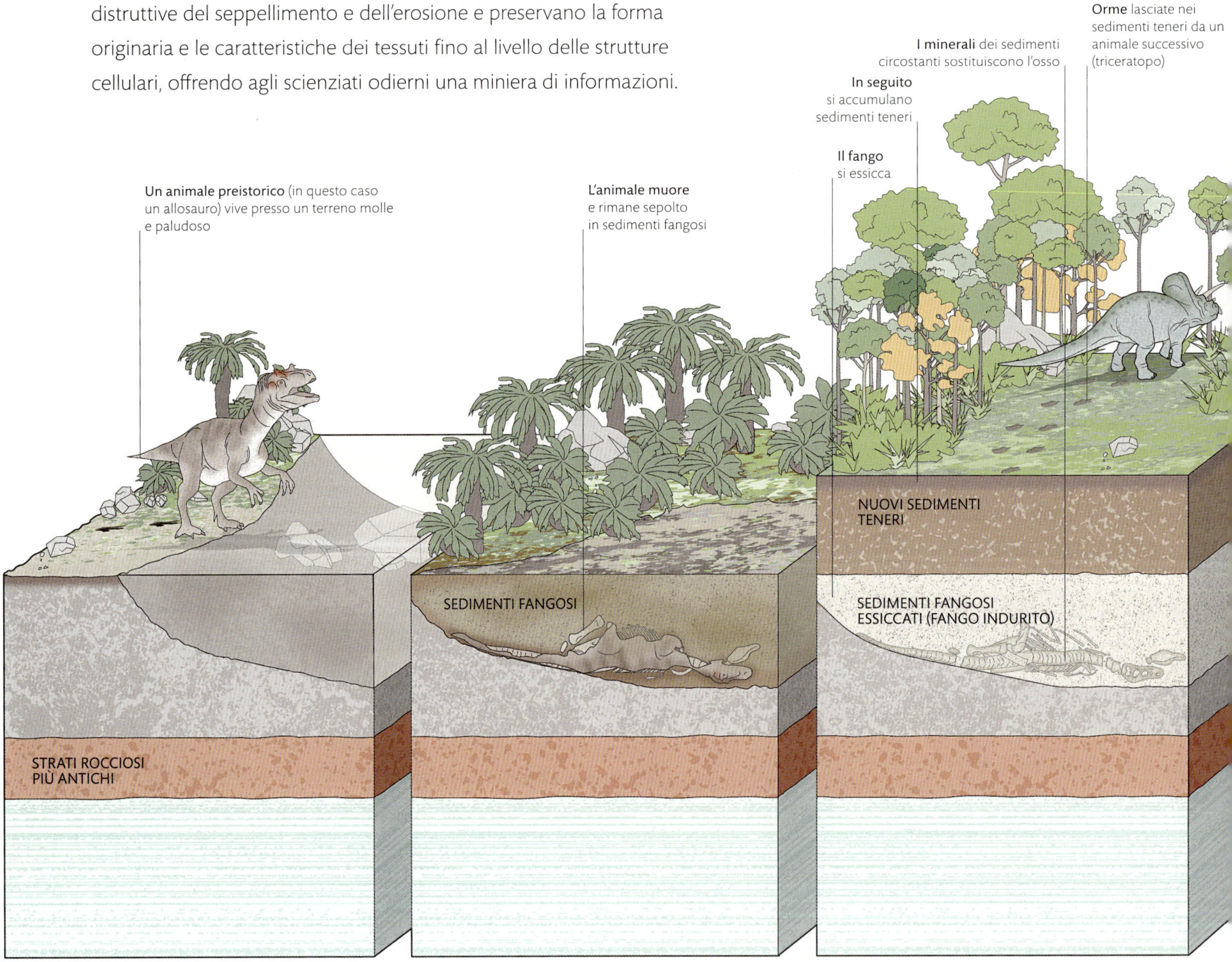

Vita antica
Gli animali più facilmente preservati sotto forma di fossili vivevano in luoghi ricchi di sedimenti, in cui rimanevano sepolti dopo la morte.

Morte e seppellimento
Dopo la morte dell'animale, se rimangono a lungo protetti contro i saprofagi e l'ulteriore decomposizione, i resti possono fossilizzarsi.

Accumulo di sedimenti
Con il tempo si accumulano terreno e sedimenti, che poi si trasformano in roccia. In questo processo i resti organici vengono sostituiti da minerali.

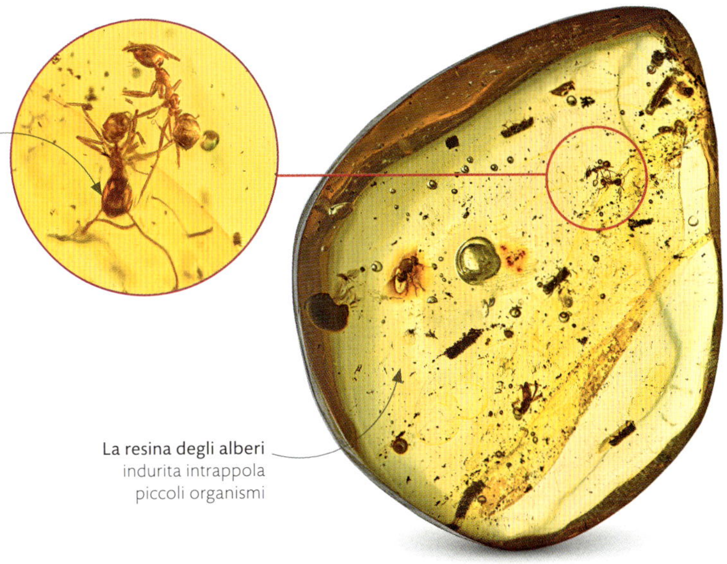

Preservati nell'ambra
Possono preservarsi organismi anche nell'ambra (resina di alberi indurita), che impedisce la decomposizione delle strutture delicate e schiude una finestra sull'evoluzione di piante e animali piccoli, troppo fragili per fossilizzarsi nella roccia.

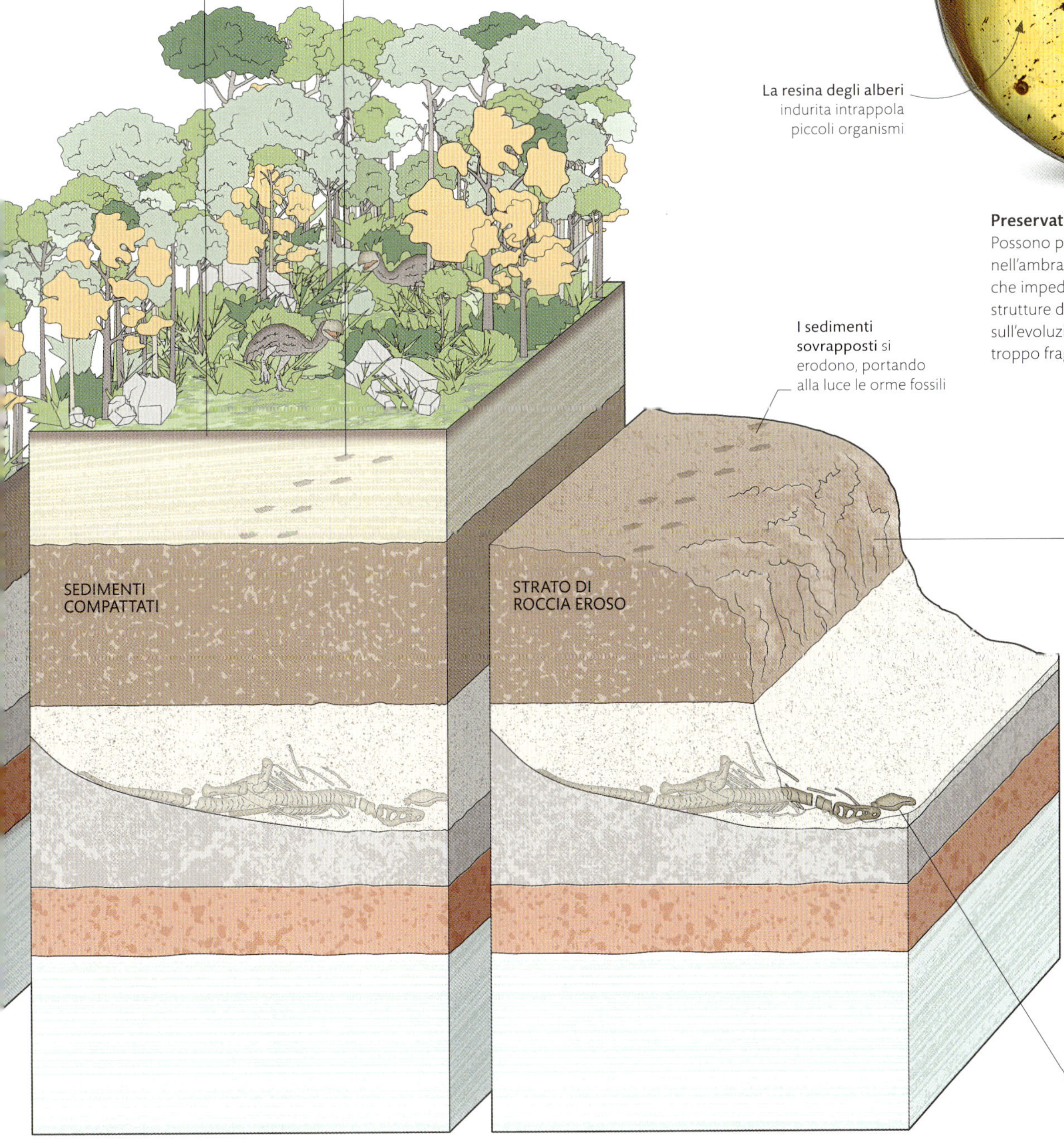

Fossili successivi
In strati di roccia più recenti possono preservarsi forme di vita successive o orme fossili, formate da impronte o calchi a seconda del tipo di roccia.

Emersione e scoperta
I fossili di solito si scoprono quando vengono in superficie, in luoghi in cui l'erosione ha rimosso gli strati superiori di sedimenti e rocce.

formazione del carbone

I neri filoni carboniferi sono testimonianze del legame intimo tra la biosfera e le rocce sottostanti. Tutti gli esseri viventi fanno parte di un ciclo di materia che prosegue dopo la loro morte e decomposizione. I più sono destinati a degradarsi completamente in minerali poi utilizzati da altri organismi, ma in circostanze specifiche la decomposizione rallenta fino quasi a fermarsi. Già 360 milioni di anni fa le piante avevano sviluppato una sostanza legnosa, la lignina, che consentiva la crescita di alberi alti. Ma i decompositori come i funghi non avevano ancora acquisito la capacità di scomporre la lignina, perciò i tronchi legnosi si compattarono e, nell'arco di migliaia di anni, si trasformarono in carbone, sostanza ricca di carbonio.

I segni sul tronco sono stati lasciati da foglie cadute

Corteccia d'albero fossile
Le foreste paludose in cui si formò il carbone erano composte principalmente da alberi che producevano spore, come questo *Lepidodendron*, parente delle attuali felci.

Filone carbonifero
Il carbone è una roccia sedimentaria nera costituita quasi interamente da carbonio, depositatasi circa 300 milioni di anni fa, prima dell'epoca dei dinosauri, in un periodo opportunamente definito Carbonifero. I filoni, come questo visibile in superficie lungo una spiaggia del Nuovo Galles del Sud, in Australia, sono i resti organici di foreste paludose del Carbonifero.

CICLO LUNGO DEL CARBONIO

Il carbone si forma quando la vegetazione morta si compatta e viene decomposta dai batteri; diventa torba, poi sepolta e riscaldata dall'accumulo di sedimenti. Con la pressione si eliminano acqua e gas e si producono prima lignite, poi carbone fossile. Il carbonio si concentra e può essere poi emesso solo con la combustione, diventando anidride carbonica (CO_2); la combustione di origine umana aumenta il livello di CO_2 nell'atmosfera.

giganti
grazie all'ossigeno

Oltre 2 miliardi di anni fa, quando i microrganismi immisero ossigeno nell'aria (v. p. 252), il livello atmosferico di questo gas rimase piuttosto stabile, ma durante il Carbonifero quasi raddoppiò. Che ciò sia avvenuto in un'epoca in cui si accumulavano i filoni carboniferi non è una coincidenza. Poiché il carbonio era sepolto sottoterra, ne era disponibile una quantità inferiore per la combinazione chimica con l'ossigeno, che pertanto si accumulò nell'aria, provocando un maggior numero di incendi boschivi e permettendo l'evoluzione di artropodi enormi, fra cui millepiedi lunghi come automobili.

Il fuoco consuma ossigeno ed emette cenere, ma anche vapore acqueo e anidride carbonica

Incendi boschivi spontanei
Le rocce preistoriche indicano che nel Carbonifero gli incendi boschivi erano diffusi. Oggi alcune piante presenti in climi caldi e secchi resistono agli incendi, mentre altre per la germinazione hanno bisogno proprio del fuoco.

OSSIGENO ATMOSFERICO

La fotosintesi genera ossigeno, ma altri processi, come gli incendi e la respirazione degli esseri viventi, lo consumano. A lungo vi fu un equilibrio tra questi due aspetti, ma nel Carbonifero, quando si svilupparono alberi legnosi che resistevano all'attacco dei decompositori, si ebbe un picco di ossigeno. Una minore respirazione dei decompositori comportava un ridotto consumo di ossigeno, il cui livello pertanto aumentò.

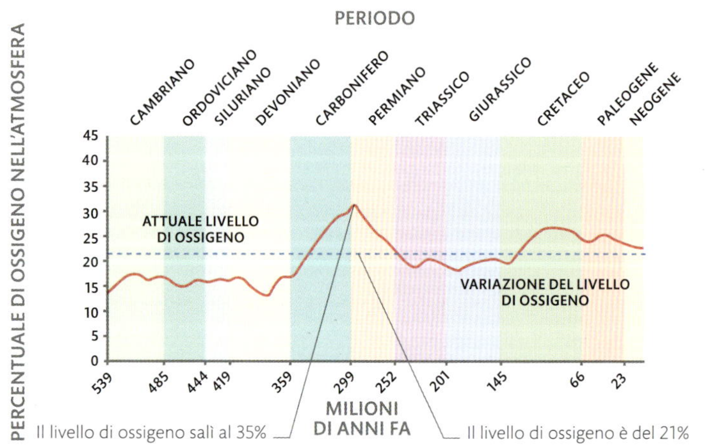

Il più grande insetto volante

Gli insetti necessitano di ossigeno che penetri direttamente nei tessuti tramite pori delle pareti corporee. L'elevato livello di ossigeno del Carbonifero permetteva una diffusione più in profondità nei tessuti, perciò consentiva corpi più grandi. L'esito fu l'avvento di giganti come questo insetto simile a una libellula, *Meganeura*, che aveva un'apertura alare di 70 cm.

in cammino sulla terraferma

Quando le piante, uscendo dai mari in cui aveva avuto inizio la vita, colonizzarono la terraferma, furono seguite dagli animali, a cui la vegetazione offriva riparo e nutrimento. I primi si avventurarono fuori dall'acqua probabilmente di sfuggita, forse di notte, come oggi alcuni gasteropodi marini. Le impronte preistoriche indicano che oltre mezzo miliardo di anni fa questo passaggio fu compiuto da alcuni animali simili ai gamberi che, grazie all'esoscheletro corazzato, erano schermati contro i raggi solari che li disidratavano. Ma per arrivare a insetti e ragni in grado di respirare aria ci vollero milioni di anni di evoluzione. All'epoca delle foreste carbonifere (v. pp. 270-271), i vertebrati si erano ormai spostati sulla terraferma e alcuni pesci dalle pinne carnose si erano evoluti in tetrapodi primitivi in grado di camminare.

Vertebrato in grado di camminare
Vissuto tra i 295 e i 272 milioni di anni fa, *Seymouria*, animale lungo 60 cm e simile a una moderna salamandra, aveva arti abbastanza forti da sollevare il corpo da terra. Come tutti i vertebrati terrestri, si era evoluto da un gruppo di pesci con grosse pinne, i cui sostegni ossei sarebbero diventati le dita delle zampe per camminare.

Le pinne pettorali fungono da arti anteriori con cui arrampicarsi sulla terraferma

Nuovi arrivi dal mare
Oggi vari gruppi di pesci continuano a sviluppare metodi per conquistare le terre emerse. Discendente dal ghiozzo marino, il perioftalmo dorato (*Periophthalmus chrysospilos*) ha pinne pettorali posizionate in avanti, abbastanza forti da trascinarlo lungo le distese fangose.

INVASIONI DELLA TERRAFERMA

Nel corso dell'evoluzione gli animali hanno conquistato la terraferma varie volte, in gruppi indipendenti. Confrontando il DNA degli animali attuali per risalire ai loro antenati e studiando i resti fossili, gli scienziati valutano quando gli animali terrestri si siano sviluppati dai loro antenati acquatici. I più antichi, gli artropodi (insetti, crostacei, ragni) e i vermi nematodi, si erano già insediati nelle foreste preistoriche all'epoca in cui si avventurarono sulla terraferma i primi tetrapodi, vertebrati a quattro zampe. All'inizio tutti rimasero parzialmente acquatici, ma alla fine svilupparono metodi per rimanere fuori dall'acqua. Lumache, chiocciole e lombrichi arrivarono sulla terraferma molto più tardi, verso l'epoca dei dinosauri.

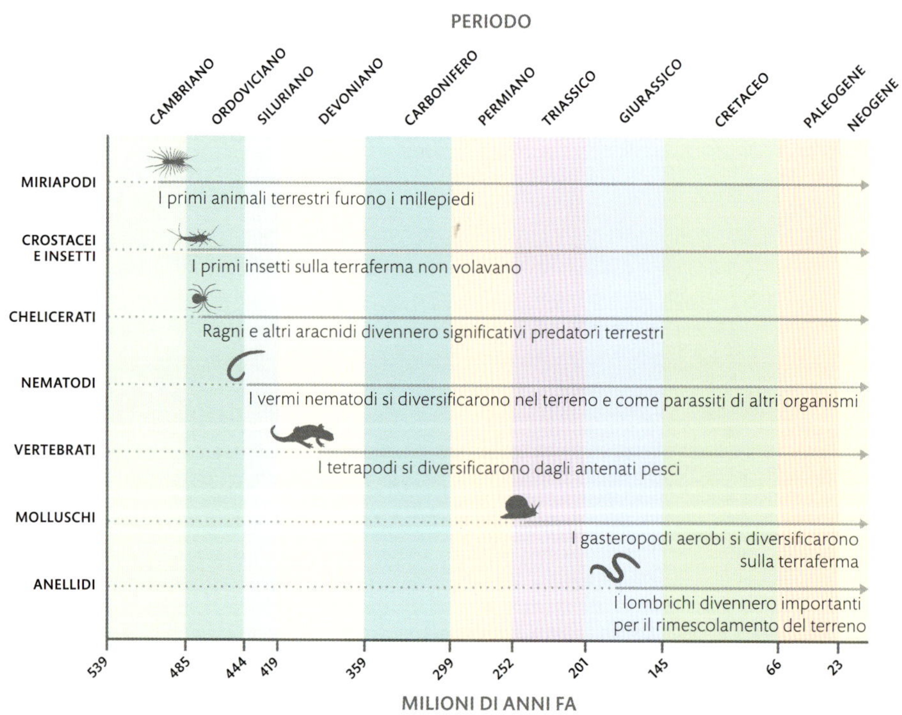

Il becco senza denti e le zanne indicano che l'animale brucava la vegetazione

Testimonianze
Gli strati scuri visibili sui monti Putorana, in Siberia, si formarono quando il territorio venne inondato dalla lava proveniente da eruzioni vulcaniche fissurali, in seguito a fratture della crosta terrestre su un'ampia area. La lava si solidificò a strati formando un vasto altopiano, di cui questa è una piccola parte. L'intenso fenomeno vulcanico quasi eliminò la vita complessa, più che in ogni altro momento della storia della Terra.

Il grande sopravvissuto del Permiano
Rettile ma lontano predecessore dei mammiferi, *Lystrosaurus* costituisce fino al 95% dei fossili di vertebrati depositatisi dopo questo evento; lo protesse forse l'abitudine di scavare cunicoli.

la grande estinzione

La Terra è stata definita "pianeta Riccioli d'Oro": per gran parte della sua esistenza, le condizioni sono state proprio giuste per la crescita e l'evoluzione degli esseri viventi. Tuttavia, per vari motivi ci sono state anche colossali perdite di specie, le estinzioni di massa. Una di queste ebbe un'origine extraterrestre, la caduta di un asteroide che uccise i dinosauri (v p. 295), ma le altre furono innescate dalla geologia violenta della Terra stessa. La più grave avvenne 250 milioni di anni fa, al termine del Permiano, prima dei dinosauri. Il cambiamento climatico derivante da enormi eruzioni vulcaniche spazzò via più di tre quarti delle specie. Ma accanto a chi perde c'è sempre qualcuno che vince, e dai sopravvissuti si svilupparono nuovi organismi che si impadronirono della biosfera.

ERUZIONE DEL PERMIANO

La fine del Permiano è segnata dalla risalita sotto la Siberia di un'enorme colonna di roccia fusa, con una massiccia fuoriuscita di lava, che si solidificò formando altopiani di roccia scura a grana fine, detti vulcani tabulari. L'evento iniziale provocò un riscaldamento del pianeta dovuto ai gas serra, nonché piogge acide e caduta di cenere nei mari.

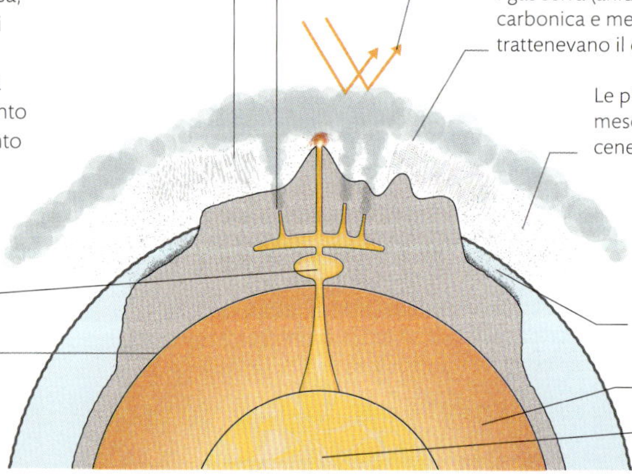

EFFETTI DELL'ERUZIONE SIBERIANA

CONOCORYPHE

ELRATHIA

OLENELLUS

PARADOXIDES

Ascesa delle trilobiti
Le trilobiti ebbero origine nel Paleozoico nell'ambito dell'esplosione del Cambriano 539-520 milioni di anni fa (v. pp. 256-257) e i loro esoscheletri sono una componente importante dei resti fossili. Ebbero grande successo e raggiunsero il culmine della diversità verso la fine del Cambriano (485 milioni di anni fa) e nell'Ordoviciano.

MOROCCONITES

ZLICHOVASPIS

HUNTONIATONIA

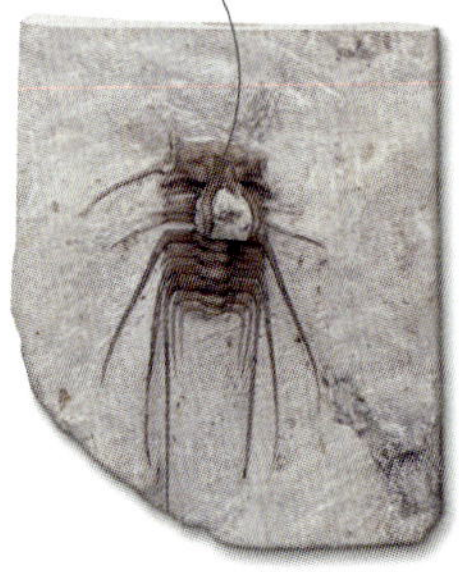

DICRANURUS

Declino delle trilobiti
Nel Siluriano e nel Devoniano, successivi all'estinzione di massa del tardo Ordoviciano, il numero di famiglie di trilobiti continuò a ridursi, anche se molti gruppi erano ancora riccamente ornati. Un solo ordine di trilobiti, i Proetidi, sopravvisse oltre il Devoniano, per scomparire infine con l'estinzione di massa del Permiano (v. pp. 276-277).

diversità delle trilobiti

Le trilobiti erano artropodi marini (animali dotati di esoscheletro, corpo segmentato e coppie di appendici articolate), facenti parte del gruppo che oggi include crostacei, aracnidi e insetti. Il corpo della trilobite era suddiviso in tre segmenti: capo, torace e pigidio (coda). La bocca si apriva sul lato inferiore, sotto il capo. Tuttavia il nome trilobite, che vuol dire "a tre lobi", si deve al torace suddiviso in tre parti: un lobo mediano e due laterali, ognuno recante zampe con branchie. Con questa struttura corporea, le trilobiti si diversificarono nei mari e vissero per 270 milioni di anni, lasciando resti fossili di oltre 20.000 specie.

ONNIA

TRIARTHRUS

SELENOPELTIS

ENCRINURUS

Gruppi sostitutivi
Nell'Ordoviciano continuarono a svilupparsi nuovi gruppi di trilobiti con strutture corporee particolari, ma il numero di famiglie diminuì costantemente. Con l'estinzione di massa del tardo Ordoviciano, 445 milioni di anni fa, molti gruppi originatisi nel Cambriano si estinsero, ma furono sostituiti da quelli evolutisi nell'Ordoviciano.

Trilobite con tridente
Anche se nel Devoniano le trilobiti entrarono in declino, alcune, come questa *Walliserops*, erano magnifiche. La funzione del caratteristico corno sul capo non è chiara; secondo gli studiosi, poteva servire da esibizione sessuale, nel combattimento contro i rivali o come segnale di individuo sano, tutte funzioni delle corna di cervo oggi.

sopravvissuti alla siccità

Tutti gli organismi necessitano di acqua, ma molti dispongono di metodi per vivere negli habitat aridi. Con il moto dei continenti, la terraferma si trasforma in deserto per varie cause, e alcuni luoghi possono trovarsi così lontani dal mare che le precipitazioni li raggiungono di rado. Circa 250 milioni di anni fa le terre emerse erano unite nel supercontinente Pangea, con un vasto interno desertico, e le temperature del pianeta raggiunsero un picco. Vi fu un declino degli anfibi, che deponevano uova senza guscio nell'acqua, mentre i rettili, le cui uova dal guscio duro si sviluppavano sulla terraferma, sopravvissero anche nelle zone più aride.

Interno arido della Mongolia
Al centro dell'Asia continentale, il deserto di Gobi è escluso dalle precipitazioni a causa dell'altopiano tibetano, che impedisce ai venti carichi di umidità di raggiungerlo. Per i suoi estremi di temperatura (inverni freddissimi ed estati calde e secche) la vegetazione è scarsa e sopravvivono solo animali specializzati del deserto.

Uovo con guscio duro
L'evoluzione delle uova con guscio, come questo fossile di 66 milioni di anni fa, fu cruciale per consentire ai rettili di riprodursi lontano dagli specchi d'acqua.

ADATTAMENTO ALL'ARIDITÀ

L'aridità di un habitat è determinata dal livello di precipitazioni ed evaporazione. Un deserto subumido perde al massimo il doppio del volume delle precipitazioni annue, mentre il deserto più arido può far evaporare 200 volte più acqua di quanta ne riceva, perciò per ricavarla dall'ambiente gli esseri viventi necessitano di adattamenti estremi.

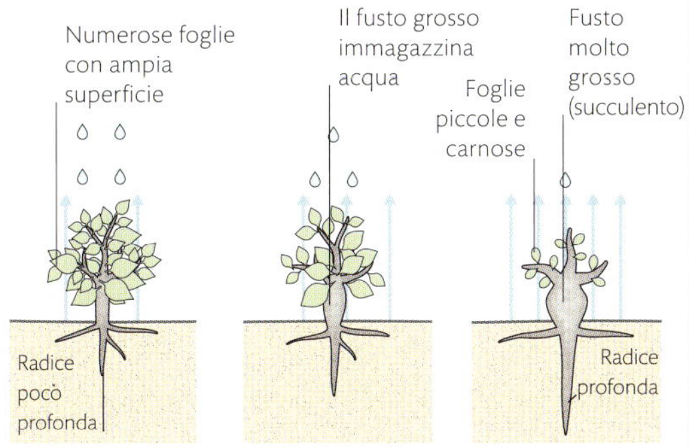

LEGENDA
Evaporazione dell'acqua
Precipitazioni

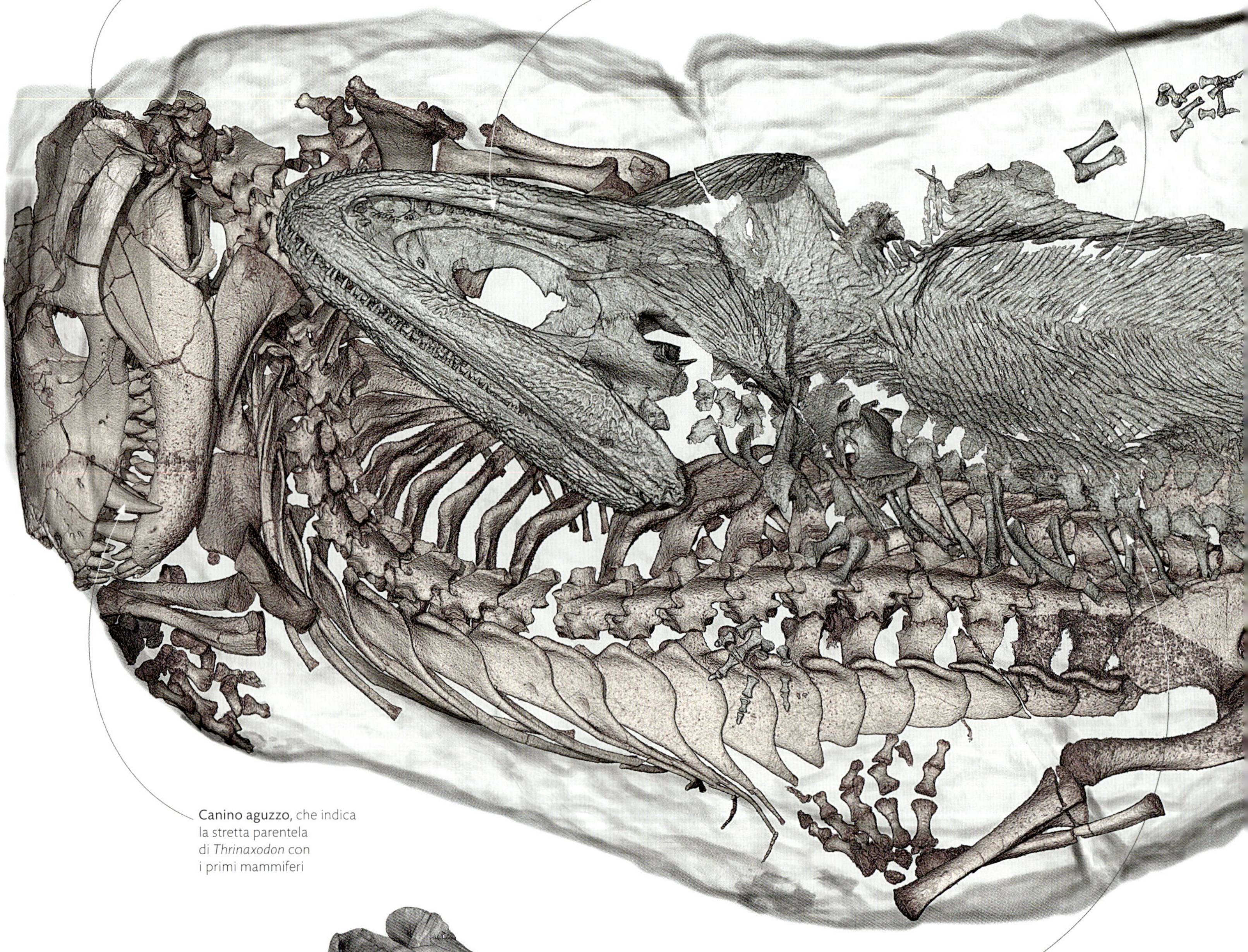

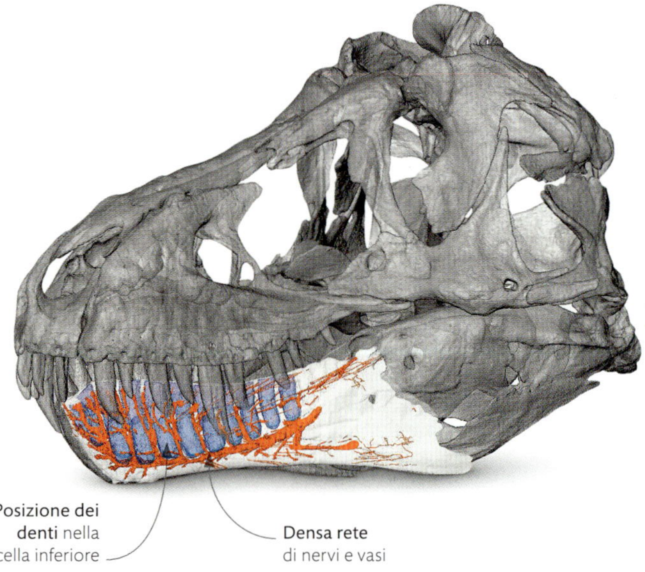

Scoperta di vie neurali
Questa TAC del cranio e della mascella inferiore di un *Tyrannosaurus rex* rivela una densa rete di nervi e vasi sanguigni, indicando un muso molto sensibile.

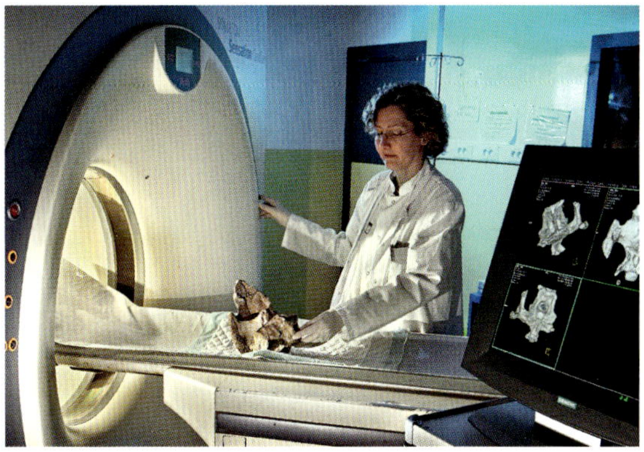

Dentro un dinosauro
Con un apparecchio per tomografia si osservano in dettaglio le strutture interne del cranio fossile di un *Arcovenator*, dinosauro teropode proveniente dalla Francia.

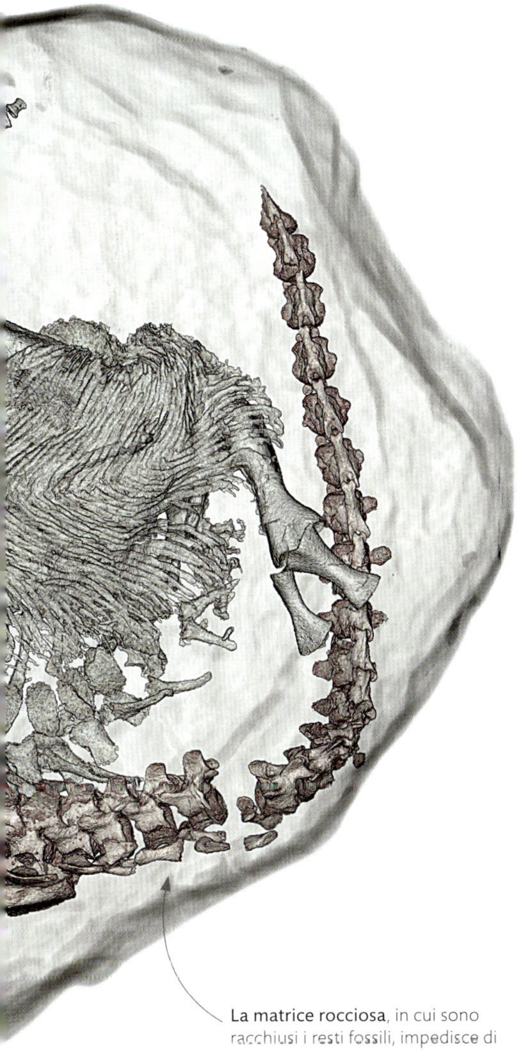

La matrice rocciosa, in cui sono racchiusi i resti fossili, impedisce di vedere a occhio nudo gli scheletri

Strana compagnia
Il *Thrinaxodon* (rosa-grigiastro), un cinodonte, animale estinto simile a un mammifero, e un anfibio *Broomistega* (grigio scuro), rimasero sepolti assieme in un cunicolo del Triassico, dove il *Thrinaxodon* forse era in letargo per evitare una siccità estiva. Questo straordinario doppio fossile è stato svelato solo quando gli scienziati hanno usato un sincrotrone ad alta potenza per analizzare rocce che si sospettava contenessero una tana fossile di cinodonte.

storia delle scienze della Terra

analisi dei fossili

Le caratteristiche esterne di ossa e denti rivelano soltanto alcuni aspetti della biologia di animali da tempo estinti. Per esaminare altre particolarità, gli scienziati devono guardare dentro lo scheletro, dove un tempo c'erano i tessuti molli. In passato lo si poteva fare soltanto distruggendo una parte del fossile. I moderni metodi tomografici evitano il problema e consentono anche di esaminare fossili non rimovibili dalle rocce in cui sono incorporati.

Dagli anni '70 gli scienziati usano tecniche radiologiche per guardare dentro i fossili. I raggi X ad alta potenza penetrano nelle rocce che li contengono e rivelano le diverse densità delle strutture interne. Negli anni '80 e '90 l'avvento di computer più potenti e accessibili ha condotto a un uso più ampio della tomografia computerizzata (TAC) da parte dei paleontologi. Con questa tecnica il computer allinea centinaia di immagini radiografiche da angolazioni diverse, formando un quadro tridimensionale dell'interno del fossile.

Le tecniche di tomografia sono migliorate rapidamente e hanno consentito agli scienziati di ricostruire in forma digitale l'anatomia interna di organismi antichi, con dettagli senza precedenti. Hanno visualizzato il cervello di animali da tempo estinti, fra cui dinosauri, rettili marini e antichi mammiferi. Confrontando le dimensioni di varie parti del cervello, si possono usare modelli digitali per capire l'importanza per l'animale di sensi quali vista o olfatto.

La tomografia mostra anche altre strutture, come le delicate camere dell'orecchio interno, le reti neurali e perfino gli strati di crescita quotidiana nei denti. Oggi strumenti nuovi e più potenti, per esempio l'acceleratore di particelle sincrotrone, rivelano dettagli anche a livello microscopico.

> “Quasi tutti i problemi tradizionali legati al recupero di dati di fossili dalle rocce si possono risolvere con le moderne immagini tridimensionali.”
>
> JOHN CUNNINGHAM ET AL., *A VIRTUAL WORLD OF PALEONTOLOGY*, 2014

L'ampia scapola reggeva muscoli forti, che forse consentivano di arrampicarsi

Le zampe anteriori (e posteriori) avevano cinque dita prensili simili a quelle degli attuali mammiferi che si arrampicano sugli alberi, come il ghiro

Gli artigli ricurvi su tutte le dita forse favorivano la presa nell'arrampicata

FONTI DI CALORE

Tutti gli animali generano calore col metabolismo. Gli ectotermi (a sangue freddo) come i rettili si riscaldano con la luce solare, mentre gli endotermi (a sangue caldo), compresi i mammiferi, producono tanto calore da poter mantenere elevata la temperatura corporea anche quando l'ambiente è freddo, grazie a speciali cellule adipose brune. Inoltre regolano la temperatura corporea giorno e notte tramite una ghiandola del cervello, l'ipotalamo.

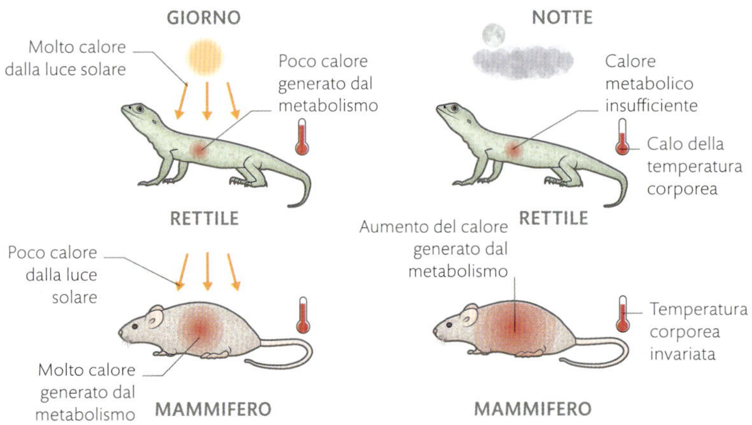

Fossile peloso
La roccia attorno alle ossa fossili di questa *Eomaia* (il cui nome significa "madre dell'aurora"), grande come un toporagno, mostra l'impronta di una pelliccia: evidentemente si trattava di un mammifero. *Eomaia* visse 125 milioni di anni fa in Cina, durante il culmine dei dinosauri nel Cretaceo, ed era un'antica "sorella" degli attuali mammiferi, sia marsupiali sia placentati (v. pp. 298-299), ma troppo antica per essere collocata in uno di questi due gruppi.

L'alone scuro è un'impronta di carbonio della pelliccia che copriva il corpo di questo animale

Le vertebre della coda erano allungate: in un esemplare completo la coda intera era lunga il doppio del resto della spina dorsale

I ricci vivono in praterie, siepi e terreni boschivi, dove vanno in cerca di insetti, coleotteri e vermi

Mammifero predatore
Molti mammiferi attuali, come questo riccio comune (*Erinaceus europaeus*), sono notturni, a indicare che nella loro evoluzione la ricerca di cibo di notte fu adottata presto. Le abitudini diurne emersero in gruppi successivi, tra cui scoiattoli e scimmie.

a sangue caldo

Mentre sulla terraferma i rettili a sangue freddo venivano riscaldati dai raggi solari, alcuni loro discendenti trovarono metodi diversi per sopravvivere: erano i mammiferi, animali a sangue caldo. Adottarono una vita più frenetica: i loro fossili dai denti aguzzi indicano inseguimenti a prede costituite da insetti dal moto rapido, e gli scheletri lasciano intendere una maturazione veloce. Alcuni fossili presentano perfino impronte di un'innovazione: la pelle con i peli. L'alimentazione, ricca di grassi e proteine, consentiva al corpo di rimanere caldo anche di notte, permettendo così di evitare la competizione con i rettili, attivi soprattutto di giorno. Grazie alla pelliccia isolante, riuscirono a sopravvivere in habitat freddi come la tundra artica, inospitale per i loro cugini a sangue freddo.

Ricostruzione di *Eomaia*
Le lunghe dita artigliate e la lunga coda che forse favoriva l'equilibrio indicano che *Eomaia* era un animaletto agile, forse in grado di arrampicarsi sugli alberi.

La spessa pelliccia tratteneva il calore corporeo

La valle del fiume Red Deer, che penetra come una ferita nelle praterie dell'Alberta, in Canada, ospita alcuni dei più ricchi giacimenti di fossili di dinosauri del mondo. Le colline striate offrono testimonianze della vita nel tardo Cretaceo (78-66 milioni di anni fa) lungo le coste di un antico mare intercontinentale. La valle è stata scavata dal deflusso di laghi epiglaciali dopo l'ultima glaciazione (11.700 anni fa), portando alla luce i sedimenti teneri del Cretaceo.

in evidenza

valle del fiume Red Deer

Questa valle è sede di numerose popolazioni amerindie, che furono le prime a raccogliere i fossili. In questi cosiddetti calanchi si trovano le *iniskim*, pietre a forma di bufalo sacre per i Niitsitapi (Piedi Neri) e costituite da fossili di ammoniti.

Negli anni '80 del XIX secolo i rilevamenti geologici svelarono le risorse ricchissime della valle, tra cui cospicui filoni carboniferi, nonché l'abbondanza di fossili di dinosauri. Alcune zone, come il Parco provinciale dei dinosauri e il canyon Horsethief, sono talmente ricche di fossili che i paleontologi camminano sugli scheletri per raggiungere gli esemplari più importanti dal punto di vista scientifico. I fossili rivelano vari ecosistemi dei dinosauri, estesi su un arco di tempo di 12 milioni di anni, e comprendono rettili ben noti come i celebri tirannosauri, gli adrosauri dal becco d'anatra, i ceratopsidi con il collare, i temibili dromeosauri. Accanto a loro, nel lussureggiante clima subtropicale viveva una comunità diversificata con pesci, lucertole, tartarughe, coccodrilli e i primi mammiferi.

Gorgosauro completo

Il fossile è rannicchiato nella "posa di morte", comune negli scheletri di dinosauri presenti nella valle

Valle dipinta
I colori delle colline del canyon Horsethief sono causati dalle variazioni del tipo di roccia e riflettono ambienti diversi. Il fango indurito (marrone), l'arenaria (bianca), la siderite (arancione) e i filoni carboniferi (neri) ospitano milioni di fossili, offrendo ai paleontologi un quadro chiaro degli ecosistemi del tardo Cretaceo.

ORIGINE DEL VOLO BATTUTO

I primi animali a salire in aria furono gli insetti, le cui ali costituivano prolungamenti dell'esoscheletro. I vertebrati adattarono gli arti anteriori per l'uso come ali. Gli uccelli poi usarono per le ali una frangia di penne remiganti rigide. Altri vertebrati sfruttarono invece una membrana cutanea: fra le dita anteriori i pipistrelli, fra dito anteriore e caviglia gli pterosauri.

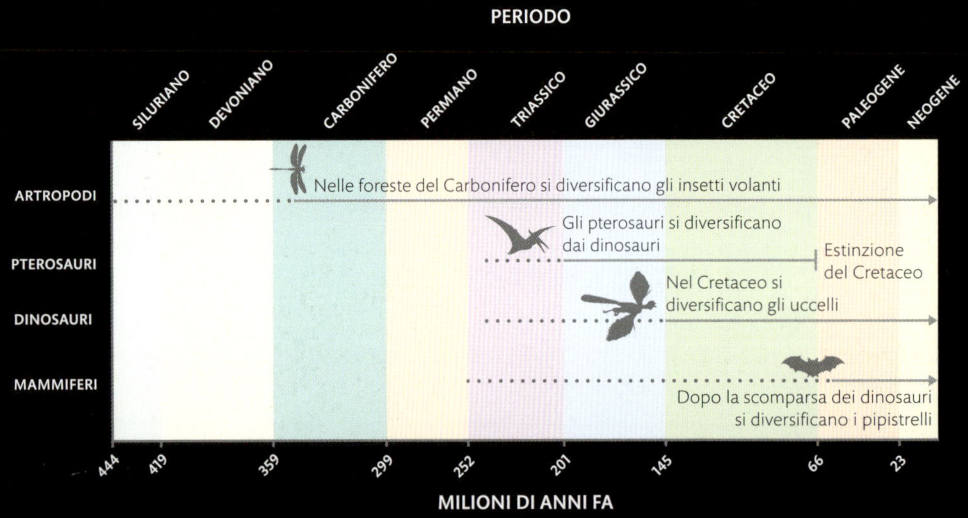

conquista dell'aria

Molti esseri viventi vincono la gravità e si innalzano nell'atmosfera, che diventa un'autostrada aerea con cui varcare rapidamente le distanze, quasi senza l'ostacolo dell'attrito, ma anche una potenziale fonte di cibo. Piante e funghi disperdono semi, polline e spore, mentre gli animali volanti hanno sviluppato ali a superficie aerodinamica, abbastanza ampie da generare portanza ma anche sottili e leggere. Vari animali, come gli scoiattoli "volanti", usano ali statiche per un volo planato (v. p. 299), mentre altri battono le ali per generare propulsione, sfruttando così molto meglio l'aria; alcuni uccelli oggi riescono a rimanere in volo per mesi di seguito.

Libellula del Giurassico
All'epoca dei primi uccelli volatili, gli insetti come questa libellula fossile *Cymatophlebia* erano in aria da ormai 200 milioni di anni.

Le ali erano formate dall'esoscheletro, del tutto separate dagli arti

Le dita erano munite di artigli da rettile

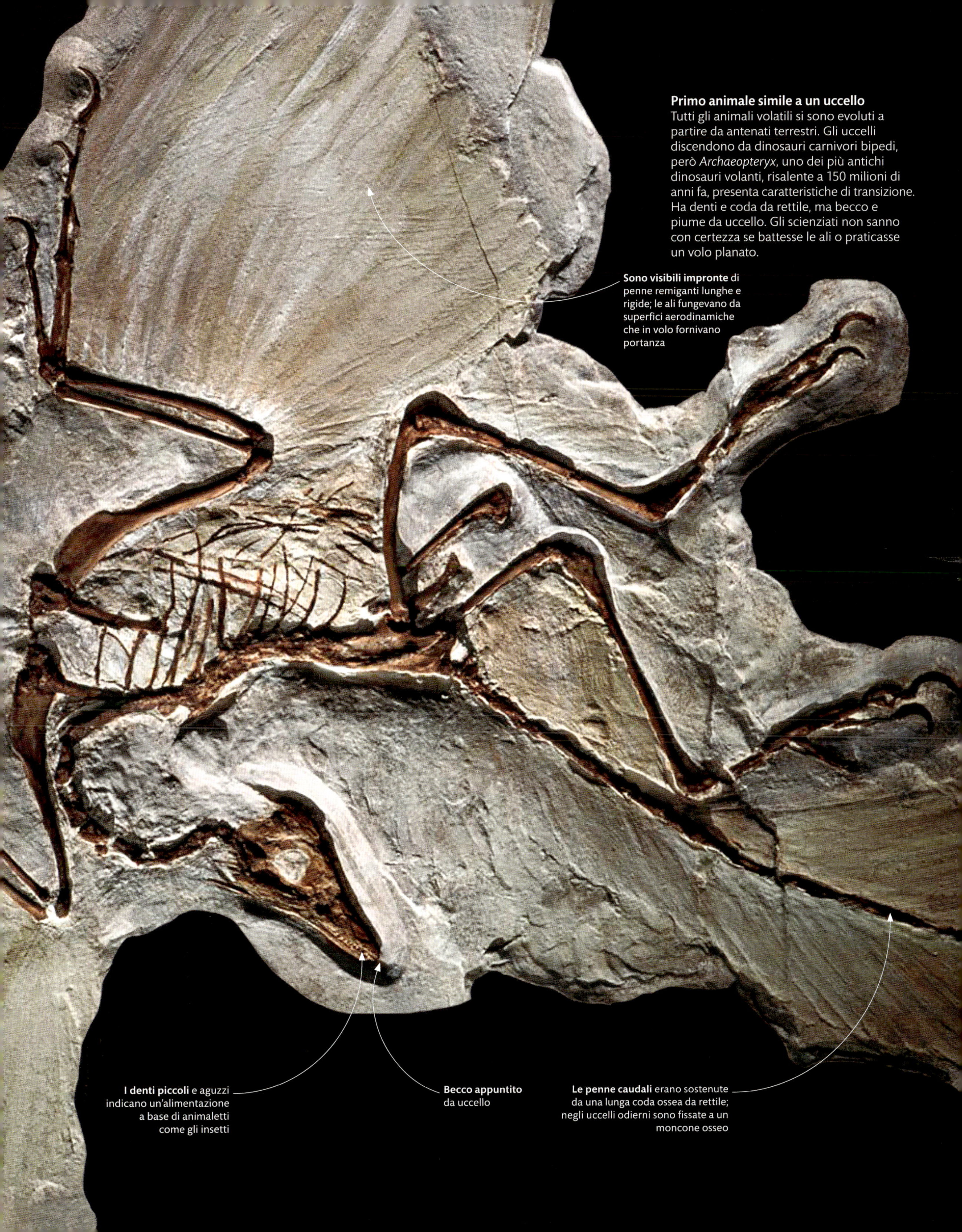

Primo animale simile a un uccello

Tutti gli animali volatili si sono evoluti a partire da antenati terrestri. Gli uccelli discendono da dinosauri carnivori bipedi, però *Archaeopteryx*, uno dei più antichi dinosauri volanti, risalente a 150 milioni di anni fa, presenta caratteristiche di transizione. Ha denti e coda da rettile, ma becco e piume da uccello. Gli scienziati non sanno con certezza se battesse le ali o praticasse un volo planato.

giganti della terraferma

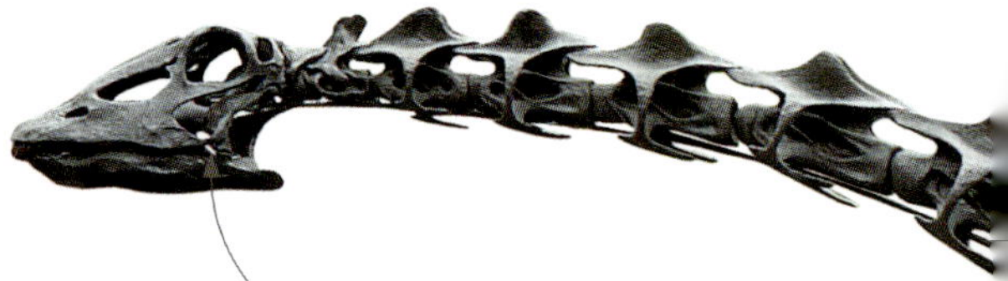

Le mascelle ridotte avevano denti piccoli e tozzi, in grado di raccogliere le foglie ma non di masticarle

I dinosauri vissero nel Mesozoico, fra i 252 e i 66 milioni di anni fa, e diedero origine ai più grandi animali mai vissuti sulla terraferma. Gli animali diventano grandi trasformando in carne il cibo di cui si nutrono, e i giganti hanno un appetito formidabile; i dinosauri probabilmente avevano anche una fisiologia efficiente. Per la respirazione disponevano di sacchi aerei supplementari, che consentivano ai polmoni di estrarre più ossigeno dall'aria. Negli odierni uccelli, discendenti dei dinosauri (v. p. 288), i sacchi aerei alleggeriscono il corpo, favorendo il volo; nei dinosauri riducevano lo sforzo muscolare, facilitando la deambulazione. Il metabolismo rapido consentiva inoltre una crescita rapida: si valuta che questi giganti aumentassero il peso corporeo di 2 tonnellate l'anno.

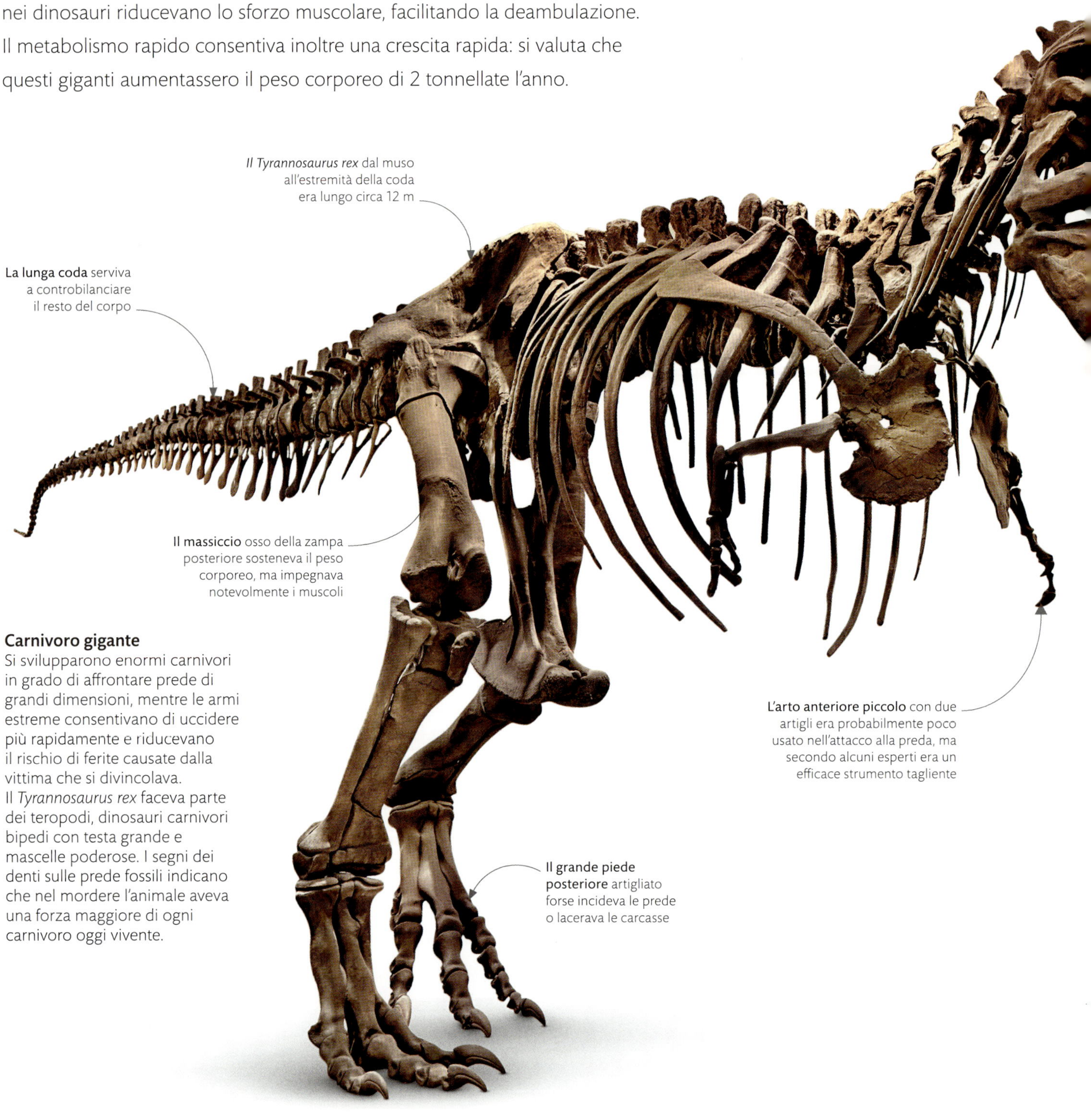

Il *Tyrannosaurus rex* dal muso all'estremità della coda era lungo circa 12 m

La lunga coda serviva a controbilanciare il resto del corpo

Il massiccio osso della zampa posteriore sosteneva il peso corporeo, ma impegnava notevolmente i muscoli

L'arto anteriore piccolo con due artigli era probabilmente poco usato nell'attacco alla preda, ma secondo alcuni esperti era un efficace strumento tagliente

Il grande piede posteriore artigliato forse incideva le prede o lacerava le carcasse

Carnivoro gigante

Si svilupparono enormi carnivori in grado di affrontare prede di grandi dimensioni, mentre le armi estreme consentivano di uccidere più rapidamente e riducevano il rischio di ferite causate dalla vittima che si divincolava. Il *Tyrannosaurus rex* faceva parte dei teropodi, dinosauri carnivori bipedi con testa grande e mascelle poderose. I segni dei denti sulle prede fossili indicano che nel mordere l'animale aveva una forza maggiore di ogni carnivoro oggi vivente.

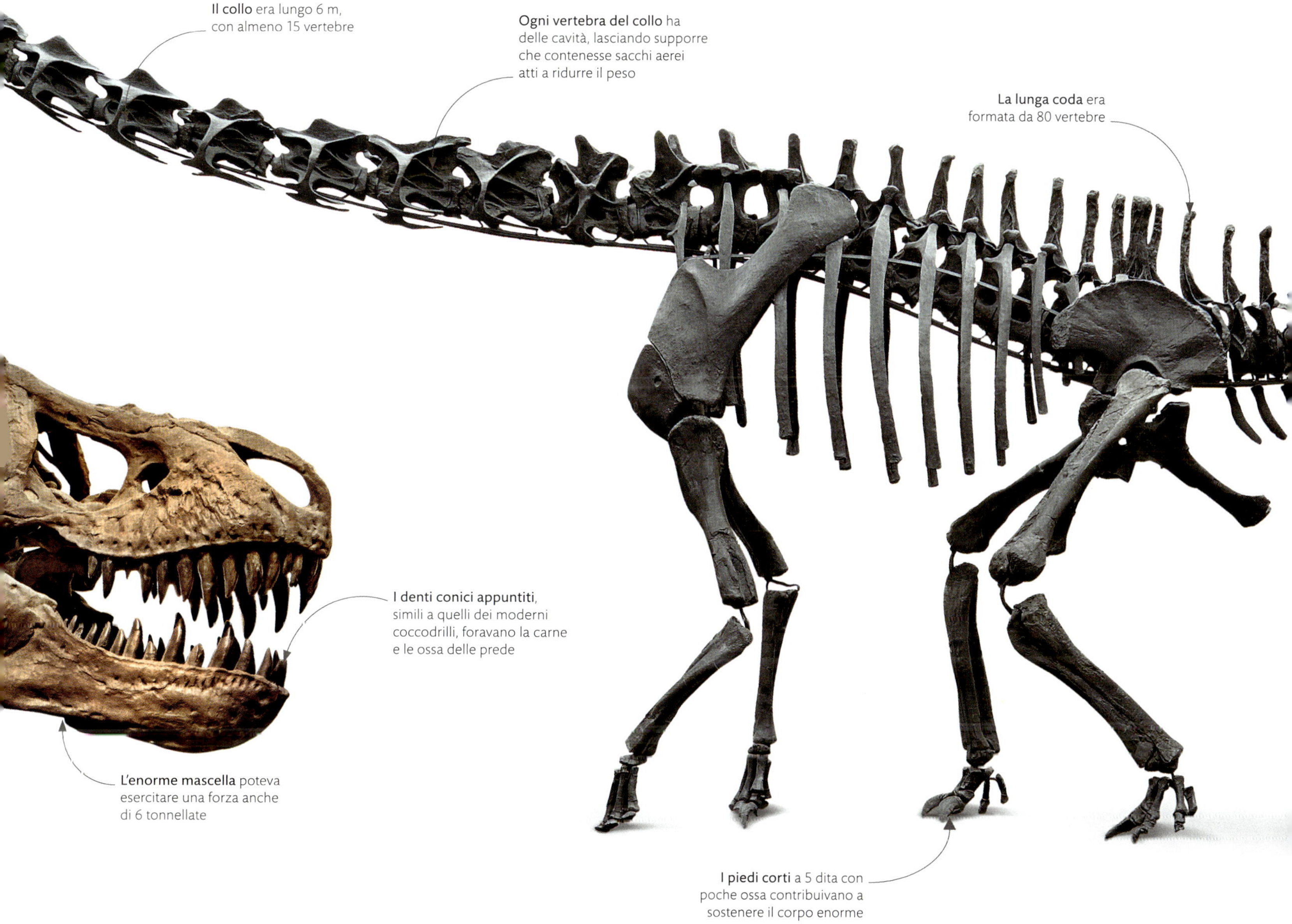

ORME RIVELATRICI

Per stimare la velocità dei dinosauri si possono sfruttare le tracce fossili. Misurando la distanza fra orme successive delle zampe anteriori e posteriori, gli scienziati valutano la lunghezza del passo dell'animale. Abbinando questo dato alla distanza fra spalla e anca, nota dagli scheletri portati alla luce, si può calcolare la probabile velocità del dinosauro. Le tracce del grande sauropode *Titanopodus* indicano un'andatura lenta e pesante (meno di 5 km/h), coerente con quella di un grande erbivoro che trascorre molto tempo a digerire il cibo.

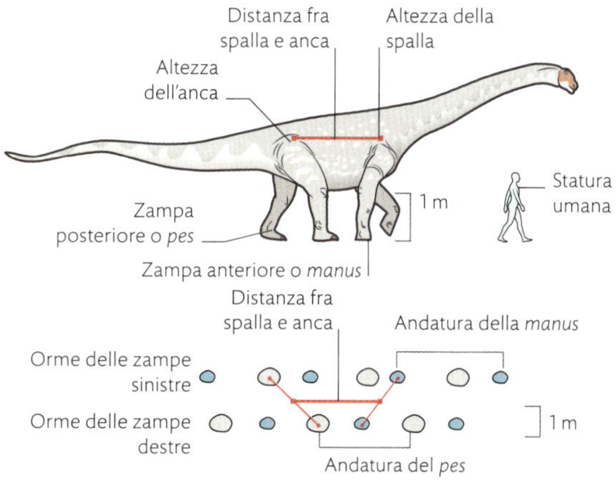

CALCOLO DELL'ANDATURA DI *TITANOPODUS*

Erbivoro gigante
I dinosauri più grandi erano i sauropodi, erbivori dal lungo collo come il diplodoco, che aveva una lunghezza media di 27 m. I denti indicano che questi animali inghiottivano le foglie intere, poi le digerivano lentamente con l'enorme intestino. Il lungo collo consentiva di muovere la testa descrivendo un ampio arco, e quindi di brucare su una vasta area rimanendo nello stesso punto.

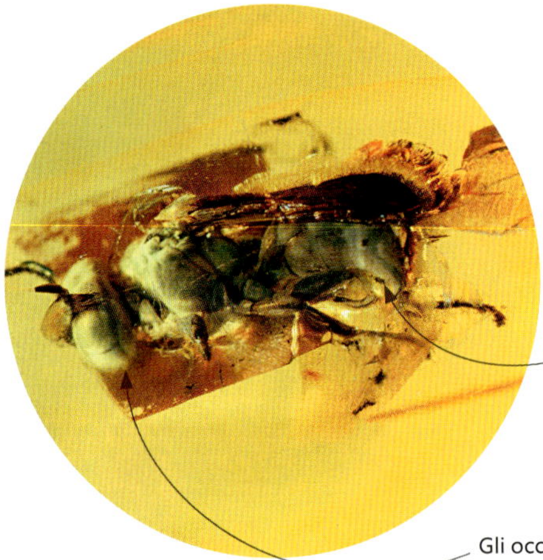

Ape fossile
Dopo la scomparsa dei dinosauri, tra gli insetti che acquisirono importanza vi erano le api, che si diversificarono assieme alle piante da fiore. Questa ape di 50 milioni di anni fa è racchiusa in ambra del Baltico, resina solidificata di alberi che, essendo appiccicosa, intrappolò molti animali preistorici, fra cui insetti volanti.

La cavità contornata di peli sulla zampa posteriore trasportava il polline

Gli occhi composti erano più grandi e probabilmente avevano più recettori per i colori di quelli dei coleotteri

L'antenna ha 11 segmenti e forse recava sensori per percepire le aspre pigne delle cicadacee, come negli odierni boganidi

PRIMI IMPOLLINATORI

Il Cretaceo (da 145 a 66 milioni di anni fa) è noto soprattutto come periodo finale dei dinosauri, ma fu anche un'epoca di grandi mutamenti nella vegetazione e negli insetti: le piante da seme conifere, come le cicadacee, entrarono in declino con l'avvento delle piante da fiore, e in tal modo cambiarono anche gli impollinatori. Le conifere venivano impollinate da coleotteri e mosche, e così probabilmente anche i primi fiori, ma quelli più vistosi e profumati in seguito attirarono gli insetti imenotteri come le api, fornendo nettare per i loro apparati buccali ben adattati.

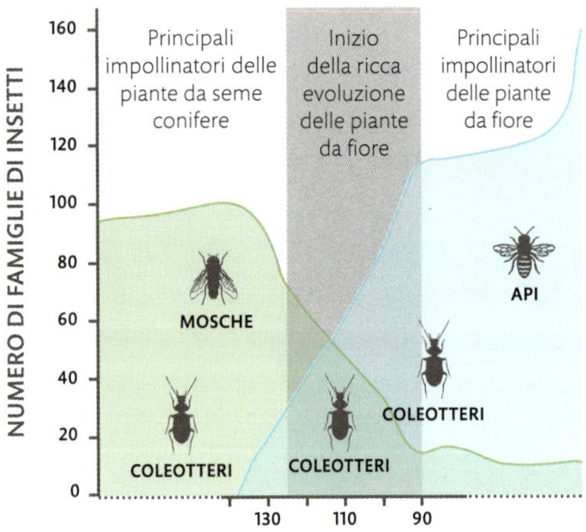

IMPOLLINATORI DEL CRETACEO

MILIONI DI ANNI FA

PRIMI FIORI

Confrontando i fiori di varie famiglie di piante odierne con i fossili, i biologi hanno ricostruito l'aspetto più probabile di un antico fiore del Cretaceo. La robusta infiorescenza dai grossi petali era simile a una magnolia e come questa (e come le cicadacee prima dominanti) veniva probabilmente impollinata da coleotteri con apparato masticatorio e scarsa visione dei colori. Polline, nettare e parti del fiore forse erano fonti di cibo per gli insetti.

Le antere degli stami (parti maschili) producevano polline, che poi si attaccava ai coleotteri

La spirale interna del carpello (parte femminile) conteneva ovuli fecondati dal polline di altre piante

I grandi petali resistevano agli apparati masticatori dei coleotteri impollinatori

RICOSTRUZIONE DI UN FIORE PRIMORDIALE

Impollinatori di cicadacee
Questo coleottero *Cretoparacucujus* di circa 100 milioni di anni fa è così ben conservato in ambra fossile che può essere classificato con sicurezza nella famiglia dei coleotteri boganidi, che ancora oggi impollinano le cicadacee. E infatti nello stesso pezzo di ambra è stato trovato polline di cicadacee. Queste piante producono una grande quantità di polline, che in parte viene sacrificato e nutre i coleotteri e in parte viene da questi trasportato e feconda le piante vicine.

insetti **impollinatori**

Nel rapporto con gli animali, le piante hanno avuto una sorte variabile. Gli erbivori le hanno indotte a produrre sostanze chimiche sgradevoli, mentre gli animali hanno risposto sviluppando metodi per disintossicarsene. Tuttavia all'epoca dei dinosauri gli insetti stabilirono con le piante da seme un rapporto di beneficio reciproco: trasportavano il polline per la loro riproduzione sessuata e ne venivano ricompensati con nutrimento. Tutto ebbe inizio con le cicadacee dai frutti a cono, lontane cugine delle conifere impollinate dal vento (v. p. 309), ma la soluzione ebbe tanto successo che trasformò il volto del pianeta vivente. Si sviluppò un nuovo tipo di pianta da seme, con fiori al posto dei coni, e la Terra si rivestì di colori e profumi.

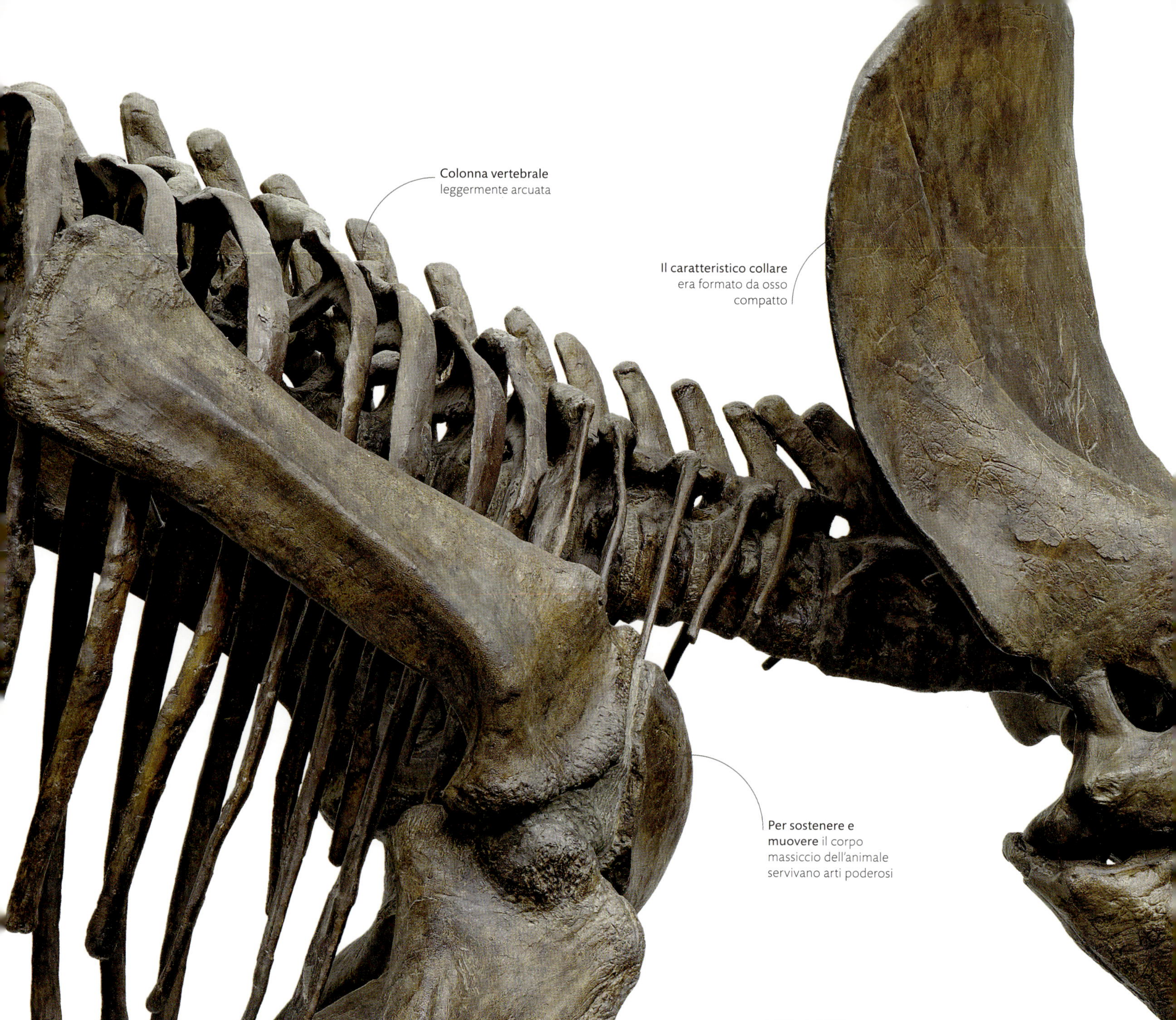

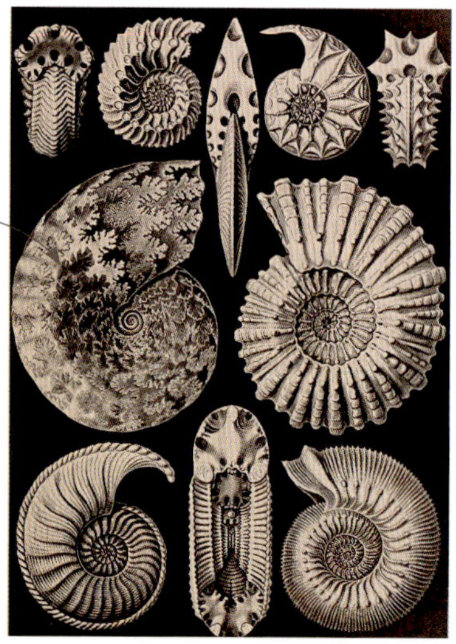

Molluschi perduti
L'estinzione al termine del Cretaceo fu devastante non solo per le specie terrestri, ma anche per le forme di vita marine; oltre ai dinosauri scomparvero molti altri gruppi, fra cui le ammoniti, parenti degli attuali calamari e polpi, ma con guscio a spirale.

Ultimi dinosauri
Alla fine del Cretaceo sulla Terra vivevano numerosi dinosauri, come il triceratopo dai tre corni, ma il loro lungo dominio era già stato messo in pericolo da imponenti eruzioni vulcaniche in Asia (i vulcani tabulari del Deccan) che emettevano fumi tossici. L'impatto dell'asteroide fu il colpo di grazia: un'interruzione improvvisa dei resti fossili indica che nel giro di qualche millennio si estinsero tutti. Il triceratopo possedeva vari adattamenti efficaci per la difesa e l'alimentazione, ma non era preparato a una simile catastrofe.

TRACCE DELL'ASTEROIDE

Nel 1978, i geofisici scoprirono nelle rocce delle anomalie indicanti un massiccio impatto di asteroide nel golfo del Messico, con un cratere di 200 km di diametro incentrato sul villaggio di Chicxulub, sulla punta settentrionale della penisola dello Yucatán. In tutto il mondo, in rocce della fine del Cretaceo fu poi scoperto un sottile strato di iridio, elemento comune negli asteroidi, a indicare come i frammenti si fossero sparpagliati ovunque, con un effetto su tutto il pianeta.

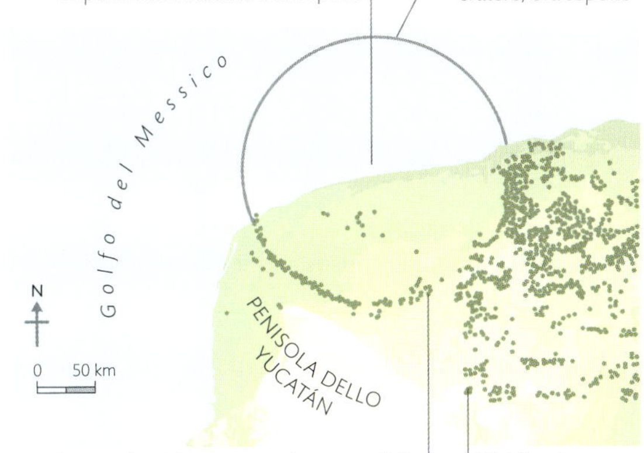

Un'area presso il punto di caduta dell'asteroide è coperta da rocce impermeabili indurite dall'impatto

Probabile bordo del cratere, ora sepolto

I *cenote* (cavità sotterranee), a causa dello scioglimento in acqua delle rocce presso la parete del cratere formano un anello

Distribuzione consueta dei *cenote* altrove

CRATERE DI CHICXULUB

Il cranio era uno dei più grandi fra tutti gli animali terrestri e costituiva un terzo del peso corporeo dell'animale, pari a 6 tonnellate

I corni forse erano usati per la difesa o per il corteggiamento

Terzo corno più piccolo, da cui il nome triceratopo

Le file di denti crestati incidevano le piante dalle foglie robuste come le cicadacee, all'epoca molto diffuse

La punta della mascella, simile a un becco senza denti, consentiva probabilmente di afferrare la vegetazione

morte dei dinosauri

Poco dopo la sua formazione, la Terra fu bombardata da asteroidi. L'epoca coincise con l'origine delle forme di vita unicellulari, ma il fondo marino in cui nacquero forse le protesse. Gli asteroidi che in seguito investirono il pianeta erano troppo piccoli per avere un'influenza duratura sulla biosfera, perciò gli esseri viventi furono liberi di evolversi fino a una straordinaria complessità. Tuttavia 66 milioni di anni fa la Terra fu colpita da un asteroide che modificò il corso dell'evoluzione. Scagliò polvere e fuliggine nell'atmosfera e precipitò la Terra in un buio inverno che durò migliaia di anni, portando all'estinzione tre quarti delle specie vegetali e animali, compresi i giganteschi dinosauri.

Insetti

Dal pozzo di Messel sono stati recuperati oltre 20.000 fossili di insetti, che rappresentano tutti i principali gruppi oggi viventi. Si sono preservate caratteristiche delicate come ali, antenne e occhi. In alcuni esemplari sono ancora evidenti le nanostrutture riflettenti dell'esoscheletro, perciò non solo si hanno fossili iridescenti, ma gli scienziati sanno anche ricostruire i colori vivaci di questi antichi insetti.

Colori iridescenti chiaramente visibili

TENEBRIONIDE
Ceropria messelense

Si è preservata la delicata struttura dell'ala posteriore

BUPRESTIDE
Psiloptera weigelti

Vertebrati a sangue freddo

Il clima dell'Eocene, reso caldo dall'effetto serra, favorì una ricca diversità di pesci, anfibi e rettili. Il lago di Messel e le circostanti foreste subtropicali ospitavano oltre 30 specie di rettili, fra cui tartarughe, lucertole, serpenti e coccodrilli. Alcuni animali sono rimasti "pietrificati" all'improvviso: vi sono fossili di tartarughe che si accoppiano e perfino serpenti con l'ultimo pasto nello stomaco.

Le ossa della pinna dorsale spinosa sono simili a quelle di un'attuale perca

PESCE
Amphiperca multiformis

Diversamente dalle rane odierne, le ossa della caviglia non sono fuse

RANA
Eopelobates wagneri

Vertebrati a sangue caldo

Nel pozzo di Messel si è trovata una straordinaria varietà di mammiferi e uccelli. Gli antenati dei principali gruppi di animali oggi viventi indicano che gli ecosistemi dell'Eocene cominciavano a somigliare alle comunità attuali. Dei proto-cavalli ungulati vivevano accanto ad antichi tapiri, roditori primitivi e primati arboricoli. I pipistrelli condividevano il cielo con una grande varietà di uccelli: di questa zona se ne conoscono oltre 70 specie.

Zampe lunghe tipiche dei trampolieri

IBIS
Rhynchaeites messelense

Fra le ossa degli arti superiori si vedono le membrane alari

PIPISTRELLO
Palaeochiropteryx tupaiodon

comunità fossile

I *Lagerstätten*, in tedesco “giacimenti”, sono depositi sedimentari di varie parti del mondo in cui i fossili sono ottimamente preservati. Uno di questi, il pozzo di Messel in Germania, residuo di un antico lago vulcanico, presenta un ecosistema dell’Eocene di 47 milioni di anni fa; sono stati trovati oltre 53.000 fossili di piante e animali. L’assenza di ossigeno e le correnti sul fondo del lago ne hanno consentito la conservazione, ma gli scienziati ancora discutono sul perché si siano fossilizzate tante specie. Una spiegazione è che il lago emettesse gas tossici, micidiali per gli animali della circostante foresta subtropicale. In alternativa, le fioriture di alghe avrebbero avvelenato gli animali che bevevano quest’acqua.

È evidente il grande ovopositore (organo per la deposizione delle uova)

VESPA PARASSITA
Xanthopimpla messelensis

Carapace a cupola compattato dai sedimenti

TARTARUGA
Allaeochelys crassesculptata

Le squame carenate consentivano all’animale di muoversi nella vegetazione

VARANO
Paranecrosaurus feisti

Resti dei poderosi muscoli del tronco che stritolavano le prede

SERPENTE
Eoconstrictor fischeri

Muscolatura mascellare simile a quella della cavia o dell’istrice

RODITORE
Masillamys beegeri

Dita opponibili adatte all’arrampicata

PRIMATE
Darwinius massillae

I denti da rinoceronte indicano i legami ancestrali con questo animale e anche con i tapiri

ANIMALE UNGULATO SIMILE AL TAPIRO
Hyrachyus minimus

epoca dei mammiferi

Evolvendosi, gli organismi si adattano a svolgere ruoli differenti, ossia a occupare nicchie della biosfera. Oltre 100 milioni di anni fa (quando la terraferma era ancora dominata dai dinosauri) i mammiferi erano piccoli cacciatori notturni. Dopo la loro estinzione (v. pp. 294-295) i mammiferi vivipari occuparono le nicchie, diversificandosi in assenza di competizione e dando origine a nuove specie erbivore e carnivore. Si suddivisero in due gruppi principali: i marsupiali, che nutrono i piccoli in una tasca cutanea, e i placentati, che li nutrono più a lungo nell'utero. Ma alcune traiettorie evolutive risultarono convergenti, fra cui quella dei marsupiali australiani che giunsero a somigliare a grandi felini placentati di altre parti del mondo.

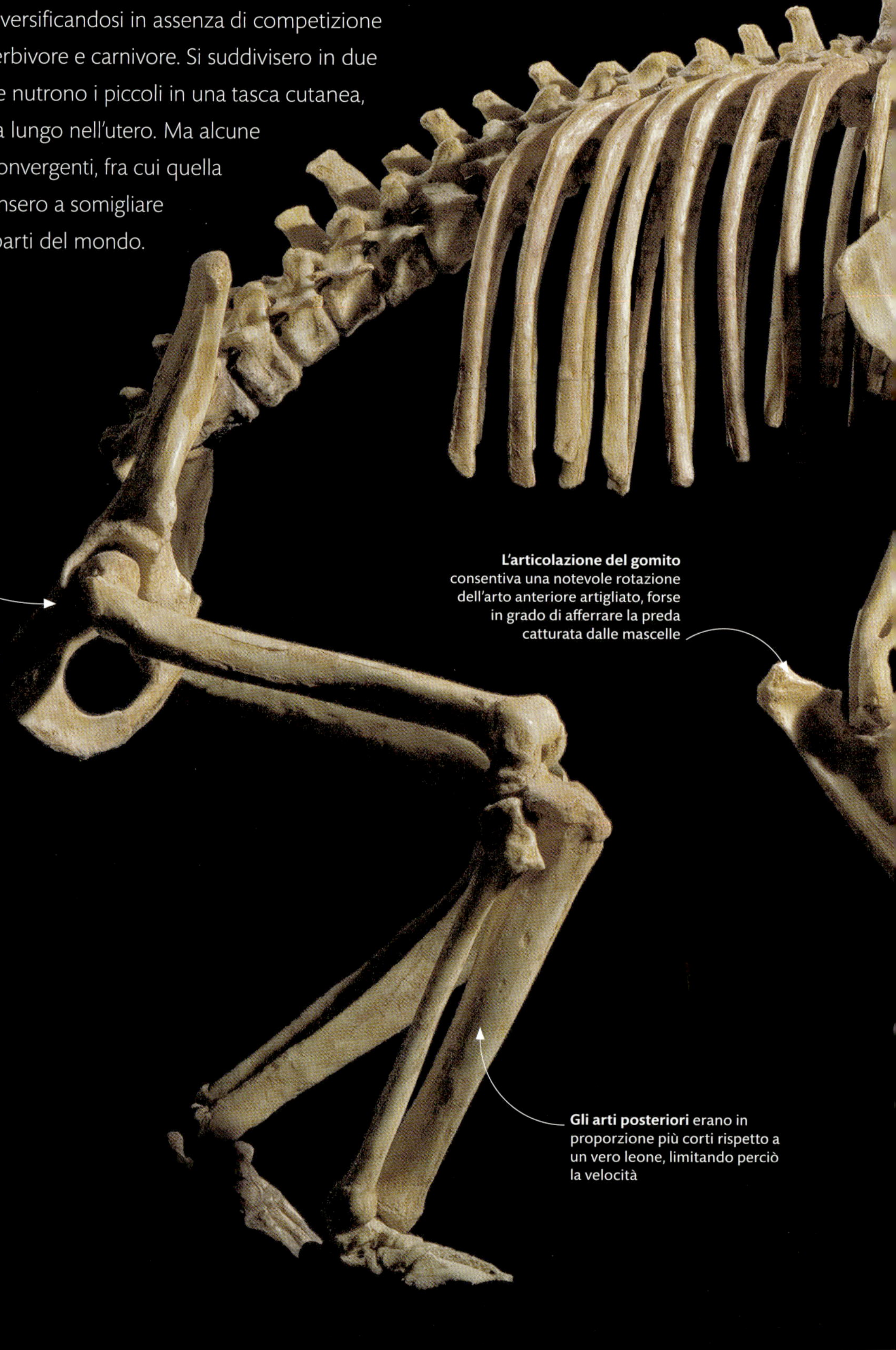

Le vertebre si estendevano fino alla lunga coda, mancante in questo esemplare

L'articolazione del gomito consentiva una notevole rotazione dell'arto anteriore artigliato, forse in grado di afferrare la preda catturata dalle mascelle

Gli arti posteriori erano in proporzione più corti rispetto a un vero leone, limitando perciò la velocità

Scheletro di leone marsupiale
Vissuto 2 milioni di anni fa, *Thylacoleo carniflex* era uno dei predatori di vertice dell'Australia. Aveva i denti taglienti e gli artigli aguzzi dei grandi felini, ma in quanto marsupiale era più strettamente imparentato con gli attuali canguri e vombati. Occupava una nicchia ecologica simile a quella di un vero felino e forse si arrampicava sugli alberi, eventualmente per nascondere le prede uccise, come gli attuali leopardi afroasiatici.

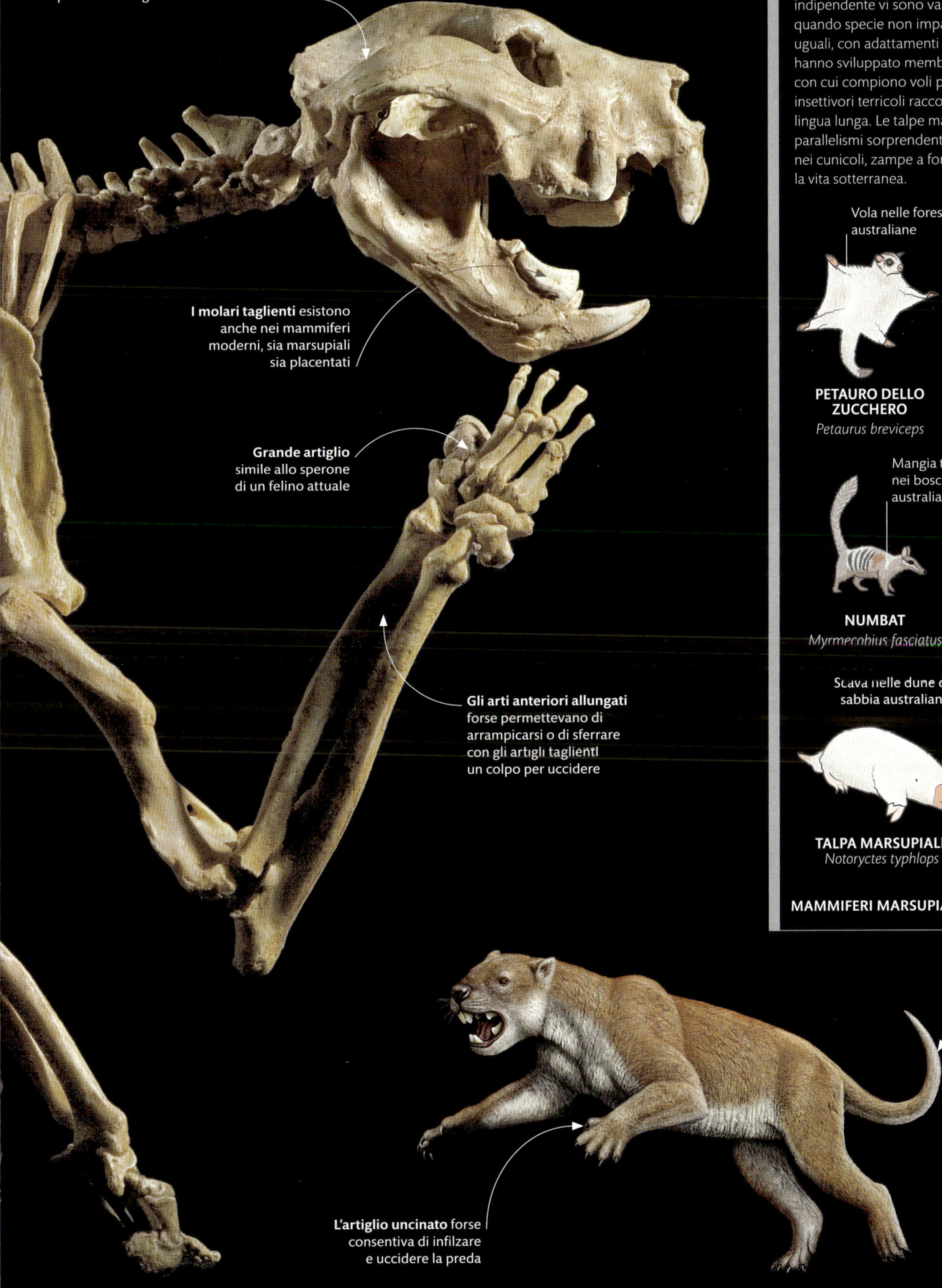

CONVERGENZA EVOLUTIVA

Sebbene i mammiferi si siano suddivisi in placentati e marsupiali, dopo 60 milioni di anni di evoluzione indipendente vi sono vari esempi di convergenza, che si ha quando specie non imparentate fra loro occupano nicchie uguali, con adattamenti simili. Alcune specie arboricole hanno sviluppato membrane cutanee simili a paracadute con cui compiono voli planati fra un ramo e l'altro, mentre insettivori terricoli raccolgono formiche e termiti con la lingua lunga. Le talpe marsupiali e placentate presentano parallelismi sorprendenti: appetito vorace per le prede nei cunicoli, zampe a forma di spatola, vista ridotta per la vita sotterranea.

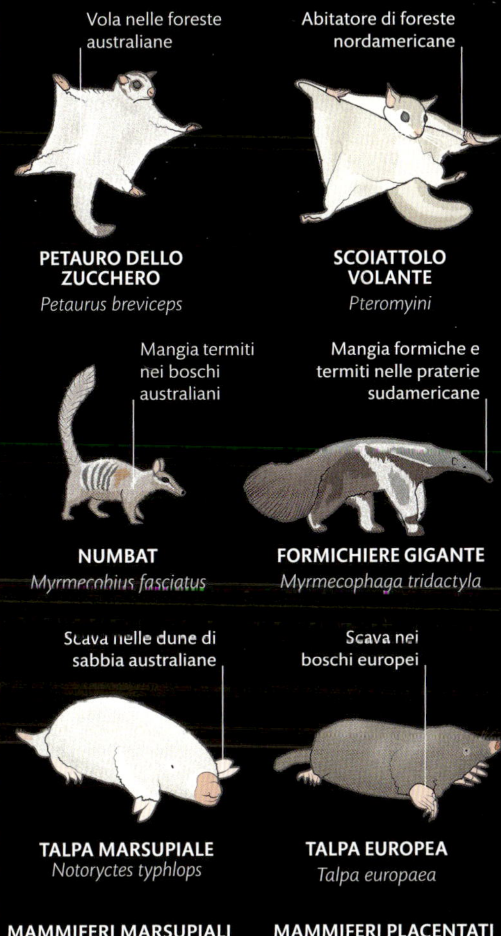

Predatore in agguato
I lunghi e poderosi arti anteriori, ciascuno fornito di un enorme artiglio uncinato, e le zampe posteriori più corte indicano che per abbattere le prede *Thylacoleo* faceva probabilmente più affidamento sugli agguati che sulla velocità.

Il cavallo spinge l'erba in bocca con le labbra prensili

Erbivori in transito
Lo gnu striato (*Connochaetes taurinus*) per il nutrimento è legato alla savana africana, poiché l'erba costituisce il 90% della sua alimentazione. Qui nella riserva Masai-Mara, in Kenya, migliaia di esemplari intraprendono l'annuale migrazione dopo le piogge stagionali che generano i pascoli migliori.

Erbivoro delle zone temperate
Sulle steppe dell'Asia centrale i selvatici cavalli di Przewalski (*Equus przewalskii*) d'estate cercano i pascoli migliori, accumulando riserve di grasso che li sostentano durante l'inverno, quando cessa la crescita dell'erba.

DALLE FOGLIE ALL'ERBA

I mammiferi che brucano erba bassa discendono da quelli che mangiavano foglie, germogli e frutti di vegetazione legnosa più alta, come *Hyracotherium* e *Mesohippus*. Gli erbivori specialisti, come *Merychippus* e gli attuali cavalli, asini e zebre, hanno denti molari con corona più alta, radice più profonda e creste che si aguzzano da sole. Gli incisivi anteriori recidono la vegetazione, poi i molari masticano i fili d'erba con un movimento laterale della mascella.

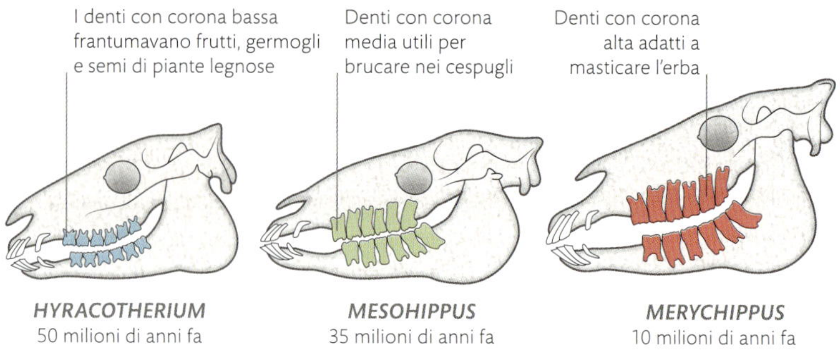

praterie

Nessun gruppo di piante ha avuto tanta rilevanza per la natura degli habitat della biosfera moderna quanto le varietà di erba. Queste piante si difendono con frammenti di silice, che le rendono dure da mangiare, e hanno foglie a filo che crescono dalla base, perciò si rigenerano rapidamente dopo essere state "attaccate" da erbivori al pascolo. Questi adattamenti ne hanno anche garantito il successo, specialmente dopo la collisione con l'asteroide che causò l'estinzione dei dinosauri e di tante altre forme di vita (v. pp. 294-295). Nella "nuova" biosfera dopo l'asteroide, con il declino delle foreste, l'erba crebbe talmente bene da dare origine a un habitat del tutto diverso: le steppe e le savane aperte e quasi prive di alberi di un nuovo mondo dominato dai grandi mammiferi (v. pp. 312-313).

Predatore temibile
Alto circa 1,5 m, *Titanis walleri* apparteneva a un gruppo di uccelli carnivori non volatili evolutisi in America del Sud, ma poi migrati a nord con l'unione fra i due continenti. In America del Nord divenne uno dei predatori più temibili, attaccando mammiferi indigeni che forse non avevano paura degli uccelli.

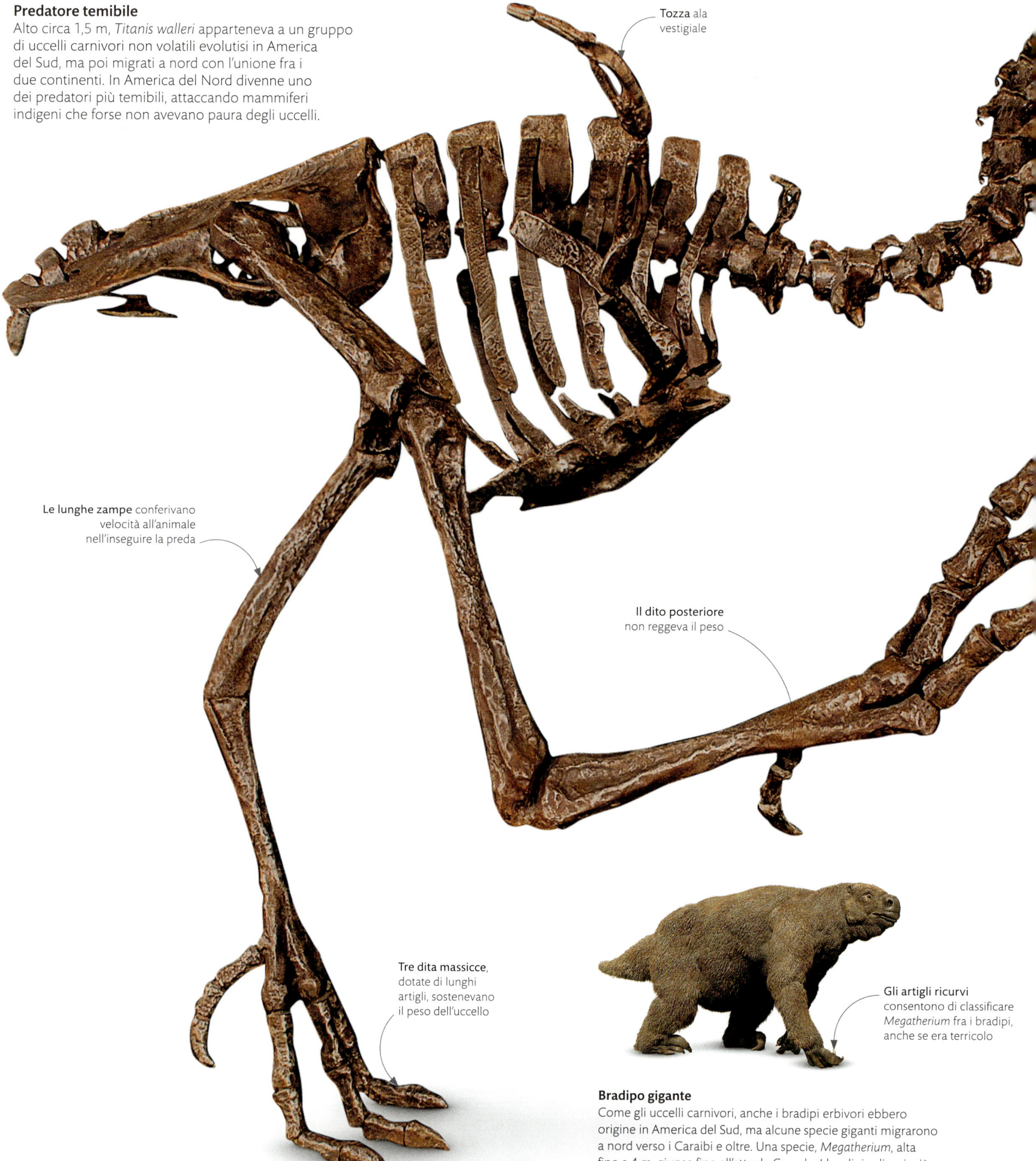

Bradipo gigante
Come gli uccelli carnivori, anche i bradipi erbivori ebbero origine in America del Sud, ma alcune specie giganti migrarono a nord verso i Caraibi e oltre. Una specie, *Megatherium*, alta fino a 4 m, giunse fino all'attuale Canada. I bradipi odierni, più piccoli, sono presenti soltanto in America centrale e meridionale.

vita nomade

La mutevole geografia della Terra svolge un ruolo fondamentale nell'evoluzione della biosfera. Nell'arco di milioni di anni, con la deriva dei continenti e l'emersione di isole, la Terra ha configurato la distribuzione degli animali, con i canguri in Australia, i bradipi in America del Sud, gli uccelli non volatili sulle isole oceaniche. Quando i continenti si separano o entrano in collisione, la fauna li segue. Un incontro spettacolare di mondi diversi avvenne milioni di anni fa, quando America del Nord e del Sud si unirono e gli animali che vivevano in continenti diversi entrarono in contatto con loro parenti, da cui erano divisi fin dall'epoca dei dinosauri.

GRANDE SCAMBIO AMERICANO

Quando i due continenti erano divisi, in America del Nord o del Sud vari gruppi di mammiferi ebbero un'evoluzione separata. I cammelli, per esempio, si svilupparono nel Nord, i bradipi nel Sud. Gli uni e gli altri fecero parte di uno scambio di mammiferi, avvenuto prima tramite le isole dei Caraibi, poi attraverso l'istmo che univa le masse continentali. I bradipi migrarono a nord, mentre gli odierni guanachi, discendenti di antichi cammelli, oggi vivono in America del Sud.

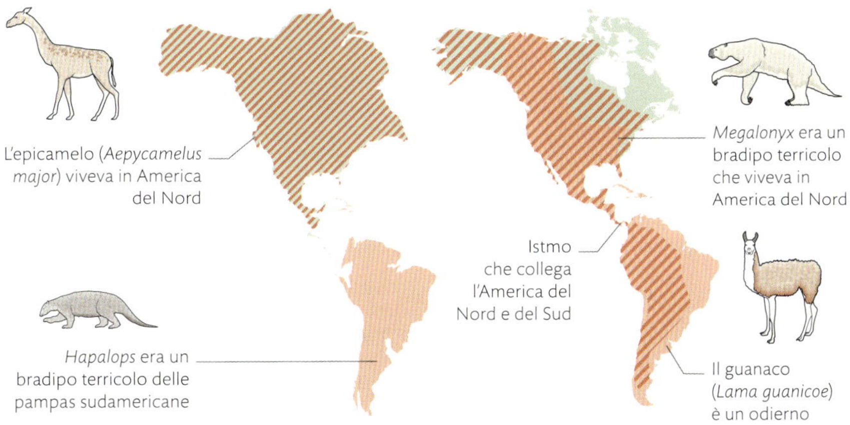

LEGENDA

Camelidi

Xenartri (bradipi, formichieri, armadilli)

SEPARAZIONE SULLE ISOLE

Le isole si formano quali nuove terre eruttate dal fondo marino da un vulcano, o come frammenti staccati dai continenti alla deriva, ma in entrambi in isolamento possono evolvere nuove forme di vita. Le isole vulcaniche devono essere colonizzate attraverso il mare, ma in assenza di predatori e di forti competitori i pionieri possono evolversi con modalità radicali. Il dodo non volatile di Mauritius discendeva da piccioni ancestrali in volo dall'Asia, ma l'evoluzione lo aveva reso vulnerabile agli estranei. Non riuscì a sopravvivere all'assalto dei cacciatori umani e attorno al 1662 si estinse.

DODO NON VOLATILE
Raphus cucullatus

STEPPA DEI MAMMUT

La distesa di praterie fra Europa, Asia settentrionale e Canada costituiva il bioma più vasto della storia e offriva pascoli agli erbivori dell'era glaciale. Poiché molta acqua era racchiusa nel ghiaccio, questo habitat continentale era più arido dell'odierna tundra. Oggi la steppa è stata in gran parte sostituita da foreste boreali (v. pp. 308-309), ma ne rimangono dei tratti in Asia centrale.

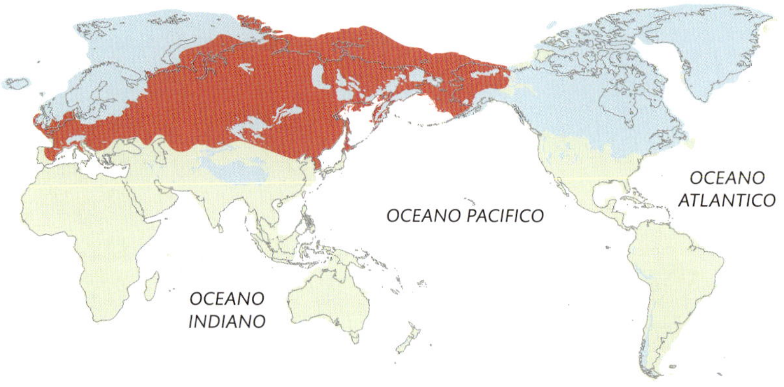

STEPPA DEI MAMMUT DURANTE LA GLACIAZIONE DEL PLEISTOCENE

LEGENDA
- Estens. della steppa dei mammut
- Calotte glaciali
- Estensione della terraferma
- Coste odierne

sopravvissuti al ghiaccio

Il freddo è nemico della vita, poiché rallenta il metabolismo e il congelamento uccide i tessuti. I luoghi più freddi oggi sono i poli, dove il calore dei raggi solari è insufficiente per le forme di vita. Ma nella preistoria, per le variazioni dell'orbita del pianeta o per il moto dei continenti, varie parti della Terra gelarono. La glaciazione più recente iniziò 2,5 milioni di anni fa nel Pleistocene, e i periodi più freddi (v. p. 243) coprirono di una calotta glaciale gran parte dell'America del Nord e dell'Eurasia. I territori limitrofi si trasformarono in una steppa gelida, dove pascolavano grandi mammiferi resistenti al freddo e poche altre specie riuscivano a sopravvivere.

Le zanne ritrovate sia in maschi che in femmine erano più lunghe e ricurve rispetto a quelle degli odierni elefanti

Rinoceronte dell'era glaciale
Con un esempio di convergenza (v. p. 299), il rinoceronte lanoso (*Coelodonta antiquitatis*) sviluppò un corpo di grandi dimensioni e ispidi peli lunghi che trattenevano il calore corporeo, proprio come i mammut.

La gobba conteneva grasso, muscoli e legamenti del collo ben sviluppati che sostenevano la testa e il corno

Mammut dell'era glaciale
Discendente da elefanti tropicali, il mammut (*Mammuthus primigenius*) è uno dei più noti animali vissuti durante la glaciazione del Pleistocene. I resti conservati sotto zero indicano che in vita i mammut avevano un metabolismo adattato al freddo ed erano protetti da uno strato di grasso sottocutaneo e da una folta pelliccia. Inoltre, si nutrivano brucando erba, molto più di ogni elefante odierno.

GELO PROFONDO

Vengono definiti permafrost o permagelo i terreni e le rocce che rimangono ghiacciati per almeno due anni consecutivi. Si trova un permafrost continuo sotto gran parte della terraferma entro il circolo polare artico. Lo strato di suolo sopra il permafrost d'estate disgela, consentendo la crescita di piante dalle radici poco profonde. Più a sud il permafrost si frammenta (è detto discontinuo), perciò possono crescere alberi, e la tundra lascia il posto a foreste di conifere (v. pp. 308-309).

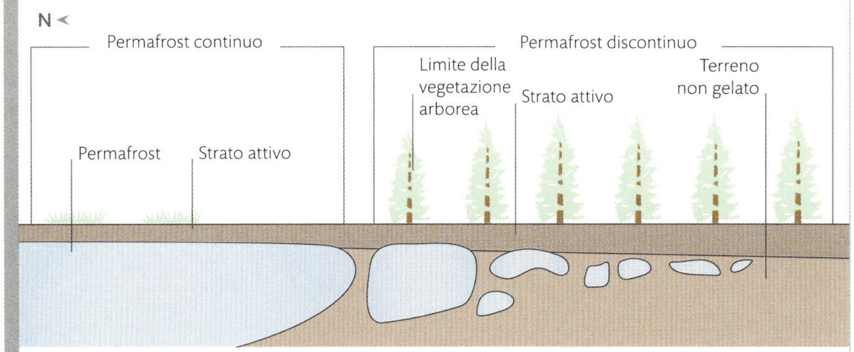

PROFILO DEL SUOLO CON PERMAFROST D'ESTATE

permafrost

In alcuni periodi il clima terrestre è stato tanto caldo che perfino i poli erano sgombri dai ghiacci (v. pp. 242-243), ma oggi Artide e Antartide sono sotto calotte glaciali che aumentano e diminuiscono con le stagioni. Attorno al circolo polare artico, però, anche d'estate il terreno sotto una certa profondità rimane gelato. Il ghiaccio impedisce lo sviluppo delle radici verso il basso, limitando così la crescita verticale della vegetazione. Questo è il mondo della tundra artica, un luogo dominato da piante basse, come carici e muschi, dove pochi alberi e arbusti riescono a sopravvivere.

Per proteggersi contro il gelo i fiori hanno la forma di amenti pelosi

Le foglie piccole e lanose perdono meno acqua

La pianta di rado supera i 15 cm di altezza

Arbusto del Nord
Nessuna pianta legnosa vive più a nord del salice artico (*Salix arctica*). Pur essendo parente dei salici delle latitudini temperate, questa pianta è minuscola e rimane bassa sul suolo. I peli lanosi isolano le gemme contro i venti gelidi.

Poligoni nella tundra
Sebbene sulla tundra cada pochissima pioggia, le basse temperature ne rallentano l'evaporazione, perciò il terreno rimane umido e il permafrost impedisce il deflusso dell'acqua. Le spaccature del terreno, piene d'acqua, gelano formando cunei di ghiaccio, che durante l'estate si sciolgono, e l'acqua di fusione si raccoglie in enormi pozze poligonali, come si vede in questo paesaggio dell'Alaska settentrionale.

foresta boreale

La foresta boreale o taiga è l'habitat naturale più recente e più vasto della biosfera. Circa 12.000 anni fa, con il recedere dell'ultima glaciazione (v. pp. 304-305), le calotte glaciali dei poli si ridussero, portando allo scoperto altra terraferma in America del Nord e in Eurasia. Si sciolse il permafrost (v. pp. 306-307), e le steppe aride lasciarono il posto a una foresta più umida. La taiga si estende su tutto il globo, fra la tundra a nord e le foreste di latifoglie e le praterie più a sud. Ma qui il clima, prossimo al circolo polare artico dove il Sole rimane basso sull'orizzonte, è ancora molto freddo, e le conifere che crescono devono essere in grado di sopravvivere.

Foreste del Nord
Le foreste adattate al freddo, come questa in Finlandia, sono dominate dalle conifere, con foglie aghiformi e frutti a cono. Tra queste vi sono abeti e pini sempreverdi e larici caducifogli, specie sufficientemente robuste da sopravvivere a temperature che rimangono sotto lo zero per gran parte dell'anno.

Animali circumpolari
Le foreste boreali che si estendono in America del Nord e in Eurasia offrono habitat simili, perciò molte specie animali, come l'alce (*Alces alces*), sono presenti nell'intera regione.

Le corna sono presenti solo nei maschi e possono raggiungere un diametro di 1,2-1,5 m

Il cervide più grande del mondo bruca foglie di salice e betulla nelle radure umide

ADATTAMENTI DELLE CONIFERE

Il fogliame delle conifere è ben diverso da quello delle caducifoglie e delle piante a fiore. Le foglie hanno forma di aghi o di piccole squame, il che ne riduce la superficie limitando la perdita d'acqua per evaporazione, perciò gli alberi sopravvivono quando l'acqua del terreno è gelata. Questi adattamenti consentono alle conifere di crescere anche in aree tropicali. Inoltre la linfa contiene resine che fungono da antigelo, e le foglie più larghe hanno un rivestimento ceroso impermeabile.

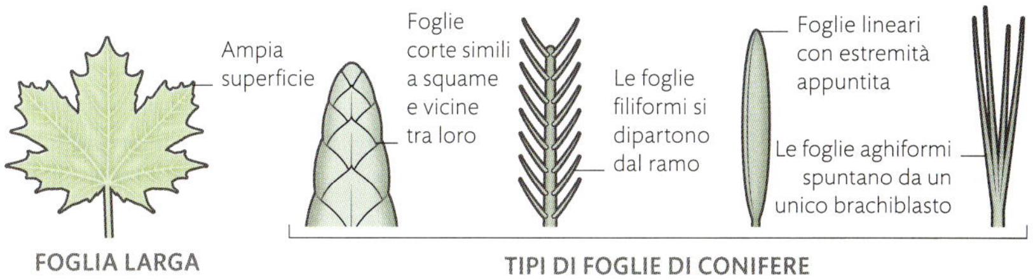

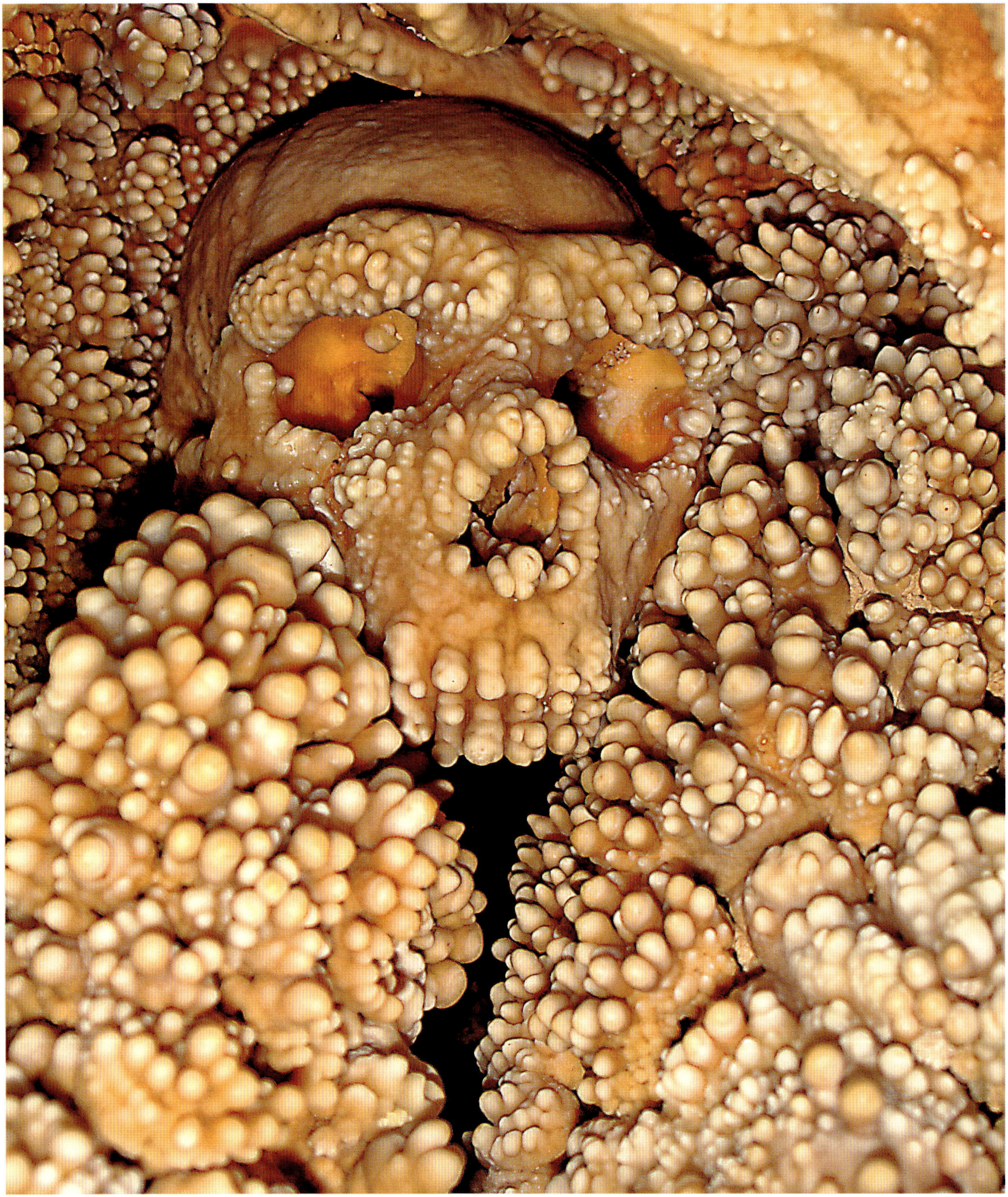

L'uomo di Altamura
I resti fossili dell'uomo di Altamura (a sinistra), scoperti in Italia nel 1993, hanno costituito una ricca fonte di DNA neandertaliano. L'analisi dei resti indica che i Neanderthal si incrociarono con gli esseri umani moderni, una scoperta che ha rivoluzionato la paleoantropologia.

> “La difficoltà per la paleontologia molecolare è scoprire tracce chimiche di vita antica.”
>
> DEREK E.G. BRIGGS E ROGER E. SUMMONS, 2014

storia delle scienze della Terra

tracce molecolari nei fossili

FOSSILE DI *SINOSAUROPTERYX*

I fossili ottimamente preservati, compresi quelli di parti "molli" che di solito non si mineralizzano, offrono informazioni sulla forma e sulle caratteristiche degli organismi estinti. I metodi analitici moderni dimostrano che questi fossili spettacolari delle forme di vita preistoriche possono preservare più di quanto appaia a prima vista: dettagli cellulari, segnali molecolari e perfino frammenti di DNA.

La potenziale preservazione nei fossili di molecole biologiche (biomolecole), tra cui proteine, carboidrati e materiale genetico, fu osservata inizialmente negli anni '50. Negli anni '70 e '80 si approfondì l'analisi delle biomolecole e con i progressi nel sequenziamento del DNA si estrasse da resti del XIX secolo il primo DNA di un animale estinto, la zebra quagga. Affinando questi metodi, gli scienziati che studiano resti preservati ma non fossilizzati sono ora in grado di identificare il corredo genetico di molti animali estinti, come gli antenati degli esseri umani, i cavalli dell'era glaciale e perfino mammut vecchi di milioni di anni.

MELANOSOMI ROSSASTRI

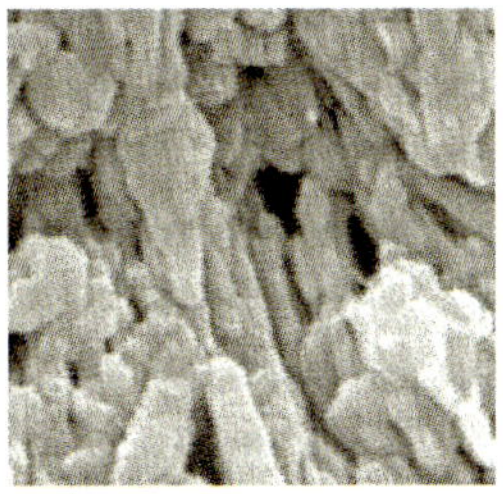

MELANOSOMI GRIGIO-NERI

Antichi melanosomi
Si vedono al microscopio elettronico (a sinistra) i melanosomi (microscopiche sacche di pigmento nelle cellule) di penne fossili. I melanosomi rossi tendono a essere sferici, quelli neri a forma di salsiccia. I resti fossili di *Sinosauropteryx* (sopra a sinistra) indicano che l'animale aveva penne a strisce scure e chiare.

Nei primi anni del 2000 il recupero di tessuti molli di un tirannosauro stimolò un dibattito sulla possibile preservazione del DNA nei fossili. Oggi sono stati trovati resti di tessuti in un'ampia gamma di fossili di dinosauri. Tuttavia gli scienziati discutono ancora sulla natura di questi reperti e sulla possibilità di distinguere fra i tessuti originari e quelli contaminati dalla presenza di microrganismi o di altro materiale genetico.

Ulteriori studi hanno indicato che varie biomolecole, specialmente proteine, durante la fossilizzazione possono assumere forme stabili che offrono informazioni sugli organismi quando erano in vita. Con simili biomolecole si sono studiati per esempio i rapporti di parentela tra alcune delle più antiche forme di vita, i colori dei dinosauri e perfino la presenza di sangue fossile nello stomaco di una zanzara dell'Eocene (56-34 milioni di anni fa). I continui progressi di queste tecniche consentono di studiare e di conoscere sempre meglio le biomolecole e le forme di vita antiche.

megafauna

Negli ultimi 60 milioni di anni i mammiferi divennero i nuovi bestioni della Terra: dagli enormi bradipi terricoli in America (v. p. 303) ai marsupiali giganti in Australia. Come i rettili giganteschi prima di loro (v. pp. 290-291), seguirono una tendenza forse dovuta ai vantaggi del fatto di essere più grandi di competitori e predatori. In un mondo che si era andato raffreddando, i grandi mammiferi erano in grado di mantenere costante la temperatura corporea. La megafauna odierna è fortemente ridotta: i mammiferi giganti si sono quasi tutti estinti negli ultimi 50.000 anni, epoca che coincide con la diffusione degli esseri umani, lasciando supporre che almeno in parte la colpa sia di questi formidabili cacciatori.

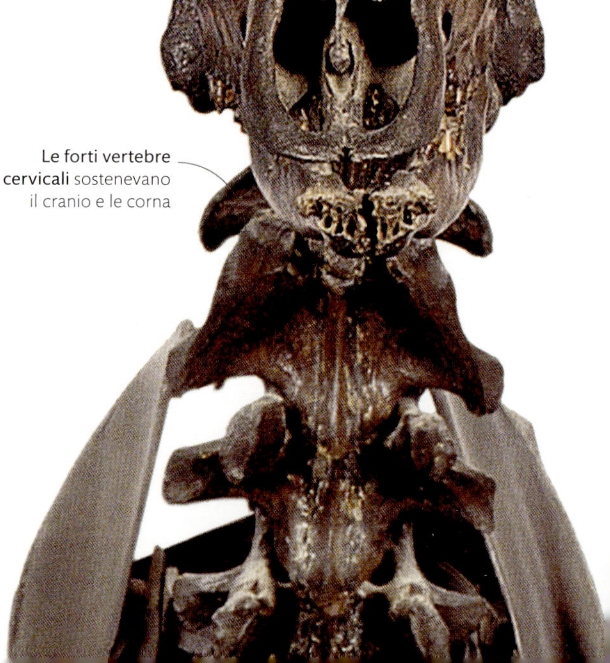

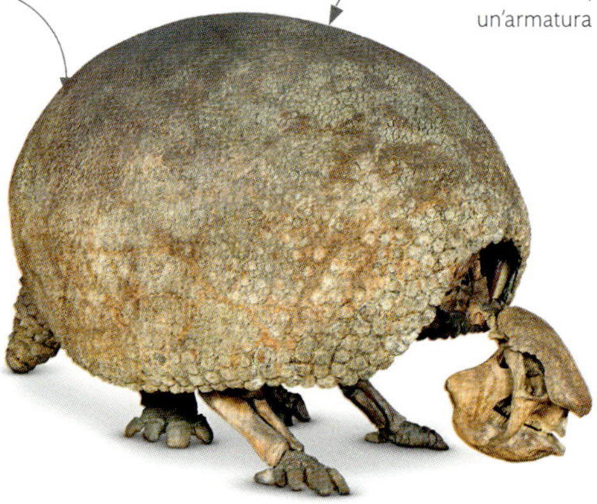

Gliptodonte
Tra la megafauna dell'America del Sud, il gliptodonte era un armadillo gigante, grande quanto una piccola automobile, che sopravviveva brucando la vegetazione. Gli odierni armadilli sono più piccoli di un cane e si nutrono principalmente di insetti.

Cervo gigante maschio
Vissuto da mezzo milione di anni fa fino a circa 12.000 anni fa, il megalocero (*Megaloceros giganteus*) aveva dimensioni maggiori di un attuale alce, il più grande cervide odierno (v. p. 309). I maschi impressionavano le femmine con le corna più grandi di qualsiasi cervide, vivente o estinto. Le corna ampie e piatte assomigliano a quelle del daino, il più stretto parente oggi in vita, ma questo gigante viveva su terreno più aperto rispetto all'habitat boschivo del daino.

DIMENSIONI DELLA MEGAFAUNA

Tra gli animali più pesanti, tutti di diverse tonnellate, vi sono i mammut ormai estinti ma anche giganti attuali come le giraffe e i bisonti, tutti erbivori: la digestione del duro cibo vegetale richiede intestini grandi. Ma divennero enormi anche i carnivori loro predatori. Il numero di specie della megafauna raggiunse il culmine nel Pleistocene, circa 2,5 milioni di anni fa, epoca corrispondente all'ultima glaciazione (v. pp. 304-305).

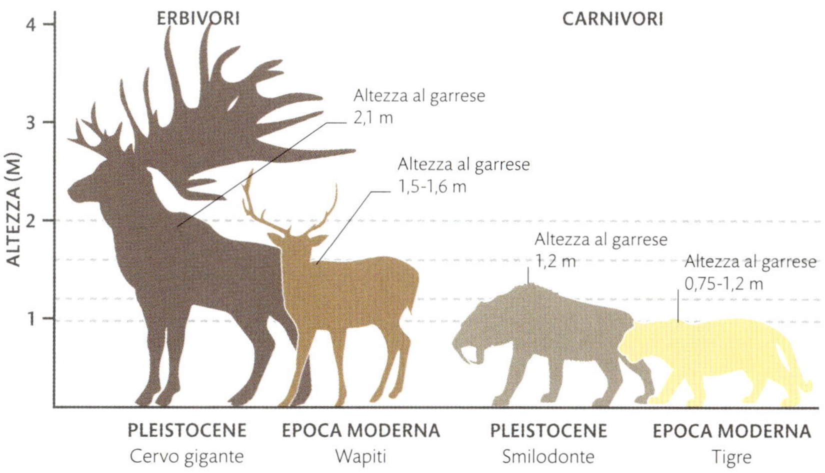

in evidenza Foresta di Borth

La foresta sommersa di Borth, che emerge sinistramente dalla baia di Cardigan sulla costa occidentale del Galles, è il ricordo di un'epoca passata. Su un'area di 7 km fra le città di Borth e Ynyslas, questi tronchi di frassini, querce, betulle e pini sono sepolti in uno strato di torba con un'età di 6.000 anni, che li ha protetti quando sono stati sommersi dall'innalzamento del mare. Oggi ricompaiono dopo le tempeste che rimuovono la sabbia soprastante, e con la bassa marea emergono le radici contorte. Poiché il riscaldamento dei mari provoca tempeste più frequenti e potenti, la foresta preistorica si osserva sempre più spesso e su un'area maggiore. Gli abitanti del luogo mettono in relazione gli alberi con la leggenda dei Cantre'r Gwaelod, i Cento delle Pianure, un antico regno sprofondato. Secondo la narrazione, questa civiltà sarebbe stata sommersa quando un principe (per dimenticanza, concupiscenza o ebbrezza) lasciò aperta una paratoia, consentendo al mare di inondare la depressione locale. Gli studiosi sono meno propensi a trarre conclusioni. La comparsa effimera rende questi alberi difficili da studiare, ma le scogliere immaginate come mura urbane sono più probabilmente morene glaciali. Tuttavia l'area un tempo era chiaramente abitata, poiché fra i ceppi si sono rinvenuti focolari di pietra, passerelle di legno e utensili litici.

Simili foreste sommerse si trovano su varie coste della Gran Bretagna, che nell'ultimo periodo glaciale (115.000-11.700 anni fa, pp. 304-305) era collegata all'Europa continentale. Solo quando i ghiacciai si ritirarono il livello del mare si innalzò, inondando l'istmo e separando l'isola.

Ceppo e radici di albero con la bassa marea

Quando l'acqua asporta la sabbia soprastante, emergono i resti di alberi ricoperti di alghe

Paesaggio della foresta
Nel 2014 una forte tempesta sferzò la costa della contea di Ceredigion e, col recedere delle onde, emersero i ceppi di un'antica foresta un tempo sepolta nella torba. Secondo gli studi, gli alberi smisero di crescere 4.000-6.000 anni fa. I resti sono visibili con maree molto basse; se rimangono allo scoperto a lungo cominciano a marcire, ma l'acqua marina ha anche un effetto di preservazione.

impatto dell'umanità

Una specie, *Homo sapiens*, ha avuto sul resto della biosfera un impatto molto maggiore rispetto a ogni altro essere vivente. I suoi resti fossili hanno meno di mezzo milione di anni, ma il suo effetto sull'ambiente durerà molto più a lungo, al punto che per indicarne l'importanza gli scienziati hanno ipotizzato una nuova epoca geologica, l'Antropocene. Già 10.000 anni fa gli esseri umani avevano ormai colonizzato gran parte del mondo, alterando il paesaggio con l'agricoltura e causando con la caccia l'estinzione di grandi animali. Da allora una nuova epoca di industria e tecnologia sta inquinando il mondo e modificando il clima, provocando il riscaldamento del pianeta.

Impronta umana
Meno di un quarto delle terre emerse rimane disabitato e perlopiù non toccato dall'umanità. Queste giraffe nel Parco nazionale di Nairobi in Kenya si trovano in un'area protetta di 100 km^2, ma recintata su tre lati e con la capitale Nairobi che incombe in lontananza.

Crisi della plastica
Questo bicchiere di plastica può costituire una dimora temporanea per un paguro (genere *Coenobita*), ma la plastica resiste alla decomposizione e fa parte di una crisi di inquinamento del suolo e del mare che pone in pericolo il mondo naturale.

GRADUALE INIZIO DELL'ANTROPOCENE

Come tutte le specie, gli esseri umani usano risorse e generano rifiuti, ma modificano anche l'ambiente tramite agricoltura, trasporti, urbanizzazione e uso di combustibili. Le foreste e altri habitat devono lasciare il posto a campi e città, si introducono specie invasive, tecnologia e industria generano inquinanti. L'Antropocene non è definito da un unico evento: gli esperti discordano su quando abbia avuto inizio.

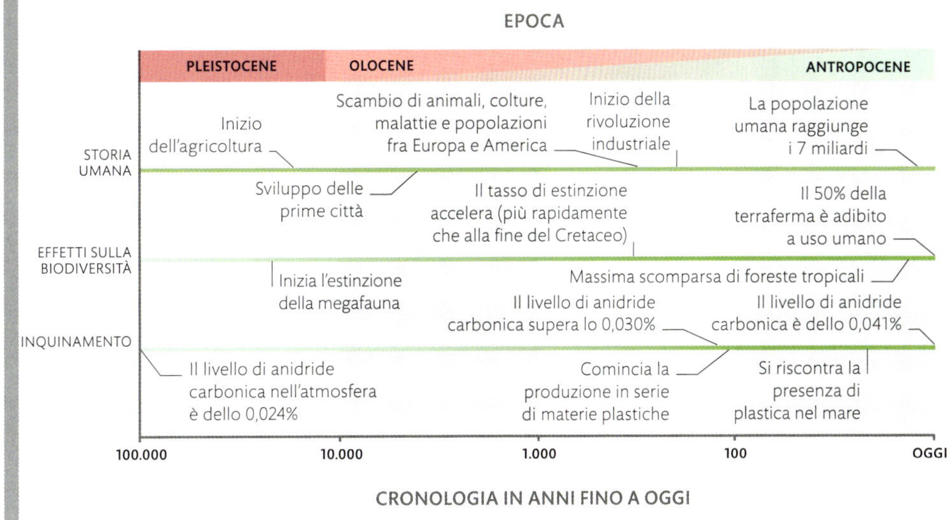

in evidenza

Valle di Danum

Anche se l'Antropocene (v. p. 317) è stato deleterio per la natura, sopravvivono ancora sacche di habitat incontaminati con diversità di specie naturali. Se la foresta pluviale del Borneo è in pericolo (dal 1973 ne è stato perduto oltre il 50%), sulla costa nordorientale dell'isola si cela l'Area protetta della valle di Danum, oltre 400 km^2 di foresta pluviale disabitata. È una delle ultime distese di foresta antica indisturbata ancora rimanenti nel Sudest asiatico ed è dominata da dipterocarpacee, tra gli alberi a fiore più alti del mondo. Nel Borneo ve ne sono 270 specie, di cui 155 esistono solo in questa isola, e molte, se non tutte, sono presenti nella valle di Danum. L'area ospita specie vegetali straordinarie, come le piante carnivore che mangiano insetti, il fiore più grande del mondo (la *Rafflesia* dall'odore di cadavere) e l'albero tropicale più alto, il meranti giallo (*Shorea faguetiana*). Abitano la

foresta popolazioni di animali in pericolo critico di estinzione, come l'orango del Borneo (*Pongo pygmaeus*), l'elefante pigmeo del Borneo (*Elephas maximus borneensis*) e il leopardo nebuloso (*Neofelis nebulosa*). La valle è un rifugio per oltre 124 specie di mammiferi e 340 di uccelli messi in pericolo dalla caccia o dalla frammentazione degli habitat. Gli studi sulla biodiversità in aree protette come la valle di Danum (dove sono vietati la caccia e l'abbattimento di alberi) dimostrano che gli interventi di salvaguardia funzionano e possono improntare le politiche di gestione. Di conseguenza il tasso di deforestazione di recente si è ridotto, e le aree protette si sono espanse.

Presbite marrone (*Presbytis rubicunda*)

La scimmia adulta a sviluppo completo pesa appena 6 kg

Cuore della valle di Danum
La foschia mattutina avvolge la foresta pluviale della valle di Danum nel Sabah del Borneo. Le dipterocarpacee qui visibili producono caratteristici frutti muniti di due ali e una volta ogni decennio inondano la giungla con miliardi di semi. Qui, lontano dai pericoli di deforestazione e caccia, sopravvivono numerose specie animali e vegetali endemiche.

glossario

I termini in **neretto** sono presenti nel glossario come voci principali

ABISSALE Termine riferito alle profondità del mare. La piana abissale è il fondo marino al di là del margine continentale.

ABITO Forma esterna di un **cristallo** (o gruppo di cristalli), comprese le facce dei singoli cristalli.

ACCRESCIMENTO Processo con cui in una zona di subduzione si aggiunge materia a una zolla continentale.

ACQUA FREATICA Acqua presente sotto la superficie della terraferma e racchiusa in spazi (interstizi) fra i granuli di roccia. Il limite superiore della zona in cui è presente l'acqua è detta **superficie freatica**.

ADROSAURI Gruppo di dinosauri erbivori con becco d'anatra vissuti durante il tardo Cretaceo.

AGNATI **Vertebrati** privi di mascelle.

ALGA Organismo che pratica la **fotosintesi** ma non è una vera pianta e può avere forme microscopiche. I **cianobatteri** ora vengono esclusi dalla definizione.

AMMONITE Conchiglia fossile a spirale dell'omonimo **mollusco** cefalopode che si estinse 66 milioni di anni fa.

AMNIOTI **Vertebrati** il cui embrione è protetto da membrane e talvolta da un guscio. Rettili, uccelli e mammiferi sono tutti amnioti.

ANGIOSPERMA Pianta da fiore (diversa da **conifere**, felci, muschi e altre piante). Tra le angiosperme vi sono numerose specie di alberi.

ANIONE Ione con carica elettrica negativa. Cfr. anche **Catione**, **Ione**.

ANTICICLONE Area di alta pressione. Cfr. anche **Ciclone**, **Ciclone tropicale, Uragano**.

ANTICLINALE **Piega** verso l'alto, a forma di arco, di strati rocciosi originariamente piani, formatasi per compressione orizzontale. Cfr. anche **Sinclinale**.

ARACNIDI Classe di artropodi che comprende acari, ragni, scorpioni e affini.

ARCOSAURI Gruppo di rettili **diapsidi** che comprende coccodrilli e **dinosauri**.

ASTENOSFERA Strato del **mantello** situato sotto la rigida **litosfera**. Fluisce lentamente allo stato solido e svolge un ruolo fondamentale nel moto delle **zolle tettoniche**.

ASTEROIDE Corpo celeste roccioso in orbita attorno al Sole. Può avere un diametro da pochi metri a circa 1.000 km.

ATOLLO Gruppo di isole coralline che circondano ad anello una **laguna**, di solito sopra una **montagna sottomarina**.

ATTUALISMO Teoria secondo cui le leggi e i processi all'opera oggi sulla Terra sarebbero stati gli stessi anche nel passato geologico.

AUREOLA METAMORFICA Zona di roccia attorno a una massa di **magma** alterata per **metamorfismo di contatto**.

AURORA POLARE Fenomeno luminoso visibile nel cielo notturno dell'Artide e dell'Antartide, causato dall'interazione fra le particelle solari dotate di carica elettrica e il campo magnetico terrestre.

AUSTRALOPITECO Termine che indica varie specie di scimmie antropomorfe con andatura eretta, vissute 1,2-4,4 milioni di anni fa.

BACINO DI SALE Depressione poco profonda, di solito in un deserto, che contiene depositi di sale.

BASALTO Roccia vulcanica che è la più comune sulla Terra e di solito trae origine dalla **lava** solidificata. Il basalto può essere vetroso o a grana fine (composto da **cristalli** molto piccoli).

BATOLITE Enorme massa di **roccia ignea** di forma irregolare, con un diametro di 100 km o più, formata dall'intrusione di magma proveniente dal sottosuolo profondo. Cfr. anche **Plutone**.

BENTONICO Detto di organismo che vive sul fondo marino.

BIOMINERALIZZAZIONE Processo con cui gli esseri viventi producono minerali.

BIOTICO Riferito alla vita o agli organismi viventi e ai loro prodotti.

BIVALVI **Molluschi** acquatici, come ostriche e vongole, il cui corpo è coperto da due gusci (valve) uniti da una cerniera.

BRACHIOPODI Importante gruppo di **invertebrati** marini. Per il guscio in due parti somigliano superficialmente ai **molluschi bivalvi**, ma non sono imparentati. Nel **Paleozoico** e nel Mesozoico erano abbondanti e diversificati.

BRECCIA **Roccia sedimentaria** costituita da frammenti (**clasti**) a spigoli vivi, cementati da **minerali**. Cfr. anche **Conglomerato**.

BUCA Depressione sotto una cascata formata dalla forza dell'acqua che si riversa su roccia madre tenera.

BURRONE Piccola valle dai fianchi scoscesi. Cfr. anche **Valle sopraelevata**, **Fossa tettonica**.

CALCAREO Contenente il **minerale** carbonato di calcio.

CALDERA Depressione vulcanica a conca, più grande di un **cratere**, di solito con un diametro superiore a 1 km, provocata dal crollo di un vulcano nel bacino magmatico vuoto.

CALOTTA GLACIALE Massa di ghiaccio che copre in via permanente un territorio, da una singola montagna a un'intera regione polare come l'Antartide o la Groenlandia.

CAMBIAMENTO CLIMATICO Variazioni a lungo termine dei fenomeni meteorologici e delle temperature medie su scala mondiale o locale.

CARATO Termine che indica la proporzione di oro in una lega, dove 24 carati corrispondono all'oro puro. È anche un'unità di misura equivalente a 0,2 g, usata per diamanti e pietre preziose.

CARSICO Detto di caratteristica morfologia del terreno formata da rocce idrosolubili, specialmente calcare, degradate dall'acqua che scorre sottoterra. Si ha una costa carsica quando il calcare è stato eroso e poi inondato dal mare.

CATIONE Ione con carica elettrica positiva. Cfr. anche **Anione**, **Ione**.

CAVITÀ DA EROSIONE Spazio vuoto formatosi in un letto fluviale per l'azione del trasporto di sassi e **sedimenti** da parte dell'acqua.

CHEMIOSINTESI Processo con cui un organismo cresce e si moltiplica sfruttando l'energia racchiusa in sostanze chimiche semplici, come acido solfidrico o metano. La chemiosintesi si oppone alla **fotosintesi**, che sfrutta invece l'energia proveniente dal Sole. Praticano la chemiosintesi molti batteri, in particolare quelli che vivono presso le **sorgenti idrotermali**.

CIANOBATTERI Rilevante gruppo di batteri che praticano la **fotosintesi**, in precedenza definiti **alghe** verdi-azzurre. Queste minuscole cellule non hanno il nucleo, al pari di altri batteri.

CICADACEE Gruppo di piante non angiosperme che superficialmente somigliano alle palme, ma producono frutti a cono con semi e polline. Cfr. anche **Angiosperme**.

CICLONE Area di bassa pressione. Cfr. anche **Anticiclone**, **Uragano**, **Ciclone tropicale**.

CICLONE TROPICALE Ampia depressione vorticante, caratteristica delle regioni tropicali e subtropicali. Definito anche **uragano** o **tifone**, è alimentato dall'acqua calda del mare ed è caratterizzato da venti impetuosi e forti piogge. Cfr. anche **Ciclone**.

CINODONTI Gruppo di **sinapsidi** emerso nel tardo Permiano. I **mammiferi** ne sono i discendenti odierni.

CIRCOLAZIONE TERMOALINA Circolazione mondiale di correnti di acqua profonda, alimentata dalle differenze di temperatura e di salinità fra le varie masse d'acqua. Cfr. anche **Effetto Coriolis**.

CLADO Gruppo di specie composto da tutti i discendenti evolutivi di un dato antenato.

CLASTO Frammento di **minerale** o roccia, specie se incorporato in nuova **roccia sedimentaria**.

COMETA Corpo celeste composto da roccia e ghiaccio che percorre attorno al Sole un'orbita di solito fortemente eccentrica. Quando si avvicina al Sole, l'evaporazione del ghiaccio forma una vasta nube, la chioma, e una o più code.

COMPOSTO Sostanza contenente atomi di due o più **elementi**.

CONGLOMERATO **Roccia sedimentaria** costituita da **clasti** arrotondati simili a ghiaia, cementati da minerali. Cfr. anche **Breccia**.

CONIFERE Piante con frutti a cono (pigne). Quasi tutte le conifere, come pini e abeti, hanno foglie aghiformi e sono sempreverdi. Alcune, come il larice, nei mesi invernali perdono le foglie.

CONO DI CENERE Vulcano relativamente basso formato da ceneri cadute da una nube provocata dall'eruzione.

CONOIDE DI DEIEZIONE Deposito lasciato da un corso d'acqua che, provenendo da un rilievo, si amplia in una pianura. Cfr. anche **Sedimento**.

CONOIDE SOTTOMARINO Sedimento alla base della **salita continentale** che si è depositato sul fondo marino.

CORRENTE DI CONVEZIONE Moto circolare (per esempio nell'atmosfera o nel **mantello** della Terra) causato da differenze di temperatura, in cui l'aria o un fluido più caldi e meno densi si spostano verso l'alto.

CORRENTE DI TORBIDA Denso flusso di acqua carica di **sedimenti** all'interno dei laghi e dal margine continentale verso il fondo marino.

CORREZIONE ISOSTATICA Sollevamento di una massa continentale quando viene meno il peso enorme di una **calotta glaciale**.

CRATERE Depressione a conca attraverso cui un vulcano in eruzione emette gas, frammenti di roccia e **lava**. Le pareti del cratere si formano per accumulo di materia espulsa. Il termine indica anche una depressione circolare causata dall'impatto di un grande meteorite. Cfr. anche **Caldera**.

CRATONE Area stabile della **crosta continentale** formata da rocche antiche poco influenzate dall'**orogenesi** dopo il Precambriano.

CRIOCLASTISMO Degradazione meteorica causata dal ripetuto gelo e disgelo dell'acqua nelle fessure della roccia.

CRISTALLO Solido in cui i singoli atomi o molecole hanno una disposizione regolare in confronto ai solidi non ordinati come il vetro. Esistono sette sistemi cristallini, ossia configurazioni fondamentali di crescita dei cristalli. Cfr. anche **Geode**, **Abito**.

CROSSOPTERIGI Gruppo di pesci perlopiù estinti con pinne pari anteriori e posteriori aventi base carnosa e muscolare. Sono i primi che si conoscano del Siluriano e comprendono gli attuali celacanti.

CROSTA È lo strato roccioso esterno della Terra. I continenti e i loro margini sono costituiti da crosta continentale di spessore maggiore ma minore densità, mentre sotto il fondo marino si trova la crosta oceanica, più sottile e più densa. Cfr. anche **Mantello**, **Zolla tettonica**.

CROSTA CONTINENTALE Parte della **crosta** terrestre che forma i continenti. È meno densa e meno spessa della **crosta oceanica**.

CROSTA OCEANICA Parte della **crosta** terrestre sottostante ai mari. È più sottile e più densa della **crosta continentale**.

DEGRADAZIONE METEORICA Alterazione delle rocce per contatto con ghiaccio, acqua, calore, sostanze chimiche o altri agenti. Cfr. anche **Erosione**.

DELTA Area di **sedimenti** leggermente digradante formata da un fiume quando sfocia in un mare, in un lago o in un altro fiume. La forma dipende dai sedimenti trasportati e dalle correnti e maree che il fiume incontra. Cfr. anche **Estuario**, **Conoide sottomarino**.

DENDRITICO Detto di **minerali** presenti in natura con forma ramificata simile ad alberi.

DEPOSITO Accumulo di materiali come sabbia e ghiaia per opera di vento, acqua o ghiaccio.

DEPOSITO ALLUVIONALE Accumulo di sabbia, ghiaia e altro materiale trasportati dall'acqua di fusione di un ghiacciaio. Cfr. anche **Morena**.

DERIVA LATERALE Corrente in moto lento che procede parallela alla costa.

DETRITIVORI Organismi che si nutrono di frammenti di materia organica.

DIAPSIDI Importante suddivisione degli **amnioti**, il cui nome si riferisce alle due aperture sui lati del cranio. Tradizionalmente considerati rettili, i diapsidi comprendono gli **arcosauri** (con **dinosauri** e coccodrilli) e i lepidosauri (tra cui lucertole e serpenti). Cfr. anche **Sinapsidi**.

DICCO Intrusione stratiforme di **roccia ignea** che interseca le strutture rocciose esistenti.

DICINODONTI Gruppo di erbivori **sinapsidi** (antenati dei **mammiferi**) con due zanne e becco tozzo.

DIFFERENZIAZIONE Processo in cui gli elementi pesanti di una massa di **magma**, come la Terra primordiale o un bacino magmatico, sprofondano mentre gli elementi leggeri galleggiano.

DINOSAURI Importante gruppo di **amnioti arcosauri** ad andatura eretta con arti deambulanti subito sotto il corpo. Si estinsero al termine del Cretaceo, con l'eccezione dei loro discendenti uccelli.

DISCORDANZA Lacuna stratigrafica indicante che l'erosione ha rimosso uno o più strati. Cfr. anche **Roccia sedimentaria**.

DISTACCO Processo con cui da un **ghiacciaio** si formano iceberg con blocchi di ghiaccio che cadono in mare o in un lago.

DIVERSIFICAZIONE Moltiplicazione di specie in un arco di tempo evoluzionistico, di solito nell'ambito dell'occupazione di nicchie ecologiche.

DORSALE OCEANICA Catena montuosa sottomarina che percorre il fondo del mare; è un luogo in cui si forma nuova **crosta** oceanica.

DOWNWELLING Discesa di acqua dalla superficie del mare. In certe zone dà origine alla **circolazione termoalina**. Cfr. anche **Upwelling**.

DUREZZA Di un **minerale**, misura in cui resiste a scalfitture o abrasioni. Cfr. anche **Scala di Mohs**.

ECHINODERMI Phylum di **invertebrati** marini che comprende stelle marine, ricci di mare, oloturie e affini. Possiedono zampe tubolari che usano per nutrirsi e muoversi.

ECOSISTEMA Insieme delle caratteristiche viventi e non viventi di una zona e delle relative interazioni.

ECTOTERMO Animale "a sangue freddo", che regola la temperatura corporea mediante fonti di calore esterne, come la luce solare.

EFFETTO CORIOLIS Deviazione di venti e correnti che procedono in direzione nord o sud, causata dalla rotazione terrestre. La deviazione è verso destra nell'emisfero boreale e verso sinistra nell'emisfero australe.

ELEMENTO Sostanza che non può essere scomposta in sostanze più semplici.

ENDOTERMO Animale "a sangue caldo", che regola la temperatura corporea mediante processi metabolici interni.

EPICENTRO Punto della superficie terrestre direttamente sopra l'ipocentro, ossia del luogo di origine di un **terremoto**. Cfr. anche **Onda sismica**.

EQUISETACEE Gruppo di piante con spore il cui fusto ha un aspetto a coda di cavallo, con anelli di rametti recanti piccole foglie a squame. Alcune forme estinte erano grandi come alberi.

EROSIONE Processo in cui rocce o suolo vengono asportati o si staccano da una superficie di terraferma. I principali agenti dell'erosione sono vento, acqua corrente e ghiaccio, nonché le particelle di roccia che trasportano.

ESPANSIONE DEL FONDO MARINO Processo con cui si forma nuova **crosta oceanica** quando le **zolle tettoniche** si allontanano fra loro. Cfr. anche **Dorsale oceanica**.

ESTUARIO Ampio tratto di acqua **salmastra** soggetto a maree e a forma di imbuto, nel punto in cui un fiume sfocia nel mare.

EURIPTERI Artropodi predatori acquatici estinti, vissuti fra l'Ordoviciano e il Permiano.

FAGLIA Frattura in cui le rocce ai due lati si sono spostate le une rispetto alle altre. Se la faglia è inclinata rispetto alla verticale e il tetto (sopra il piano di faglia) è scivolato verso il basso, è definita faglia diretta. Se è scivolato verso l'alto, è detta faglia inversa. In una faglia trascorrente il movimento è orizzontale.

FAGLIA TRASFORME Margine tra **zolle tettoniche** dove le zolle scivolano orizzontalmente l'una accanto all'altra.

FARAGLIONE Alta colonna di roccia che si innalza sul mare presso la costa, residuo di falesie circostanti scomparse a causa dell'**erosione**.

FELDSPATO Tipo comune di minerale **silicato** presente nelle **rocce ignee**.

FILONE-STRATO **Intrusione magmatica** orizzontale che di solito si forma quando fra strati di **rocce sedimentarie** preesistenti si incunea **roccia ignea**.

FIORDO Valle glaciale costiera che è diventata un'insenatura del mare.

FIORITURA DEL FITOPLANCTON Rapido aumento della popolazione di **fitoplancton** in mari o laghi. Può conferire all'acqua un colore verde-azzurro, marrone o perfino rosso.

FITOPLANCTON Insieme di organismi minuscoli, prevalentemente unicellulari, che vivono nelle acque superficiali di mari e laghi e costituiscono la base delle catene alimentari acquatiche. Cfr. anche **Alga**, **Plancton**.

FOLGORITE **Minerale** vetroso che si forma in natura quando un fulmine colpisce il suolo.

FOLIAZIONE Disposizione dei **minerali** in bande parallele in certe **rocce metamorfiche** deformate.

FOSSA TETTONICA Grande area di terraferma abbassatasi verticalmente in confronto alle zone circostanti in conseguenza di un ampliamento orizzontale della crosta e di faglie dirette. Cfr. anche **Faglia**.

FOSSILIFERO Detto di **rocce sedimentarie** contenenti fossili.

FOTOSINTESI Processo con cui piante, alghe e cianobatteri sfruttano l'energia della luce solare in presenza di clorofilla per trasformare acqua e anidride carbonica in sostanze nutritive. Cfr. anche **Chemiosintesi**.

FRANGENTE Parte superiore dell'onda che investe gli scogli o la riva. Cfr. anche **Mare lungo**.

FUMAROLA Nelle regioni vulcaniche, piccola apertura del terreno attraverso cui escono vapore e gas caldi.

FUMAROLA NERA Tipo di **sorgente idrotermale** in cui l'acqua calda è colorata di scuro dai solfuri. La fumarola bianca emette altri minerali, come silice e barite.

GASTEROPODI È la più vasta classe di **molluschi** e comprende lumache di terra e di mare, chiocciole e patelle.

GEMMA Gioiello o pietra preziosa, apprezzati per durevolezza, bellezza e rarità.

GEODE Cavità in una roccia, rivestita di **cristalli**.

GEYSER Getto di acqua bollente e vapore che a intervalli esce dal suolo per il riscaldamento dell'acqua sotterranea a opera delle rocce.

GHIACCIAIO Massa di ghiaccio che scende lentamente a valle da una **calotta glaciale** o da una regione montuosa e che può dare origine a una valle glaciale. Un ghiacciaio di tipo artico scorre verso il mare.

GHIACCIO BRILLANTE Prima fase di formazione del ghiaccio marino. Nell'acqua di mare si formano cristalli di ghiaccio che formano uno strato melmoso.

GHIACCIO GALLEGGIANTE Ampia area di ghiaccio marino sull'acqua.

GHIACCIO MARINO Ghiaccio che deriva dal congelamento di acqua marina. Cfr. anche **Ghiaccio stabile**, **Ghiaccio brillante**, **Ghiaccio galleggiante**, **Piattaforma di ghiaccio**.

GHIACCIO STABILE Calotta continua di **ghiaccio marino** collegata alla costa, o ghiaccio formatosi sul margine della terraferma.

GINKGO Albero da seme con foglie a ventaglio, originario della Cina.

GNATOSTOMI **Vertebrati** provvisti di mascelle.

GOLA Valle stretta e profonda, di solito con rupi verticali su entrambi i lati.

GONDWANA Antico supercontinente che comprendeva America del Sud, Africa, Antartide, Australia e India.

GRAPTOLITI Gruppo estinto di **invertebrati** coloniali e in prevalenza planctonici, normalmente sotto forma di colonie lunghe e strette di piccoli individui, con uno scheletro di sostegno.

HUMUS Sostanza di colore scuro presente nel suolo e derivante da piante, microrganismi e animali morti.

INGHIOTTITOIO Depressione sulla superficie di un paesaggio **carsico**. Di solito conduce a un sistema di deflusso sotterraneo.

INTRUSIONE MAGMATICA Massa di **roccia ignea** formatasi quando il magma si è raffreddato e solidificato sottoterra. Cfr. anche **Batolite**.

INVERTEBRATI Animali privi di spina dorsale, come insetti, lumache o vermi. Cfr. anche **Vertebrati**.

IONE Atomo o gruppo di atomi che ha ceduto o acquistato uno o più elettroni, assumendo una carica elettrica. Le molecole di molti minerali comprendono un insieme di **cationi** (ioni con carica positiva) e **anioni** (ioni con carica negativa).

ISOLA CONTINENTALE Terraferma circondata dall'acqua che si trova sulla **piattaforma continentale**.

ISOTOPO Forma di un **elemento** chimico con uguale numero di protoni ma diverso numero di neutroni nel nucleo degli atomi.

LAGO SALATO Specchio d'acqua circondato da terraferma e contenente acqua molto salata a causa dell'evaporazione.

LAGUNA Area di acqua marina riparata, quasi separata dal mare aperto.

LARVA Stadio giovanile di animale quando ha una struttura molto diversa da quella dell'adulto.

LAURASIA Antico supercontinente che comprendeva America del Nord, Europa e gran parte dell'Asia (tranne l'India).

LAVA Roccia fusa (**magma**) che fuoriesce sulla superficie terrestre.

LAVA A CUSCINO Cumuli di roccia formati dalla **lava** eruttata sott'acqua.

LITOSFERA Strato della Terra composto dalla **crosta** e dal **mantello** superiore.

LOESS Deposito sedimentario non consolidato, costituito da limo portato dal vento. Uno degli esempi più vasti è l'altopiano di loess della Cina settentrionale. Cfr. anche **Roccia sedimentaria**.

LUCENTEZZA Modo in cui un minerale interagisce con la luce.

MACROCRISTALLINO Detto di minerali con cristalli sufficientemente grandi da essere visibili a occhio nudo. Cfr. anche **Microcristallino**.

MAGMA Roccia fusa liquida presente nel **mantello** e nella **crosta** della Terra. Raffreddandosi forma **roccia ignea**. Può cristallizzare sotto la superficie o essere eruttato sotto forma di **lava**.

MAGNETOSFERA Zona attorno alla Terra (o a un altro pianeta) dominata dal campo magnetico del pianeta.

MAMMIFERI Classe di **vertebrati** a sangue caldo, in cui quasi tutti sono vivipari e nutrono i piccoli con latte prodotto dalla femmina.

MANTELLO Strato roccioso della Terra fra la **crosta** e il **nucleo**. Costituisce l'84% del volume del pianeta.

MARE LUNGO Serie di onde regolari causate dal vento su lunghe distanze.

MARE MARGINALE Mare parzialmente racchiuso da continenti.

MAREA DI QUADRATURA Marea in cui è minima la differenza tra alta e bassa marea. Cfr. anche **Marea sizigiale**, **Mascheretto**.

MAREA SIZIGIALE Marea che si verifica quando gli effetti di Luna e Sole si rafforzano a vicenda, formando le maree più alte e più basse. Cfr. anche **Marea di quadratura**.

MARGINI CONVERGENTI Punto di incontro fra due **zolle tettoniche** in moto l'una verso l'altra.

MARGINI DIVERGENTI Punto in cui due **zolle tettoniche** si allontanano fra loro.

MARSUPIALI **Mammiferi** come il koala e il canguro in cui i piccoli nascono a uno stadio poco sviluppato, proseguendo poi lo sviluppo in una tasca esterna della madre. Cfr. anche **Placentati**.

MASCHERETTO Onda isolata che si forma talvolta quando una marea montante entra in un canale ristretto come un **estuario**.

MASSICCIO Regione montuosa ben definita con rocce e morfologia del terreno simili ovunque.

MASSIVO Detto di roccia avente una struttura che non presenta stratificazioni o divisioni in segmenti più piccoli.

MATRICE Massa di materia a grana fine che lega particelle più grandi in alcune **rocce sedimentarie** eterogenee e grandi **cristalli** in rocce vulcaniche. Cfr. anche **Porfirico**.

MESOSFERA Strato dell'atmosfera terrestre tra la **stratosfera** e la **termosfera**, a una quota di 50-80 km.

METAMORFISMO DI CONTATTO Processo con cui le rocce si trasformano per effetto del contatto con magma caldo. Cfr. anche **Metamorfismo dinamico**, **Metamorfismo regionale**.

METAMORFISMO DINAMICO Tipo di metamorfismo in cui la roccia si trasforma per effetto della pressione in una particolare direzione durante moti su vasta scala della crosta terrestre. Cfr. anche **Metamorfismo di contatto**, **Metamorfismo regionale**.

METAMORFISMO REGIONALE Trasformazione delle rocce per metamorfismo su ampie aree, come nelle catene montuose.

METEORA Piccolo corpo roccioso proveniente dallo spazio che, quando entra nell'atmosfera terrestre, evapora completamente, emettendo un bagliore.

METEORITE Roccia proveniente dallo spazio che è caduta sulla superficie terrestre senza evaporare del tutto.

METEOROIDE Potenziale **meteora** o **meteorite** prima dell'ingresso nell'atmosfera terrestre.

MICROCRISTALLINO Detto di minerale con **cristalli** tanto piccoli da essere rilevabili solo con un microscopio. Cfr. anche **Macrocristallino**.

MICROGRAFIA OTTICA Fotografia scattata con un microscopio che sfrutta la luce visibile.

MINERALE Ogni sostanza solida inorganica presente in natura che abbia una caratteristica struttura cristallina e una composizione chimica ben definita. Molte rocce sono miscele di vari minerali.

MINERALE METALLIFERO Roccia da cui si possono estrarre metalli.

MOLLUSCHI Gruppo di **invertebrati** dal corpo molle che comprende **gasteropodi**, **bivalvi** e cefalopodi (tra cui polpi e calamari). Cfr. anche **Ammonite**, **Nautiloidei**.

MONOCOTILEDONI Gruppo di **angiosperme** che comprende erbe, orchidee, palme e gigli. Sono caratterizzati da un unico cotiledone (foglia embrionale) in ciascun seme.

MONOTREMI **Mammiferi** che depongono uova, come gli attuali ornitorinco ed echidna. Si ritiene che la deposizione delle uova fosse l'originaria modalità di riproduzione dei **mammiferi**. Cfr. anche **Marsupiali**, **Placentati**.

MONTAGNA SOTTOMARINA Montagna che si forma sott'acqua, di solito per attività vulcanica. Cfr. anche **Atollo**.

MORENA Accumulo di detriti rocciosi derivante dall'azione dei **ghiacciai**. Le valli glaciali attive formano morene laterali ai margini, morene mediane dove si uniscono due ghiacciai e morene frontali all'estremità. Le morene spesso permangono dopo lo scioglimento del ghiacciaio. Cfr. anche **Deposito alluvionale**, **Striatura**.

MOSASAURI Gruppo estinto di rettili marini del Cretaceo, considerati parenti di serpenti e varani.

MULTISPETTRALE Relativo a due o più lunghezze d'onda dello spettro elettromagnetico. Si usano immagini multispettrali per realizzare mappe di caratteristiche naturali e geologiche.

MULTITUBERCOLATI Gruppo estinto di antichi **mammiferi** perlopiù simili a roditori, presenti dal Giurassico al Paleogene.

NATIVO Detto di **elemento** chimico che in natura è presente in forma pura, non combinata.

NAUTILOIDEI Gruppo di **molluschi** cefalopodi affini ad **ammoniti** e nautili. La conchiglia esterna a spirale contiene camere piene di gas che alleggeriscono il corpo nell'acqua.

NODULARE Detto di roccia contenente grumi arrotondati di minerali o altra materia; per esempio, selce nel calcare fine.

NON CRISTALLINO Detto di materia solida che non presenta una disposizione ordinata di particelle.

NUCLEO È lo strato più interno della Terra. Si compone di una parte esterna liquida e una interna solida, entrambe costituite da nichel-ferro. Cfr. anche **Mantello**, **Crosta**.

NUCLEO DI CONDENSAZIONE Minuscola particella dell'aria attorno a cui può formarsi una goccia di pioggia o un cristallo di neve. Cfr. anche **Precipitazione**.

ONDA ANOMALA Onda marina inattesa e insolitamente grande.

ONDA CAPILLARE Onda al margine di un fluido che, anziché dalla gravità, è dominata dalla **tensione superficiale** del fluido stesso.

ONDA SISMICA Onda d'urto generata da un **terremoto**.

ORNITISCHI Uno dei due principali sottogruppi di **dinosauri** (l'altro è quello dei saurischi), il cui nome significa "con il bacino simile agli uccelli". Comprende ornitopodi, stegosauri, anchilosauri e ceratopsidi.

OROGENESI Formazione di montagne.

OZONO Forma di ossigeno in cui la molecola è costituita da tre atomi. È presente nell'alta atmosfera (strato di ozono), dove assorbe gli ultravioletti.

PALEOZOICO Era geologica estesa dall'inizio del Cambriano alla fine del Permiano (539-252 milioni di anni fa). Fu seguita dal Mesozoico.

PANGEA Antico supercontinente che comprendeva quasi tutti i continenti attuali.

PARARETTILI Gruppo diversificato di **amnioti** estinti, tradizionalmente definiti rettili. Comprendono i mesosauri e vari altri gruppi.

PAVIMENTO DEL DESERTO Strato superficiale roccioso o pietroso presente in molti deserti.

PESCI CARTILAGINEI Gruppo di pesci il cui scheletro è composto da cartilagine anziché da osso. Comprende squali e razze.

PIANURA ALLUVIONALE Terreno pianeggiante accanto a un fiume, tendente a coprirsi d'acqua con le piene del fiume.

PIATTAFORMA CONTINENTALE Fondo marino relativamente piano e poco profondo che circonda un continente, a cui è considerato appartenente dal punto di vista geologico. Cfr. anche **Scarpata continentale**.

PIATTAFORMA DI GHIACCIO Estensione galleggiante di una **calotta glaciale** o di un **ghiacciaio** sul mare.

PIEGA Struttura geologica in cui gli strati di roccia in origine orizzontali sono stati incurvati per compressione. Possono piegarsi verso l'alto al centro formando una cresta (**anticlinale**), o verso il basso formando un avvallamento (**sinclinale**). In una piega rovesciata un lato (lembo) si sposta più dell'altro e lo copre.

PIROCLASTICO Composto da frammenti di roccia vulcanica. I prodotti piroclastici sono cenere, lapilli e gas emessi durante un'eruzione vulcanica esplosiva.

PLACENTATI **Mammiferi** in cui il feto cresce fino a uno stadio relativamente avanzato nell'utero della madre, nutrito dalla placenta. Il gruppo comprende tutti i mammiferi oggi viventi, tranne **marsupiali** e **monotremi**.

PLACODERMI Gruppo di pesci estinti, diffusi nel Devoniano, dotati di mascelle e di dermascheletro osseo.

PLANCTON Insieme di specie viventi (piante, animali e microrganismi) presenti in acque aperte e trasportati dalle correnti. Sono in genere piccoli, ma alcuni, come le meduse, hanno dimensioni maggiori. Cfr. anche **Fitoplancton**, **Zooplancton**.

PLANETESIMI Corpi rocciosi di varie dimensioni che si ritiene fossero presenti a milioni nella storia primordiale del sistema solare e che poi si unirono a formare i pianeti.

PLUTONE Piccola massa di **roccia ignea** formatasi sotto la superficie terrestre per solidificazione del **magma**. Cfr. anche **Batolite**.

PORFIRICO Detto di tessitura di **roccia ignea** in cui dei **cristalli** grandi sono inseriti in una **matrice** più fine.

PRECIPITAZIONE Acqua che dall'atmosfera raggiunge la superficie terrestre sotto forma di pioggia, neve, grandine o rugiada.

PRIMATI Gruppo di **mammiferi** che comprende scimmie ed esseri umani. Fra le caratteristiche vi sono mani prensili e occhi rivolti in avanti.

PRISMATICO Detto di **cristallo** in cui le facce rettangolari parallele formano prismi.

PROTOZOI Organismi unicellulari simili ad animali, in genere microscopici, diffusi praticamente in tutti gli habitat e viventi liberamente o da parassiti. Le migliaia di specie sono suddivise in vari sottogruppi, non tutti strettamente imparentati. Cfr. anche **Zooplancton**.

PTERIDOSPERME Insieme di vari gruppi estinti di piante da seme, dotate di foglie simili a quelle delle felci, pur non essendo imparentate con queste ultime.

PTEROSAURI Animali **diapsidi** volanti affini ai **dinosauri**, con ali formate da membrane tese fra gli arti anteriori. Originari del Triassico, si estinsero al termine del Cretaceo.

PUNTO CALDO Zona di attività vulcanica di lunga durata, che si ritiene abbia origine in profondità nel **mantello** terrestre. Le **zolle tettoniche** passanti sui punti caldi sono contrassegnate da catene lineari di vulcani, che sono sempre più antichi all'aumentare della distanza dal punto caldo. Cfr. anche **Risalita di magma**.

RICRISTALLIZZAZIONE Trasformazione di **cristalli** piccoli in altri più grandi, che avviene in condizioni di elevata pressione durante il metamorfismo.

RIFRAZIONE Cambiamento di direzione delle onde, comprese le onde luminose, quando passano da un mezzo a un altro. Le onde marine cambiano direzione quando raggiungono acqua poco profonda.

RINCOSAURI Gruppo di erbivori **arcosauri** estinti. Erano tra i più diffusi rettili del Triassico.

RISALITA DI MAGMA Colonna di roccia fusa che si innalza attraversando il **mantello** e la **crosta** e formando un **punto caldo** sulla superficie terrestre.

ROCCIA ESTRUSIVA Roccia formata da **lava** uscita sulla superficie terrestre o espulsa come materiale **piroclastico**.

ROCCIA IGNEA O magmatica, roccia originatasi dalla solidificazione di **magma** fuso. Cfr. anche **Roccia metamorfica**.

ROCCIA INTRUSIVA **Roccia ignea** solidificatasi sotto la superficie, raffreddandosi lentamente tanto da consentire la formazione di **cristalli** grandi. Una massa di roccia ignea intrusiva è detta **intrusione magmatica**.

ROCCIA METAMORFICA Roccia che si è trasformata sottoterra per effetto di calore o pressione, con alterazione della tessitura o dei minerali. Per esempio, il marmo è calcare metamorfico. Cfr. anche **Roccia ignea**.

ROCCIA SEDIMENTARIA Roccia formatasi con la deposizione di particelle da parte di vento, acqua, fenomeni vulcanici o moto di masse, poi compattati e cementati.

SALE **Composto** formato dalla reazione di un acido con una base. È anche il nome comune del cloruro di sodio.

SALINITÀ Concentrazione dei sali disciolti nell'acqua o nel terreno.

SALITA CONTINENTALE Zona tra il fondo marino e la **scarpata continentale**.

SALMASTRO Detto di acqua leggermente salata.

SAPROFITI Organismi che si nutrono di sostanze organiche in decomposizione.

SAUROPODI Gruppo di enormi **dinosauri** erbivori (tra cui diplodoco e brachiosauro) con lungo collo e lunga coda, che furono i più grandi animali terrestri mai vissuti.

SCALA DI MOHS Misura della durezza (resistenza alla scalfittura) dei minerali, che va da 1 a 10.

SCARPATA CONTINENTALE Fondo marino inclinato che porta dal limite della piattaforma continentale alla salita continentale.

SCOSSA SECONDARIA Scossa di assestamento di un **terremoto**, meno intensa di quella principale.

SEDIMENTI Particelle trasportate da acqua, vento o ghiaccio in movimento o depositi formati da tali particelle, fra cui ghiaia, sabbia, limo e fango. Cfr. anche **Roccia sedimentaria**.

SFALDATURA Modo in cui certi minerali si frammentano lungo piani preferenziali (piani di sfaldatura) determinati dalla struttura atomica.

SILICATI Rocce o **minerali** composti da gruppi di atomi di silicio e ossigeno in combinazione chimica con atomi di vari metalli. Costituiscono gran parte della **crosta** e del **mantello** della Terra.

SILICEO Detto di roccia contenente silice.

SINAPSIDI Importante gruppo di **vertebrati** tetrapodi, che si diramò presto nell'evoluzione degli **amnioti** e alla fine diede origine ai **mammiferi**. Furono i più grandi animali terrestri del Permiano. Cfr. anche **Diapsidi**.

SINCLINALE Piega verso il basso di strati in origine piani, formatasi per compressione orizzontale. Cfr. anche **Anticlinale**.

SISMOGRAFO Strumento che registra le **onde sismiche**. Il sismogramma è la registrazione effettuata dal sismografo. Cfr. anche **Terremoto**.

SISMOMETRO Parte del sismografo che reagisce alle vibrazioni del terreno, di solito causate da terremoti.

SOPRASSUOLO Strato del suolo contenente minerali e materia organica in cui crescono le piante. Cfr. anche **Sottosuolo**.

SORGENTE Punto iniziale di formazione di un fiume o torrente.

SORGENTE IDROTERMALE Spaccatura in un'area di attività vulcanica sul fondo marino, dove dalla roccia scaturisce ad alta temperatura acqua ricca di minerali. Cfr. anche **Fumarola nera**, **Chemiosintesi**, **Vena idrotermale**.

SOSTANZE NUTRITIVE Sostanze chimiche, specialmente sali di **elementi** quali azoto, fosforo e ferro, essenziali per la crescita degli organismi viventi.

SOTTOSUOLO Strato di suolo al di sotto del **soprassuolo**.

SPIAGGIA SOPRAELEVATA Spiaggia oggi al di sopra del livello dell'alta marea a causa di una variazione del livello del mare o del sollevamento della terraferma.

STALAGMITE Deposito di carbonato di calcio che si innalza dal suolo di una grotta o di una galleria sotterranea.

STALATTITE Deposito di carbonato di calcio che pende dalla volta di una grotta o di una galleria sotterranea.

STRATIFICAZIONE Disposizione della **roccia sedimentaria** in vari livelli. Il piano di stratificazione è la superficie della roccia che li separa.

STRATIFICAZIONE INCROCIATA Strati di **roccia sedimentaria** angolati rispetto al piano principale di deposizione. Cfr. anche **Stratificazione**.

STRATIGRAFIA Studio geologico dell'ordine e della posizione relativa degli strati (di **roccia sedimentaria**) nella **crosta** terrestre.

STRATOSFERA Strato dell'atmosfera terrestre che si estende dal termine della **troposfera**, a 8-15 km di quota, fino a circa 50 km. Cfr. anche **Mesosfera**.

STRATO-VULCANO Vulcano conico formato da strati alternati di **lava** e altri frammenti di roccia prodotti da un'eruzione esplosiva. Cfr. anche **Cono di cenere**, **Vulcano a scudo**.

STRIATURE Scanalature e solchi lasciati nella roccia madre dal passaggio di un **ghiacciaio**.

SUBDUZIONE Discesa di una **zolla tettonica** oceanica sotto un'altra zolla convergente. A seconda della natura delle zolle, le zone di subduzione si possono classificare in oceanica-oceanica oppure oceanica-continentale. Cfr. anche **Crosta**, **Margini convergenti**.

SUPERFICIE FREATICA Superficie superiore dell'acqua sotterranea in luoghi in cui non è limitata da rocce impermeabili. L'acqua che penetra nel terreno tenderà a scorrere verso il basso fino a raggiungere la superficie freatica.

TENSIONE SUPERFICIALE Effetto che conferisce a un liquido una sorta di "pelle" elastica. È causato dalla forza di coesione che attrae verso l'interno o lateralmente le molecole sulla superficie di una massa d'acqua.

TERMOCLINO Strato a una particolare profondità nel mare in cui la temperatura media cambia rapidamente con la profondità. Può verificarsi anche nell'atmosfera.

TERMOSFERA Strato dell'atmosfera terrestre sopra la **mesosfera**. Si estende su quote da 80 a 650 km.

TEROPODI Importante gruppo di **dinosauri** bipedi che comprende predatori di vertice come il tirannosauro, nonché numerose specie più piccole come il *Velociraptor* e gli antenati dei moderni uccelli.

TERREMOTO Improvvisa vibrazione della superficie terrestre causata da **onde sismiche** che percorrono la **litosfera**.

TERRESTRE Detto di organismi che vivono sulla terraferma anziché nel mare.

TERRIGENO Detto di **sedimenti** marini formatisi per **erosione** sulla terraferma.

TIFONE **Uragano** o **ciclone tropicale** che si verifica nel Pacifico occidentale o nell'oceano Indiano.

TOPOGRAFICO Relativo alle caratteristiche e alle forme di una superficie di terraferma.

TRASCINAMENTO Processo con cui i **sedimenti** di grandi dimensioni vengono trasportati lungo una superficie dall'acqua o dal vento.

TRENO D'ONDE Successione di onde di lunghezza simile, disposte a intervalli regolari. Cfr. anche **Rifrazione**.

TRILOBITI Gruppo enormemente diversificato di artropodi marini estinti. Si estinsero al termine del Permiano.

TROPOPAUSA Confine fra **troposfera** e **stratosfera**. Sopra la tropopausa, il cui spessore varia dai 15 km all'equatore agli 8 km sopra i poli, la temperatura dell'aria comincia ad aumentare con l'altezza.

TROPOSFERA È lo strato più basso e denso dell'atmosfera, dove si verificano i fenomeni meteorologici. L'altezza del limite superiore della troposfera (**tropopausa**) varia fra l'equatore e i poli.

TSUNAMI Onda marina rapida e spesso distruttiva generata dall'attività sismica. Acquista rapidamente altezza raggiungendo l'acqua poco profonda. Cfr. anche **Mascheretto**.

TUBOLARE Detto di **abito** cristallino con facce prevalentemente grandi, piatte e parallele.

UPWELLING Risalita di acqua marina profonda verso la superficie. Può essere causata dal vento che soffia parallelo a una costa o da un ostacolo sott'acqua, come una montagna sottomarina, che interrompe una corrente profonda. L'acqua in risalita arricchisce di sostanze nutritive la superficie del mare. Cfr. anche **Downwelling**.

URAGANO Enorme tempesta tropicale circolare in cui soffiano venti di velocità anche superiore ai 120 km/h. Viene anche detto **ciclone tropicale** o (specie in Asia orientale) **tifone**. L'energia proviene dal calore latente dell'acqua evaporata dai mari caldi e poi condensata.

VALLE SOPRAELEVATA Valle di solito scavata da un **ghiacciaio** che si diparte da una più grande e ha un fondo di altezza maggiore.

VENA IDROTERMALE Sottile strato di minerali depositati dalla circolazione di acque calde e mineralizzate nella **crosta** terrestre.

VENTO SOLARE Flusso di particelle dotate di carica elettrica emesse dall'alta atmosfera del Sole.

VERTEBRATI Animali dotati di spina dorsale. Comprendono pesci, anfibi e **amnioti**, che a loro volta includono rettili, uccelli e mammiferi. Cfr. anche **Invertebrati**.

VISCOSITÀ Resistenza al moto nei fluidi. Maggiore è la viscosità di un fluido, più lento è lo scorrimento.

VITREO Detto di **lucentezza** di **minerale** che somiglia a quella del vetro.

VULCANO A SCUDO Vulcano con fianchi poco ripidi formato da **lava** fluida e sottile. Cfr. anche **Cono di cenere**, **Strato-vulcano**.

ZOLLA TETTONICA O placca; ognuna delle grandi parti rigide in cui è suddivisa la **litosfera** terrestre. Il moto relativo delle zolle provoca **terremoti**, attività vulcanica, deriva dei continenti e **orogenesi**. Cfr. anche **Margini convergenti**, **Margini divergenti**, **Faglia trasforme**.

ZOOPLANCTON Animali e organismi affini che vivono nel plancton. Cfr. anche **Plancton**, **Fitoplancton**.

indice analitico

I numeri di pagina in **neretto** indicano le voci principali.

C

M

N

O

U

V

W

XY

Z

ringraziamenti

DK desidera ringraziare:
Lee Skoulding di My Lost Gems, Southwold, GB (mylostgems.com), per l'aiuto nel servizio fotografico; Ina Stradins per la collaborazione alla progettazione; Gary Ombler per la fotografia; Steve Crozier per il ritocco delle immagini; Peter Bull per l'illustrazione del ciclo dell'acqua a p. 224; ETH di Zurigo per le nuove immagini di modelli di montagne; Maya Myers per il controllo dei dati; Aarushi Dhawan, Kanika Kalra, Arshti Narang e Pooja Pipil per l'assistenza alla progettazione; Vijay Kandwal, Nityanand Kumar e Mohd Rizwan per l'assistenza all'alta risoluzione; Mrinmoy Mazumdar per l'assistenza DTP; Ahmad Bilal Khan e Vagisha Pushp per l'assistenza alla ricerca iconografica; Rakesh Kumar per la progettazione DTP della copertina; Tom Booth per il glossario; Richard Gilbert per la correzione delle bozze; Helen Peters per la compilazione dell'indice analitico.

L'Editore desidera ringraziare per la gentile concessione a riprodurre le immagini:

(Legenda: a-sopra; b-sotto/in basso; c-al centro; f-estrema; l-sinistra; r-destra; t-in alto)

1 Dreamstime.com: Daniel127001. **2 Science Photo Library:** Eye Of Science. **4-5 Getty Images:** Arctic-Images. **8-9 Popp-Hackner Photography OG:** Verena Popp-Hackner & Georg Popp. **10-11 123RF.com:** Roberto Scandola. **12-13 NASA:** ESA / N. Smith (University of California, Berkeley / The Hubble Heritage Team. **13 NASA:** CXC / SAO / JPL-Caltech / STScI (crb). **14 ESO:** ALMA (ESO / NAOJ / NRAO) (tl). **14-15 ©Alan Friedman / avertedimagination.com**. **16 Getty Images:** Walter Geiersperger / Corbis Documentary (tl). **Science Photo Library:** Dennis Kunkel Microscopy (cl). **16-17 Getty Images:** Walter Geiersperger / Corbis Documentary (b). **18 Shutterstock.com:** Auscape / UIG (crb). **18-19 Alamy Stock Photo:** Jean-Paul Ferrero / AUSCAPE. **20 NASA**. **21 Shutterstock.com:** Michael Wyke / AP (ca). **22 Alamy Stock Photo:** Michael Runkel / robertharding (tr). **22-23 ESA:** DLR / FU Berlin. **25 Alamy Stock Photo:** Composite Image / Design Pics Inc (br). **26-27 Robert Harding Picture Library**. **27 Alamy Stock Photo:** B.A.E. Inc. (tr). **28-29 ESA:** Rosetta / NAVCAM. **28 J. W. Valley, University of Wisconsin-Madison:** (cl). **30 Courtesy of Smithsonian. ©2020 Smithsonian:** Chip Clark, NMNH (tl). **31 John Cornforth**. **32-33 Jeffrey Sipress**. **34-35 Getty Images:** mikroman6 / Moment. **37 Alamy Stock Photo:** Phil Degginger. **38 Alamy Stock Photo:** J M Barres / agefotostock (cra); Natural History Museum, London (cr). **Depositphotos Inc:** Minakryn (fbl). **Dreamstime.com:** Annausova75 (cl). **Science Photo Library:** Phil Degginger (fcr); Charles D. Winters (cla); Natural History Museum, London (bl); Dirk Wiersma (br); Millard H. Sharp (fbr). **Shutterstock.com:** Albert Russ (fcra). **39 Dorling Kindersley:** Holts Gems (cl). **Dreamstime.com:** Bjrn Wylezich (bl). **Shutterstock.com:** Albert Russ (r). **40-41 Shutterstock.com:** Bjoern Wylezich. **40 Alamy Stock Photo:** J M Barres / agefotostock (cb); J M Barres / agefotostock (crb). **Dreamstime.com:** Miriam Doerr (bl); Infinityphotostudio (clb). **Shutterstock.com:** Sebastian Janicki (br). **43 Petra Diamonds**. **44 Alamy Stock Photo:** Andreas Koschate / Westend61 GmbH (ca). **Dorling Kindersley:** RGB Research Limited (clb). **Dreamstime.com:** Bjrn Wylezich (cla); Bjrn Wylezich (cb). **44-45 Alamy Stock Photo:** Bjrn Wylezich. **46-47 Crystal Classics LTD / crystalclassics.co.uk**. **47 Dreamstime.com:** Bjrn Wylezich (c). **48 Dreamstime.com:** Daniel127001 (fcla); Bjrn Wylezich (cla); Epitavi (fcl). **Science Photo Library:** Millard H. Sharp (fcr). **Shutterstock.com:** Sebastian Janicki (cl); Sebastian Janicki (cr). **49 Dorling Kindersley:** Natural History Museum, London (cra). **Getty Images:** Walter Geiersperger / Corbis Documentary (cla). **Science Photo Library:** Joyce Photographics / Science Source (ca). **Shutterstock.com:** Sebastian Janicki (b). **50-51 Shutterstock.com:** Sebastian Janicki. **51 Alamy Stock Photo:** Susan E. Degginger (cra); Susan E. Degginger (fcra). **Science Photo Library:** Phil Degginger (fcla). **Shutterstock.com:** Henri Koskinen (cla). **52-53 Dreamstime.com:** Bjrn Wylezich. **54 Dreamstime.com:** Bjrn Wylezich (cl). **56 Alamy Stock Photo:** Roland Bouvier (bl). **56-57 Dreamstime.com:** KPixMining. **58 Alamy Stock Photo:** Enlightened Media (clb); Valery Voennyy (cla). **Science Photo Library:** Paul Biddle (crb); Mark A. Schneider (cb); Charles D. Winters (bl). **Shutterstock.com:** Cagla Acikgoz (bc); DmitrySt (ca); luca85 (cra); Minakryn Ruslan (br). **59 Alamy Stock Photo:** Ian Dagnall (cla); Natural History Museum, London (br). **Dreamstime.com:** Tatiana Neelova (cra). **Shutterstock.com:** Jirik V (ca). **60-61 Dreamstime.com:** Cristian M. Vela. **61 Depositphotos Inc:** Dr.PAS (cla). **Dreamstime.com:** Avictorero (cra). **Shutterstock.com:** valzan (ca). **64-65 Getty Images:** Dale Johnson / 500Px Plus. **65 Dreamstime.com:** Michal Baranski (bc). **66-67 Dreamstime.com:** Lukas Bischoff. **67 Dreamstime.com:** Zelenka68 (tl). **68-69 Unsplash:** Robby McCullough. **69 Unsplash:** Yang Song (cb). **70 Shutterstock.com:** MarcelClemens (tl). **70-71 Dreamstime.com:** Zelenka68. **72-73 Bryan Lowry**. **72 Alamy Stock Photo:** tom pfeiffer (clb). **74-75 Richard Bernabe Photography**. **76-77 Getty Images:** Piriya Photography. **77 Shutterstock.com:** Yanping wang (br). **78-79 Dreamstime.com:** . **79 Alamy Stock Photo:** J M Barres / agefotostock (bc). **80-81 The Light Collective:** Ignacio Palacios. **81 Alamy Stock Photo:** Natural History Museum, London (tc). **82 Dreamstime.com:** Losmandarinas (bl). **82-83 Alamy Stock Photo:** Natural History Museum, London. **84 British Geological Survey:** Permit Number CP22 / 005 British Geological Survey © UKRI. **85 Alamy Stock Photo:** Natural History Museum, London (cl). **Trustees**

of the Natural History Museum, London: (t). **87 Alamy Stock Photo:** Siim Sepp (tr). **88-89 Getty Images:** Pete Rowbottom / Moment. **89 Alamy Stock Photo:** J M Barres / agefotostock (tc). **90 Alamy Stock Photo:** Siim Sepp (cra). **90-91 Getty Images:** Dean Fikar / Moment. **92-93 Getty Images:** MelindaChan / Moment. **93 Science Photo Library:** Sinclair Stammers (br). **94-95 Getty Images / iStock:** Meinzahn. **95 Getty Images / iStock:** Pears2295 (crb). **96-97 Alamy Stock Photo:** michal812. **97 Alamy Stock Photo:** kristianbell / RooM the Agency (br). **98 Getty Images:** Sherry H. Bowen Photography / Moment (tl). **98-99 Alamy Stock Photo:** Dennis Hardley. **100-101 Getty Images:** Sergey Pesterev / Moment. **101 Alamy Stock Photo:** Guy Edwardes Photography (br). **102-103 Paddy Scott**. **104-105 Alamy Stock Photo:** Quagga Media. **106-107 Alamy Stock Photo:** J M Barres / agefotostock. **107 Alamy Stock Photo:** Kitchin and Hurst / All Canada Photos (cl). **108 Alamy Stock Photo:** NASA / agefotostock. **109 NASA. 110-111 Getty Images:** Posnov / Moment. **111 Alamy Stock Photo:** van der Meer Marica / Arterra Picture Library (tr). **112 Alamy Stock Photo:** Susan E. Degginger (bl). **112-113 Getty Images:** DEA / Pubbli Aer Foto / De Agostini Editorial. **114 Alamy Stock Photo:** Hitendra Sinkar. **116 Shutterstock.com:** Joanna Rigby-Jones (tr). **116-117 Getty Images:** by wildestanimal / Moment. **118-119 Science Photo Library:** Bernhard Edmaier. **119 Alamy Stock Photo:** Matthijs Wetterauw (br). **120-121 Roberto Zanette**. **122-123 Department of Earth Sciences, ETH Zrich**. **123 Science Photo Library:** Eth-Bibliothek Zrich (tr). **124-125 EyeEm Mobile GmbH:** Salvatore Paesano. **125 Getty Images:** iGoal.Land.Of.Dreams / Moment (crb). **126-127 NASA:** Earth Observatory images by Robert Simmon and Jesse Allen, using Landsat data from the USGS Earth Explorer.. **126 Dreamstime.com:** Chris Curtis (bl). **128-129 Shutterstock.com:** Jiji Press / Epa-Efe. **131 Science Photo Library:** NASA (cl). **132-133 Anchorage Daily News:** Marc Lester. **132 ESA:** Copernicus data (2014) / ESA / PPO.labs / Norut / COMET-SEOM Insarap study (bl). **134-135 Getty Images / iStock:** RiverNorthPhotography / E+. **135 Dreamstime.com:** Sarit Richerson (cla). **136-137 Getty Images:** Wild Horizon / Universal Images Group Editorial. **137 Alamy Stock Photo:** Brad Mitchell (clb). **138-139 James Rushforth**. **139 Getty Images:** Ignacio Palacios / Stone (cla). **140-141 Getty Images:** Daiva Baa / EyeEm. **141 Getty Images:** Sebastin Crespo Photography / Moment (cra). **142-143 NASA:** NASA Earth Observatory images by Lauren Dauphin, using Landsat data from the U.S. Geological Survey. **144-145 Getty Images:** Tobias Titz / fStop. **146 SuperStock:** Colin Monteath / age fotostock (tl). **146-147 Getty Images:** Arctic-Images / Stone. **148-149 Getty Images:** Monica Bertolazzi / Moment. **149 Alamy Stock Photo:** Art Publishers / Africa Media Online (tr). **150-151 Getty Images:** Agnes Vigmann / 500px. **151 Science Photo Library:** NASA (tr). **152-153 Alamy Stock Photo:** Dennis Frates. **153 Alamy Stock Photo:** blickwinkel / McPHOTO / TRU (tr). **154-155 Alamy Stock Photo:** Christopher Drabble. **154 Getty Images:** Walter Bibikow / DigitalVision (tr). **156-157 Alamy Stock Photo:** B.A.E. Inc.. **157 Science Photo Library:** Dr Morley Read (cr). **158 Getty Images:** Maxim Blinov / 500px Prime (tl). **158-159 Getty Images:** Daniel Bosma / Moment. **160-161 Shutterstock.com:** travelwild. **161 Alamy Stock Photo:** Daniel Korzeniewski (tr). **162 Getty Images:** Martin Harvey / The Image Bank (cl). **162-163 NASA:** Jesse Allen and Robert Simmon / United States Geological Survey / Landsat 7 / ETM+. **164-165 ESA:** Copernicus Sentinel (2021). **165 Getty Images:** Posnov / Moment (tr). **166-167 Shutterstock.com:** bengharbia. **168 Getty Images:** Amrish Aroonda Manikoth / EyeEm (cl). **168-169 Getty Images:** Westend61. **170-171 Getty Images:** Bernhard Klar / EyeEm. **172-173 Getty Images:** Ignacio Palacios / Stone. **172 Dreamstime.com:** Bennymarty (crb). **174-175 Georg Kantioler**. **175 Alamy Stock Photo:** Danita Delimont Creative (tr). **176-177 Dreamstime.com:** Channarong Pherngjanda. **178-179 Tom Hegen GmbH**. **179 Getty Images / iStock:** mantaphoto (tr). **180-181 Science Photo Library:** Karsten Schneider. **182 Alamy Stock Photo:** Doug Perrine / Nature Picture Library (bc); Eric Grave / Science History Images (cb); Scenics & Science (fcrb). **naturepl.com:** Shane Gross (br); Solvin Zankl (fbr). **Science Photo Library:** Wim Van Egmond (crb). **183 Science Photo Library:** NASA. **184 Science Photo Library:** Ryan Et Al / Geomapapp (cra). **184-185 NASA:** Image courtesy Serge Andrefouet, University of South Florida.. **186 Alamy Stock Photo:** Paul Brady (cla). **186-187 Getty Images:** Streeter Lecka. **188-189 Josef Valenta Photography**. **188 Flying Focus aerial photography:** (bl). **190-191 Getty Images:** Cavan Images. **190 Getty Images:** Fuse / Corbis (tl). **192-193 Getty Images:** Holger Leue / The Image Bank. **193 Getty Images:** Paul Souders / DigitalVision (tr). **194-195 Dreamstime.com:** Rabor74. **195 Science Photo Library:** Planetobserver (br). **196-197 Rob Suisted / Nature's Pic Images**. **196 Getty Images:** Photo 12 / Universal Images Group Editorial (bc). **Julian Hodgson:** (tl). **198-199 Jon Anderson Wildlife Photography**. **198 naturepl.com:** Franco Banfi (bl). **200 Library of Congress, Washington, D.C.:** Berann, Heinrich C. / Heezen, Bruce C. / Tharp, Marie. **201 Alamy Stock Photo:** Granger - Historical Picture Archvie (cl). **Library of Congress, Washington, D.C.:** Berann, Heinrich C. / Heezen, Bruce C. / Tharp, Marie (tr). **202 Alamy Stock Photo:** NOAA (tl). **202-203 Shutterstock.com:** Lovkush Meena. **204 Science Photo Library:** Steve Gschmeissner. **205 Science Photo Library:** Eye Of Science (cla); Eye Of Science (ca); Eye Of Science (cra); Eye Of Science (clb); Eye Of Science (cb); Eye Of Science (crb). **206-207 MARUM- Center for Marine Environmental Sciences, University of Bremen:** CC BY 4.0. **206 Science Photo Library:** OAR / National Undersea Research Program (tl). **208-209 Dreamstime.com:** Fabio Lamanna. **208 Getty Images:** DigitalGlobe / ScapeWare3d / Maxar (tr). **210 Science Photo Library:** Tony & Daphne Hallas (cra). **210-211 Shutterstock.com:** studio23. **212-213 Getty Images:** Elena Pueyo / Moment. **213 Shutterstock.com:** Vladi333 (br). **214-215 G Sharad Haksar:** Eye-light Pictures. **215**

Alamy Stock Photo: JordiStock (crb). **216 Alamy Stock Photo:** Science History Images. **217 NASA:** Albert J. Fleig, Jr. (cl); Robert Simmon (t). **218 Science Photo Library:** NOAA (t). **220 Alamy Stock Photo:** Susan E. Degginger (tl). **220-221 NOAA:** Mike Schuler. **222 Alamy Stock Photo:** Mike Grandmaison / All Canada Photos (bc); Katho Menden (ca). **Ivon Bartholomew:** (cra). **Dreamstime.com:** Intrepix (cr). **223 123RF.com:** Nataliia Kravchuk (bl). **Dreamstime.com:** Iofoto (tl). **Getty Images:** Anadolu Agency / Ozkan Bilgin (cl); Donovan Reese / Photodisc (br). **Michael Johnston:** (c). **225 Science Photo Library:** Bernhard Edmaier (b). **226-227 Alamy Stock Photo:** beyond / Yevgen Timashov / Micheko Productions, Inh. Michele Vitucci. **228-229 Getty Images / iStock:** maximkabb. **228 Conor Regan:** (cb). **230 Science Photo Library:** Kenneth Libbrecht. **230-231 Science Photo Library:** Kenneth Libbrecht. **231 Science Photo Library:** Kenneth Libbrecht (cr, fcr, crb, fcrb, br, fbr). **232-233 Jeremy Holmes**. **233 NOAA:** National Weather Service - Wichita, Kansas (tr). **234-235 James Smart**. **234 Getty Images:** Tasos Katopodis / Stringer (crb). **236-237 Reuters:** Lucas Jackson. **237 Matthew Pasek, University of Southern Florida:** (tr). **238 NOIRLab:** International Gemini Observatory / NOIRLab / NSF / AURA / A. Smith CC BY 4.0 (tl). **238-239 Stephen Hummel**. **240 CSIRO:** Atmospheric Research. **241 U.S. National Ice Core Laboratory:** icecores.org (tr). **The University of Melbourne Archives:** (cl). **242-243 Getty Images:** Mario Tama. **243 NOAA:** map based on satellite data (t). **244-245 Getty Images / iStock:** Nastasic. **246 Science Photo Library:** Dr Ken Macdonald (clb). **248-249 naturepl.com:** Kim Taylor. **249 The Sedgwick Museum of Earth Sciences, University of Cambridge:** (cr). **251 Brendan Burns:** (tl). **252-253 Science Photo Library:** Dirk Wiersma. **253 Dreamstime.com:** Max5128 (cra). **254-255 Dreamstime.com:** Zeytun Images. **254 Science Photo Library:** Dr. Gilbert S. Grant (br). **256 Alamy Stock Photo:** blickwinkel / R. Koenig (tc). **Dreamstime.com:** Alexander Ogurtsov (tl). **257 Arild Hagen. 258-259 Alamy Stock Photo:** McPhoto / Ingo Schulz. **259 James St. John (Ohio State University at Newark):** (bl). **261 Science Photo Library:** Science Stock Photography. **262-263 Dr Sandy Hetherington:** The Hunterian, University of Glasgow. **263 Alamy Stock Photo:** Natural History Museum, London (tr). **264-265 NASA:** DigitalGlobe / Maxar / IKONOS. **266-267 Alamy Stock Photo:** MichaelGrantPlants. **266 Peter Giesen:** (tl). **XU Hong-He, Ph.D:** (tc). **270-271 Dreamstime.com:** Mark Higgins. **270 Science Photo Library:** Dorling Kindersley / UIG (br). **272 Getty Images:** Robert LeBlanc / Moment (cl). **272-273 Alamy Stock Photo:** Album. **274 Shutterstock.com:** Nicholas Toh (cl). **275 Alamy Stock Photo:** Album. **276-277 Gelio Vostok**. **276 Dorling Kindersley:** James Kuether (cla). **278 Dorling Kindersley:** Natural History Museum, London (tl), (cra). **279 Alamy Stock Photo:** Sabena Jane Blackbird (tr). **Science Photo Library:** Dorling Kindersley / UIG (ftr). **280-281 Depositphotos Inc:** Kokhanchikov. **281 Getty Images:** China News Service (tl). **282-283 Vincent Fernandez:** Fernando Abdala, Kristian J Carlson, Della Cook, Adam Yates, Paul Tafforeau, Bruce S Rubidge. **282 Dr. Kawabe Soichiro:** (bl). **283 Science Photo Library:** Philippe Psaila (tr). **284-285 Arild Hagen**. **286 Image Courtesy of the Royal Tyrrell Museum, Drumheller, AB:** (cb). **286-287 Greg Funston**. **288-289 Alamy Stock Photo:** Auk Archive. **288 Alamy Stock Photo:** The Natural History Museum, London (bl). **290-291 Alamy Stock Photo:** Lemaire Stphane / Hemis.fr (bl). **Dorling Kindersley:** Senckenberg Gesellschaft Fuer Naturforschung Museum (tr). **292 Science Photo Library:** Sinclair Stammers (tl). **292-293 Professor Chenyang Cai**. **294-295 Dorling Kindersley:** Senckenberg Gesellschaft Fuer Naturforschung Museum. **294 Alamy Stock Photo:** PD Archive (br). **296 Alamy Stock Photo:** Klaus Honal / agefotostock (br); blickwinkel / R. Koenig (c); blickwinkel / Koenig (cr); blickwinkel / Koenig (bc). **Dr Sonja Wedmann:** Senckenberg Institute (tc, tr). **297 Alamy Stock Photo:** blickwinkel / Koenig (c); tbkmedia.de (cr); blickwinkel / Koenig (bl); Ingi May / Stockimo (bc); blickwinkel / Koenig (br). **Dr Sonja Wedmann:** Senckenberg Institute (tl). **Tiia Monto:** (cl). **298-299 Alamy Stock Photo:** National Geographic Image Collection. **299 Mauricio Anton:** (bc). **300 naturepl.com:** Cyril Ruoso (tl). **300-301 Alamy Stock Photo:** Eric Baccega / agefotostock. **302-303 Florida Museum of Natural History**. **303 Science Photo Library:** Science Source (br). **304-305 Shutterstock.com:** Konrad K / Sipa. **304 Roman Uchytel:** (bl). **306-307 Alamy Stock Photo:** Steven Kazlowski / RGB Ventures / SuperStock. **306 Alamy Stock Photo:** Sanamyan (bl). **308-309 Alamy Stock Photo:** Kersti Lindstrm. **309 Getty Images / iStock:** MEGiordano_ Photography (bl). **310 Altamura National Archaeological Museum:** Ministero della cultura (MIC) / Direzione regionale Musei Puglia / Museo Nazionale Archeologico di Altamura. **311 Arild Hagen. School of Earth Sciences, University of Bristol. 312 Alamy Stock Photo:** Natural History Museum, London (bl). **312-313 Dorling Kindersley:** Natural History Museum, London. **314 Alamy Stock Photo:** Philip Smith (cb). **314-315 Alamy Stock Photo:** keith morris news. **316-317 Getty Images:** Vicki Jauron, Babylon and Beyond Photography / Moment. **317 Alamy Stock Photo:** Malcolm Schuyl (cr). **318-319 Alamy Stock Photo:** Nick Garbutt / Steve Bloom Images. **319 Alamy Stock Photo:** Paul Williams / Nature Picture Library (crb).